KB065164

크립토그래피

# 크립토그래피

—

2022년 11월 23일 초판 1쇄 발행

—

**지은이** 키스 M. 마틴
**옮긴이** 권보라
**펴낸이** 김정수, 강준규
**책임편집** 유형일
**마케팅** 추영대
**마케팅지원** 배진경, 임혜솔, 송지유, 이원선

—

**펴낸곳** (주)로크미디어
**출판등록** 2003년 3월 24일
**주소** 서울특별시 마포구 마포대로 45 일진빌딩 6층
**전화** 02-3273-5135
**팩스** 02-3273-5134
**편집** 070-7863-0333
**홈페이지** http://rokmedia.com
**이메일** rokmedia@empas.com

—

**ISBN** 979-11-408-0301-9 (03500)
책값은 표지 뒷면에 적혀 있습니다.

—

브론스테인은 로크미디어의 과학, 건강 도서 브랜드입니다.
잘못 만들어진 책은 구입하신 서점에서 교환해 드립니다.

디지털 세상의 보안이 작동하는 방식과
암호가 존재하는 이유

# 크립토그래피

키스 M. 마틴 지음 · 권보라 옮김

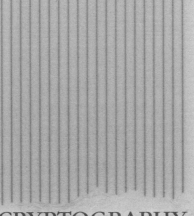

CRYPTOGRAPHY

BRONSTEIN

일상적인 암호학의 기본 원리 및 응용

암호학자이며, 몽상가이자, 나의 멘토인
프레드Fred에게

■ 저자 　키스 M. 마틴Keith M. Martin

　　　　키스 마틴은 30년 이상 암호 연구에 종사한 암호학자이다. 런던 대학교University of London 로열 홀로웨이Royal Holloway의 정보 보안 교수이며, 로열 홀로웨이 산하 일상생활 속 사이버 정보 보안 박사과정 훈련센터Centre for Doctoral Training Cyber Security for the Everyday at Royal Holloway의 책임자이다. 글래스고 대학교에서 수학을 전공했으며, 런던 대학교 로열 홀로웨이에서 비밀 분산에 관한 논문으로 박사 학위를 받았다. 이후 애들레이드 대학교 순수수학부와 뢰번 가톨릭 대학교 전자공학부에서 연구원으로 지내다 2000년부터 로열 홀로웨이로 돌아와 교수로 역임하고 있다. 마틴은 학계뿐 아니라 수학적 배경지식이 부족한 대중과 기관을 대상으로도 암호학을 가르쳐왔다. 로열 홀리웨이의 정보 보안 원격 학습 과정을 위한 온라인 암호학 과정을 설계했으며, 미국의 대규모 온라인 공개강좌MOOC 플랫폼 코세라Coursera, EU 집행위원회, 영국 외무부 등의 기관에서 암호학 강의를 진행했다. 또 학생을 대상으로 정보 보안을 가르치는 스몰피스 재단Smallpeice Trust 기숙 교육 과정을 담당하기도 했다. 〈더 컨버세이션The Conversation〉, 〈인포시큐리티Infosecurity〉, 〈사이언티픽 아메리칸Scientific American〉, 〈컴퓨팅 매거진Computing Magazine〉 등에 암호학에 관한 글을 기고했으며, 영국 최고의 과학축제 중 하나인 첼트넘 과학축제Cheltenham Science Festival, 우크라이나에서 가장 많이 보는 텔레비전 채널 〈인터Inter〉, 중국 국영 방송사 〈중국 중앙 텔레비전中国中央电视台〉에 명사로 출연했다. 주요 저서로 《에브리데이 크립토그래피 2/e》이 있다.

- **역자**     **권보라**

　　한양대학교 컴퓨터공학부 졸업 후 삼성SDS에서 다년간 근무하였다. 현재 번역에이전시 엔터스코리아에서 전문 번역가로 활동 중이다. 주요 역서로 《제품의 언어》, 《놀면서 저절로 알게 되는 어린이 코딩 개념》, 《미래를 어떻게 읽을 것인가》, 《메타노믹스》가 있다.

율리우스 카이사르Julius Caesar는 이것을 사용했다. 스코틀랜드 여왕 메리Mary도 이것을 사용했지만, 결국 이것 때문에 참수형을 당했다. 나폴레옹Napoleon은 이것을 잘못 사용해 제국을 희생시켰다. 제2차 세계대전에서는 어느 편이든 상관없이 이것에 의존했고, 연합군은 이것을 잘 다룬 덕분에 전쟁 기간을 단축했다고 널리 인정받았다. 스파이들은 냉전 기간 동안 이것을 적용했고, 여전히 사용하고 있다. 그러나 훨씬 더 다양한 목적으로 이것을 자주 사용하는 사람이 있다. 일상생활의 전부는 아니더라도 많은 부분을 이것에 의존하는 사람이다. 이 사람은 바로 당신이다. 그리고 이 중요한 도구는 바로 암호학이다.

당신은 일상적인 생활을 보호하기 위해 암호학을 사용한다. 휴대전화로 전화를 걸 때, ATM 기기에서 현금을 찾을 때, 와이파이Wi-Fi에 연결할 때, 컴퓨팅 기기에 연결할 때, 구글Google에서 정보를 찾을 때, 넷플릭스Netflix와 같은 플랫폼을 이용해 영화를 볼 때 사용한다. 암호학은 10억 대가 넘는 애플Apple 기기[1]와 70억 개가 넘는 은행 카드[2], 그리고 하루 550억 개 이상의 왓츠앱WhatsApp[3] 메시지를 보호한다. 비트코인Bitcoin 디지털 화폐 체계 및 관련 블록체인 기술은 암호학을 바탕으로 구축되었다.

암호학은 월드 와이드 웹World Wide Web[4]에 연결된 전 세계 통신의 4분의 3 이상을 보호한다. 우리가 웹 브라우저를 사용해 보안 웹사이트에 방문할 때마다 인터넷을 만들고 컴퓨팅 혁명을 주도한 암호학 도구를 사용한다는 사실을 아는가? 자동차 문을 열 때마다 자동차 열쇠고리가 세계에서 가장 강력한 슈퍼컴퓨터의 능력을 넘어서는 일을 한다는 사실을 아는가? 휴대전화에서 보낸 메시지가 일부 정부와 정보기관이 감히 뚫지 못할 정도로 강력한 암호학으로 보호된다는 사실을 아는가?

근본적으로 암호학은 수학 프로그램이다. 하지만 암호학의 사회적 중요성을 시사할 만큼 명성을 얻은 프로그램은 거의 없다. 수학은 블록버스터 영화의 소재가 되는 경우는 별로 없지만, 그래도 암호학은 〈에니그마Enigma〉, 〈007 스카이폴Skyfall〉 및 〈스니커즈Sneakers〉 등의 영화[5], 〈CSI:사이버CSI:Cyber〉 및 〈스푹스Spooks〉와 같은 TV 드라마[6], 그리고 댄 브라운Dan Brown의 《디지털 포트리스Digital Fortress》[7]와 같은 베스트셀러 소설의 배경이 되었다. 당연히 수학이 전쟁을 끝내거나 세계적인 지도자를 무너뜨린 적도 없다.

암호학이 하는 일은 정보를 보호하는 데 사용할 도구를 제공하는 것이다. 종이에 쓰인 글과 같이 물리적 공간에 표현된 정보도 마찬가지겠지만, 우리가 디지털 정보에 점점 더 의존하면서 암호학은 일상적인 삶에 필수적 요소가 되었다. 암호학은 예민한 정보를 비밀로 유지할 수 있게 해준다. 또한 우연이든 고의이든 정보가 수정되면 이를 감지할 수 있다. 또한 우리가 대화를 나누는 사람이 누구인지 확신하게 해준다. 사실, 디지털 보안의 기본을 다지는 데 암호학은 거의 유일한 해결책이라 해도 과언이 아니다.

암호학은 항생제와 같다. 항생제를 전혀 이해하지 못해도 사는 데는 문제가 없다. 그러나 항생제가 무슨 일을 하는지, 그리고 어떻게 작용하는지 알아두면 좋은 두 가지 이유가 있다. 첫 번째로, 이러한 지식을 통해 인간의 건강을 더 잘 알게 되고, 자신뿐만 아니라 다른 사람을 위해서도 언제 항생제를 먹어야 할지 도와줄 수 있다. 두 번째로, 개인적으로 항생제를 사용할 경우 항생제 남용이나 내성에 대한 우려와 같이 사회에 중요한 문제를 일으킬 수도 있다는 점이다.

마찬가지로, 암호학을 사용하면 자신도 모르는 사이에 평화로운 일상을 보낼 수 있다. 하지만 암호학과 관련한 얕은 지식으로도 당신의 삶에 큰 변화를 가져온다. 우선은 암호학이 당신의 일상적인 삶에서 맡은 중요한 역할에 눈을 뜨길 바란다. 암호학이 무엇을 하고 어떻게 작동하는지 알게 되면, 당신은 개인 디지털 보안의 존재 이유를 깨닫게 될 것이다. 이 책에서도 다루겠지만, 암호학 사용은 사회가 개인의 자유와 정보의 통제 사이 균형을 어떻게 맞춰야 하는지와 같은 넓은 범위의 사회적 질문을 던지기도 한다.

# ❖ 사이버 공간 ❖

이 책에서는 현재 당신이 사이버 공간에 있다고 여기는 모든 것에 명확한 목적이 있다는 사실만 말할 뿐, 사이버 공간이 무엇인지 정확히 정의하려는 시도는 하지 않을 것이다.[8] 일단 사이버 공간은 일종의 '전자 제품'이다.[9]

사이버 공간은 컴퓨터가 네트워크를 통해 다른 컴퓨터와 소통하면서 구성된다. 이 컴퓨터에는 노트북과 같이 분명한 컴퓨터도 포함되지만, 우리가 항상 컴퓨터라고 간주하지는 않는 휴대전화나 게임 콘솔, 인공지능 스피커와 같은 장치도 인터넷에 접근할 수 있다면 컴퓨터라는 개념에 포함된다.

　사이버 공간은 우리가 직접 상호 작용하는 판매 단말기, 자동 입출금기 및 여권 심사대와 같은 컴퓨터 수백만 대와, 우리가 직접 상호 작용하지 않는 사업, 국방 및 산업 제어 시스템을 지원하는 컴퓨터로 구성된다. 여기서 가장 중요하게 생각해야 하는 것은 컴퓨터는 물론이고 우리가 일상적으로 사용하면서 디지털과는 관련이 없다고 생각했던 많은 기기들, 자동차나 집, 가전제품 등이 빠르게 사이버 공간으로 뛰어들고 있다는 점이다. 이 모든 기기를 사이버 공간으로 연결하는 네트워크는 유선일 수도, 무선일 수도 있고, 짧은 거리일 수도, 긴 거리일 수도 있으며, 모두에게 열려 있거나 통신과 같이 특정 목적을 위해 사용되기도 한다. 이러한 네트워크 중 가장 중요한 것은 바로 인터넷이다.

　물론 사이버 공간과 물리적 세계가 완전히 다른 개념은 아니다. 물리적 세계는 점점 더 사이버 공간과 상호 작용하고 있다. 인터넷을 사용하지 않는 사람이나[10] 온라인에 존재하지 않는 사업, 어떤 방식으로든 사이버 공간과 상호 작용하지 않는 기술은 이제 더 이상 찾기 힘들다. 또한 사이버 공간에서 일어나는 대부분의 일은 사람이 물리적 공간에 있는 기계를 작동시

크립토그래피

키기 위해 물리적 장치의 버튼을 누르기 때문에 일어난다.

## ⁝ 사이버 공간에서 당신의 보안 ⁝

그렇다면 당신은 사이버 공간에 얼마나 의존하고 있을까? 친구와 어떻게 소통하는지, 뉴스는 어떻게 접하는지, 다음 여행 계획은 어떻게 세우는지 생각해보자. 돈은 어떻게 관리하고 어떻게 지불하는가? 음악과 영화, 그리고 개인적인 사진에는 어떻게 접근하는가? 자동차는 또 어떠한가? 버튼만 누르면 문이 열리고, 자동차의 위치를 정확히 알려주며, 정비소에 문제를 보고하고, 미래에 자율 주행이 가능해지리라는 것은 의심의 여지가 없다. 그리고 이것은 빙산의 일각일 뿐이다. 당연하게 여기는 일도 알고 보면 숨겨진 것들에 의해 굴러간다. 비행기가 날고, 전기가 공급되고, 신호등이 바뀌는 일까지, 오늘날 거의 모든 것은 사이버 공간에 의존한다.

우리가 점점 사이버 공간과 떼려야 뗄 수 없는 삶을 살게 되면서 범죄 또한 발생한다. 알다시피 사이버 공간은 범죄를 저지르기에 아주 적합한 곳이다. 사이버 공간은 물리적 거리의 영향을 받지 않고 세계 어느 곳에서나 당신의 집을 습격할 수 있게 한다. 마치 연막탄이 터진 것처럼 방구석 어느 청소년이 당신의 주거래 은행인 척을 하거나 대형 백화점 행세를 하는 웹사이트를 만들지도 모른다. 이러한 이야기는 미디어에서 끊임없이 다루는 컴퓨터 관련 보안사고 중 일부일 뿐이다.

정확한 수치로 나타내기는 매우 어렵지만, 사이버 보안 회사인 노튼Norton은 2017년 전 세계 사이버 범죄 피해자가 9억 7,800만 명이며 손실 금액은 총 1,720억 달러 규모라고 밝혔다.[11] 다국적 컨설팅 회사인 PwC는 2016년과 2017년 사이버 범죄로 인한 사기 피해를 입은 조직이 31%에 달한다고 보고했고,[12] 리서치 회사인 사이버시큐리티 벤처스Cybersecurity Ventures는 사이버 범죄로 인한 세계 경제 손실이 2021년까지 6조 달러에 육박하리라 예측했다.[13] 눈에서 멀어지면 마음에서도 멀어진다는 말이 있지 않은가. 눈에 보이지 않는 사이버 공간도 마찬가지다. 2010년 이상하게도 원심분리기가 고장 나기 시작한 나탄즈Natanz 우라늄 농축 시설의 이란 과학자나,[14] 2014년 내부 이메일, 급여, 미공개 영화가 세상에 노출되면서 자신도 모르는 사이 공포 영화의 주인공이 된 소니 픽처스Sony Pictures의 경영진에게 물어보라.[15]

우리는 문 잠금장치나 여권 심사대, 날인된 계약서 등 보안이 무엇을 의미하는지 합리적으로 이해할 수 있는 물리적 세계에서 진화해온 물리적인 존재다. 그러나 이와 똑같은 상식을 사이버 공간에 적용해 안정적으로 운영하기는 어려워 보인다. 사이버 공간이 보이지 않는다는 이유도 있겠지만, 우리가 사이버 공간의 보안이 기본적으로 무엇을 의미하는지조차 이해하지 못하기 때문이라고 생각한다. 무지로 인해 우리는 사이버 공간에서 바보 같은 행동을 할 수 있다. 현관문을 활짝 열어두고 가거나, 모르는 사람에게 은행 계좌 정보를 알려주거나, 디지털 기기 판매점에 전시된 태블릿에 개인적인 메시지를 남겨 다른 사람들이 읽을 수 있게 한다. 나는 암호학이 어떻게 사이버 공간을 보호하는지 문제의 핵심을 보여주고, 이를 통해 스스로 사이버 보안이 잘 구축되었는지 판단할 능력을 갖추게 해줄 것이다.

암호학의 기본을 이해하면 당신이 매일 사용하는 보안 기술 일부의 중요성을 인지하는 데 도움이 된다. 비밀번호는 가장 흔히 사용되지만 결함이 많다. 하지만 당신의 온라인 뱅킹은 '완벽한' 암호학 비밀번호로 보호된다는 사실을 알고 있는가? 암호학은 결국 키key라는 비밀 장치에 의존한다. 나는 키가 디지털 보안에 얼마나 중요한 역할을 하는지 알리고 물리적 세계의 열쇠key처럼 조심히 다루도록 도와주려 한다. 나아가 당신이 사이버 공간에서 어떤 작업을 할 때 45억 다른 인터넷 사용자로부터 당신을 구분하는 유일한 것이 키이기 때문에, 키와 그 키가 있는 위치를 아는 것의 중요성을 일깨울 것이다.

또한 우리가 맞닥뜨리는 사이버 보안 문제에 적절하게 대응할 수 있게 해주는 암호학의 진가를 살펴볼 것이다. 보호되지 않은 와이파이 네트워크에 연결하는 것은 어떤 영향을 주는가? 계정마다 다른 비밀번호를 사용하는 것이 그렇게나 중요할까? 웹사이트를 탐색하다가 유효한 인증서가 아니라는 메시지가 뜰 때, 당신은 무시하고 진행하는가? 그리고 계속해서 쏟아져 나오는 사이버 보안에 관한 뉴스는 어떠한가? 2017년 특정 암호화 프로토콜에서 동작하던 와이파이 네트워크가 안전하지 않으며[16] 인피니온Infineon 암호화 하드웨어가 보안에 취약하다는 사실이 보고되었다.[17] 또 2018년은 수많은 애플 기기 칩에 결함이 있다는 소식과 함께 시작했다.[18] 우리는 당황해야 할까? 우리가 개인적으로 대응해야 할 일일까, 아니면 그저 다른 사람이 해결할 문제일까? 당신은 블록체인에 열광하는가? 아니면 양자 컴퓨터의 등장에 걱정이 앞서는가?

암호학에 관한 기초 지식은 또한 당신이 현재와 미래에 기술에 뛰어들지 여부와 그 방법을 결정하도록 도와줄 것이다. 주어진 앱에 민감한 개인 정보를 등록하는 것이 안전할까? 전 재산을 비트코인으로 전환하면 하루아침에 빈털터리가 될까? 새로운 휴대전화를 구입할 때 어떤 보안 이슈를 고려할까?

이것은 당신만의 문제는 아니다. 우리 모두의 문제다. 당신이 집 현관문을 열어둔 채 나가 도둑이 당신의 귀중품을 훔쳐간다고 해도 그것은 당신의 손실이지 내 손실은 아니다. 그러나 사이버 보안에서는 다르다. 만약 춤추는 양이 나오는 재미있는 영상으로 연결되는 링크를 무심코 눌렀다간, 당신의 컴퓨터는 범죄 활동을 수행하는 글로벌 네트워크로 쉽게 유인당한다. 이후 당신의 컴퓨터는 내 컴퓨터를 공격하게 되므로, 우리는 모두 각자 사이버 공간에서 스스로를 지킬 책임이 있다. 암호학에 관한 기초적인 지식으로 스스로 보안을 잘 갖추고 있는 독자들이 아마 우리를 조금 더 안전하게 지켜주고 있는지도 모른다.

## ⋮ 사회적 딜레마 ⋮

암호학은 우리의 일상생활에 없어서는 안 되는 존재다. 그러나 때로는 암호학을 번거롭거나 심지어 위험한 것으로 간주하기도 한다. 암호학이 너무 잘 작동한 나머지, 사회적 딜레마를 야기하는 경우도 있기 때문이다.

2017년 5월, 영국 내 40개 병원의 네트워크 관리자들은 위기에 처했다. 병원의 일상적인 작업을 관리하는 컴퓨터 시스템이 암호학으로 인해 먹통이 되었기 때문이다. 공격자는 워너크라이WannaCry 소프트웨어 내 암호학을 사용해 시스템을 해킹하여 데이터에 접근할 수 없게 만들었고, 시스템을 정상으로 복원하기 위한 몸값을 요구했다. 사이버 공간에서 우리를

안전하게 지켜주는 암호학은 이 경우 오히려 심각한 문제를 일으킨 장본인이 되었다.[19]

더욱 큰 문제는 암호학이 사이버 공간에서 당신을 보호해주는 동시에 조직적 범죄나 테러 조직, 아동 포르노물을 제작하는 사람들까지 보호해준다는 것이다. 이런 이유로 일부 국가 안보 기관은 암호학이 널리 사용되는 것에 우려를 표명했다. 전 FBI 국장인 제임스 코미James Comey는 이 문제에 특히 목소리를 높이며 암호학이 정보 수집을 방해하는 방식에 대한 우려를 계속해서 표명했다.[20] 2013년, 전 미국 국가안보국NSA 계약 직원이었던 에드워드 스노든Edward Snowden은 자신의 경력과 개인적 자유를 포기하면서 NSA가 전방위적인 감시 활동을 위해 매일같이 사용한 암호학 프로그램을 폭로했다.[21]

일부 정치인들은 심각한 보안 사고를 이유로 암호학을 비판하기도 한다. 2015년 11월 파리 테러 사건 이후, 데이비드 캐머런David Cameron 영국 총리는 이렇게 질문했다. "이 나라에서는 우리가 보지도 못하는 의사소통 수단을 사람들에게 허용하고 싶어 한다는 말입니까?"[22] 2017년 6월, 호주 법무부 장관 조지 브랜디스George Brandis는 '테러 메시지의 암호화를 막는' 산업 관련 주제로 호주에서 국제회의를 주최하겠다고 선언했다.[23] 비슷한 시기, 독일의 내무장관 토마스 데 메지에르Thomas de Maizière는 '사실상 법의 울타리를 벗어나는 곳이 없도록' 개인 암호화 메시지에 정부가 접근 가능한 법안을 준비 중이라 밝혔다.[24] 그리고 2018년 5월, 미국의 법무부 장관 제프 세션스 Jeff Sessions는 '암호화가 발전하면서 우리 손이 닿지 않는 곳에서 문제가 터지면 위험한 일'이라고 주장했다.[25]

이 모든 정치적 목소리의 본질은 암호학의 효과를 떨어뜨려야 한다는 제안이다. 반면 UN 인권 최고 대표 제이드 라드 알 후세인Zeid Ra'ad Al Hussein은 암호학 없이는 '생명이 위험에 처할지 모른다'고 설파했다.[26] 이렇게 서로 다른 관점이 합의점을 찾을 수 있을까?

도시화된 사회에서 정보의 통제와 개인의 자유 사이 줄다리기는 생각보다 역사가 오래되었으며, 오늘날 암호학 사용에 관한 정치적 논쟁은 사실 이런 역사의 연장선이다. 15세기 중반 인쇄술이 발명된 후 책 인쇄 통제에 관한 정치적 갈등의 시대가 시작되었다. 책을 인쇄할 수 있는 사람과 소비하는 사람을 통제함으로써 국가나 종교 차원에서 사회의 정보 접근성을 관리할 수 있었다.[27] 오늘날 암호학은 디지털 정보의 흐름을 보호하며, 이는 일부 정부의 걱정거리가 되기도 한다.

자유와 통제 사이의 타협은 결코 간단하지 않다. 암호학이 무엇이고 어떻게 작동하는지 이해하지 못하는 정치인이나 기자가 많기 때문에 이 주제를 가지고 씨름하는 것처럼 보인다.[28] 암호학이 어떻게 우리 삶을 유익하게 하는지, 그리고 암호학이 일으키는 문제가 무엇인지에 관한 정보를 제공하여 나는 암호학 사용에 관한 여러분의 의견을 발전시켜보려 한다. 향후 몇 년간 우리는 암호학에 더 많이 의존할 가능성이 높고, 암호학 사용으로 인해 발생하는 사회적 긴장 또한 확대될 것이다. 따라서 우리가 학습할 지식은 현재나 미래에나 유용할 것이다.

## ⁚ 나의 접근 ⁚

암호학은 수학을 응용한 학문이기는 하지만, 다행히 이 책을 읽는 독자들이 모두 방구석 수학자가 될 필요는 없다. 암호학의 배경이 되는 수학을 이 책에서 다루고자 하는 것은 아니다. 기계적인 연료 주입 방식을 이해하지 않아도 운전을 배우는 데는 아무 문제가 없는 것처럼 말이다.

덧붙여, 비록 암호학의 과거, 특히 전쟁에 사용된 이야기는 흥미롭지만, 이 책은 역사책이 아니다. 암호학의 과거를 다루는 책은 충분히 많다.[29] 대신, 나는 과거의 예에서 관련이 있는 것만 가져와 오늘날 암호학 사용 방식을 다루는 데 집중할 것이다.

이 책은 퍼즐 책도 아니다.[30] '해결'해야 하는 '문제'를 만드는 것도 암호학의 일부이긴 하다. 사실 제2차 세계대전 중 영국 정부는 크로스워드 퍼즐을 잘 푸는 사람들을 찾아 암호학자로 훈련시켰다. 하지만 다른 책과 달리 나는 이 책에서 암호학을 가지고 오락적 요소를 제공할 생각은 없다. (암호학은 RDQHNTR ATRHMDRR이기 때문이다.[*])

2장에서 사이버 공간에서 보안이 무슨 의미인지, 그리고 암호학이 어떻게 보안을 제공하는 데 도움이 되는지 탐구해볼 것이다. 3장에서는 암호학에서 키와 알고리즘의 다양한 역할을 설명한다. 그리고 각 장을 할애하여 암호학의 각 기능을 설명한다. 비밀을 유지하는 기능, 키를 교체하는 기능, 데이터 변경을 감지하는 기능, 누가 와 있는지 확인하는 방법 등이다. 무언가 잘못되었을 때 해결하는 방법을 알아보기 위해 7장에서는 암호학이 잘못될 수 있는 다양한 상황을 설명한다. 8장에서는 암호학 사용으로 일어나는 사회적 문제부터 정치적 반응까지 다룬다. 마지막으로 9장에서는 암호학의 미래와 암호학을 어떻게 사용해야 하는지 생각해본다.

이 책은 암호학이 왜 우리 사회에 중요한지, 그리고 어떻게 암호학 지식이 우리를 보호해주는지에 관한 책이다. 나는 암호학이 말 그대로 사이버 공간의 키, 즉 열쇠를 제공한다는 것을 보여주려고 한다.

---

[*] 이 암호문을 풀고 싶다면, 각 알파벳을 알파벳 순서상 다음 알파벳으로 치환해보면 된다. 답은 SERIOUS BUSINESS, 진지하게 다루자는 뜻이다.–옮긴이

# 7장 ◆◆◆ 암호 시스템 파괴

# 8장 ◆◆◆ 암호학의 딜레마

# 9장 ◆◆◆ 암호학의 미래

# 사이버 공간의 보안

CRYPTOGRAPHY

SECURITY IN CYBERSPACE

사이버 공간에서 보안이란 무슨 의미일까? 우리가 실제로 생활하는 물리적 세상 속 보안의 기본적인 요소를 대입해보면 사이버 보안의 개념을 이해하는 데 도움이 된다. 그렇게 하면 물리적 보안에서 중요하게 다루는 몇 가지 측면을 사이버 공간에서는 놓쳐버렸다는 사실을 알 수 있다. 암호학 하나가 이 모든 것을 해결해주지는 않겠지만, 암호학의 가장 중요한 역할은 사이버 공간에서 보안을 구축할 수 있는 도구를 제공하는 것이다.

## ⁝ 평범한 하루 ⁝

아침에 일어나 우편함에서 전기세 고지서를 발견하고 즉시 지불한다. 전기세를 지불한 이후 몸이 썩 좋지 않은 상태다. 그래서 아침 식사 후 밖으로 나가 문을 잠그고 예정된 시간에 오는 버스를 타고 마을로 향한다. 동네 약국에서 약사와 증상을 상담하고 몇 가지 약을 처방받는다. 현금을 내고 집에 온다. 오후에는 회복에 집중한다.

이 내용은 우리가 사는 *물리적 세상* 속 평범한 하루의 일부를 그려본 것이다. 이 세계는 유형의 물체와 물리적 상호 작용을 통해 구성되며, 특정한 지리적 위치가 필요한 부분이 많다.

그렇다면 이 세상이 얼마나 안전한지 생각해보자. 다시 말해, 우리에게 해를 가할지도 모르는 위협에서 우리는 얼마나 잘 보호받고 있을까?

운이 좋아 비교적 평화롭고 무탈하게 살아가는 사람들에게는 물리적 세상에서 '나쁜 일'이라 부를 만한 사건은 별로 일어나지 않는다. 매체에서는 매일같이 놀라운 사건을 들려주지만, 대부분은 아주 예외적인 일이다. 그래서 우리는 그것들을 '뉴스news'라고 부른다. 우리는 물리적 세상에서 제법 보안을 잘 유지하며 살고 있으며 이러한 보호를 제공하는 기능에 대해 알아볼 필요가 있다.

당신의 평범한 하루에 어떤 나쁜 일이 일어날 가능성이 있는지 생각해보자. 이 과정을 진행하려면 거의 편집중 수준으로 최악의 경우를 생각해야 하지만, 무엇이 잘못될 수 있는지 신중히 고려해야만 보안 프로세스를 수립할 수 있다. 그렇게 하고 나서도 아침에 침대에서 나올 용기가 있기를 바란다.


## ：：평범하지 않은 하루 ：：


아침에 일어나 우편함에서 전기세 고지서처럼 보이는 것을 발견하고 즉시 지불한다. 하지만 이는 사실 당신에게 돈을 뜯어내려는 사기꾼의 짓이다. 몸이 썩 좋지 않은 상태인데 아마 당신이 방금 무슨 일을 저질렀는지 깨달으면 몸이 더 안 좋아질 것이다. 어쨌든 아침 식사 후 밖으로 나가 문을 잠근다. 당신이 떠나자마자 도둑이 자물쇠를 따고 집으로 침입한다. 한편, 당신은 버스를 타고 마을로 향한다. 안타깝게도 당신은 그 버스가 납치되었다는 사실을 발견한다. 기적적으로 버스에서 탈출해 마을에 도착한다. 동네 약국에서 약사인 척 하얀 가운을 입은 사람과 증상을 상담하지만, 그 사람은 사실 도주 중인 사이코패스이며 당신에게 독약을 처방한다. 가짜 약사는 이후 당신의 의학적 문제를 마을에 소문내고, 몇 시간 만에 온 마을 사람들이 당신이 몸이 좋지 않다는 사실을 알게 된다. 몸이 아픈 것도 서러운데, 현금을 지불하고 받은 거스름돈에는 가짜 동전과 위조지폐가 섞여 있다. 당신은 갓 도둑맞은 집에 독약을 가지고 돌아온다. 끝.

완전히 우스꽝스러운 이야기다. 하지만 흥미롭게도 이 이야기 속 편집증적인 내용은 적어도 언젠가 누군가가 고려했던 부분이다. 왜냐하면 우리는 이와 같이 불행한 사건이 일어나지 않도록 설계된 물리적 세상의 보안 프로세스 속에서 살고 있기 때문이다. 첫 번째 하루는 '평범한' 하루였고 두 번째 하루는 '평범하지 않은' 하루였던 이유는 다음 세 가지 보안 요소 때문이었다. 보안의 메커니즘, 보안의 맥락, 그리고 위협 가능성이다. 우리는 이 세 가지를 모두 고려해야 한다.

## ⁚ 물리적 세상에서 우리의 안전을 지켜주는 것 ⁚

우리는 다양한 도구와 기술을 사용해 보안을 설계하는데, 앞으로 이것을 '보안 메커니즘'이라 부를 것이다. 당신의 평범한 하루에 사용된 보안 메커니즘 몇 가지를 살펴보자.

우편함은 다양한 형태가 있다. 어떤 우편함은 단순히 외부 환경으로부터 우편물을 보호해주기만 하고, 어떤 우편함은 열쇠가 있어야 열리도록 되어 있다. 어떤 집은 우편함이 없고 현관문에 우편물을 넣는 슬롯이 있다. 이 슬롯을 통해 배달된 우편물은 현관문 자체에 물리적 잠금장치가 있기 때문에 외부의 위협으로부터 보호되지만, 집에 있는 강아지처럼 내부에서 발생할 수 있는 위협에서는 안전하지 않다.

우편함에 도착한 편지는 봉투에 담겨 있다. 봉투는 배송 과정에서 내용물을 어느 정도 물리적으로 보호한다. 또한 편지를 받는 사람 이외 다른 사람이 내용을 보지 못하도록 보호한다. 봉투는 대개 얇고 쉽게 열리기 때문에 이 보호 기능은 비교적 약하다. 하지만 봉투가 제공하는 가장 중요한 보안은 편지가 배달되는 과정에서 누군가 열어본다면 봉투를 뜯어야 한다는 것이다. 아주 조심스럽게 뜯지 않는다면, 받는 사람이 바로 알아챌 것이다.

당신이 받은 우편물이 정부나 기업 등에서 보냈다는 사실을 어떻게 알 수 있을까? 봉투와 내용물에는 익숙한 단체의 로고가 새겨져 있다. 우편물은 일반적인 구조와 글꼴, 언어를 사용했으며 친숙한 모양을 하고 있다. 이 모든 기능은 다양한 수준의 보안 메커니즘이다.

당신의 현관문에는 물리적 잠금장치가 있다. 일부 현대식 집에는 전자 접근 제어 시스템을 갖추고 있기도 하지만, 잠금장치 대부분은 여전히 기계식이다. 열쇠를 삽입해야 하는 잠금장치도 있고, 문이 닫히면 자동으로 잠기는 장치도 있다. 이 두 가지 유형의 차이가 암호학 관점에서는 일종의 혁명이었다는 사실을 나중에 알게 될 것이다.

당신이 탔던 버스는 친숙한 회사명과 노선 번호가 있는 차량이었다. 운전자는 회사 로고 옆에 자신의 이름과 사진이 있는 신분증을 붙여놓았다. 또 회사 유니폼을 입고 버스 키를 소지했을 것이다.

약사도 약사 자격증을 붙여 놓았다. 그 약국에 가본 적이 있다면 약사를 알아보았을 가능성도 크다. 이 경우에는 약사의 얼굴과 목소리가 보안 메커니즘 역할을 한다. 다른 손님들이 엿들을 수 없도록 약사와 한쪽에서 조용한 목소리로 대화를

1장. 사이버 공간의 보안

나눈다. 약사가 처방해준 약은 밀폐된 용기 안에 들어 있다. 포장에는 상표가 붙어 있고, 정보를 제공하는 라벨이 있으며, 약국 자체의 도장이 찍혀 있을 수도 있다.

마지막으로, 현금이 있었다. 동전에는 위조를 방지하는 글씨와 양각 무늬가 있다. 지폐는 워터마크나 홀로그램 등 위조하기 어렵게 만들어진 다양한 보안 메커니즘이 있다. 더 기본적인 보안 메커니즘은 바로 현금의 모양과 느낌 그 자체일 것이다.[1]

물리적 세상은 보안 메커니즘으로 가득하고, 각각은 보호하도록 설계된 개체를 위협하는 다양한 요소에 대응하도록 설계되었다.

## ⁝ 보안 맥락의 중요성 ⁝

아마 물리적 세계에서는 보안 맥락이 더 교묘할 것이다. 보안 맥락이란 사건이 발생했을 때 사건의 보안을 해석하고 이해하는 배경이 되는 정보를 말한다. 보안 맥락을 주의 깊게 보지 않는 경향이 있지만, 물리적 세상에서 보안을 평가하는 데 중요한 역할을 한다는 점은 분명하다. 맥락을 주의 깊게 살펴보기 시작하면 그 속에 많은 정보가 담겨 있다는 사실을 알게 될 것이다.

당신의 평범한 하루로 돌아가 보자. 우편함에 있던 우편물은 당신이 돈을 내야 하는 기관에서 온 것이었다. 사실, 그 기관에서는 예상 가능한 시점에 정기적으로 그러한 우편물을 보냈다. 전기세를 낸 지 일주일 만에 또 전기세를 내라는 우편물을 받았다면, 의심을 할 것이다. 지불해야 하는 금액에도 유용한 정보가 있다. 평소 사용하는 전기 사용량에서 크게 벗어나지 않은 범위 내에 있을 것이기 때문이다. 정확한 값은 모르더라도 예상한 범위 내에 있을 가능성이 높다.

버스는 예고된 시간표대로 운행하고, 누가 봐도 평범해 보이는 버스가 정확한 시간에 도착했다면 진짜 버스가 아니라고 의심할 여지가 없다. 버스가 말도 안 되게 늦거나, 운전을 이상하게 하거나, 운전기사가 길을 잃은 것처럼 보인다면, 무언가 잘못되었다고 생각할지도 모른다.

약국 판매대 너머에 있던 사람은 보기에 약사처럼 보이기도 했지만, 그보다 더욱 중요한 것은 약사처럼 행동했다는 것이다. 당신의 질문에 전문적으로 대답했고 당신에게 적절한 처방을 내렸다. 만약 상담 도중 약사가 히죽히죽 웃거나 약을 처방하면서 허둥지둥하는 모습을 보인다면 약사를 의심했을 것이다.[2]

현금에도 맥락이 있다. 만약 당신이 약값보다 훨씬 큰 금액의 지폐를 내민다면, 약사는 머뭇거리며 당신이 준 현금이 진짜인지 확인해볼지도 모른다.

물리적 세계에서, 보안 맥락은 매우 중요하다. '의심스러운 물건 발견 시 관리자에게 알려주시기 바랍니다'라는 문구를 종종 본다. 이 문구의 진짜 의미는 다음과 같다. '상황적 맥락에 맞지 않는 물건을 발견하면, 경고해주시기 바랍니다.'

## ⁝ 가능성은 얼마나 될까? ⁝

우리는 인지한 위험이 현실이 될 가능성에 대한 의견을 형성하여 보안을 평가한다. 불쾌한 사건이 일어날 확률을 정확하게 계산하기는 일반적으로 불가능하지만, 우리는 살아가면서 얼마나 많은 위협이 현실이 되는지 직감적으로 느끼곤 한다.[3]

우리의 본능은 평범하지 않은 하루가 이상하다는 것을 느끼게 했다. 왜일까?

금전적 이득을 취하기 위해 당신을 속이려 하는 사기꾼이 있는가? 물론 있다. 주변에 널린 수준이다.[4] 사기꾼은 불특정 다수를 잠재적 목표물로 삼기 때문에, 당신이 선택될 확률은 비교적 낮다. 그들이 사기를 치기 위해 가짜 전기세 고지서를 배포할까? 그렇게 하기 위해서는 실제 고지서와 똑같이 생긴 우편물을 만들어야 한다. 또한 가짜 고지서를 보낼 일정과 금액은 이전에 다룬 맥락 문제를 고려해서 결정해야 한다. 이러한 사기는 개인에게 맞춰 이루어지기 때문에 제법 수고스러운 일이다. 그렇다고 이러한 요구사항이 사기 자체를 예방하지는 않는다. 쉬운 방법으로도 성공 확률이 높은 다른 사기도 많이 있다.

비슷한 예로, 강도는 항상 위험하지만 대부분 평범한 날에는 특정한 집, 후미진 이웃에 있는 집에도 침입하지 않는다. 버스가 납치되는 경우는 더욱 드물고, 약사가 연쇄살인범인 경우도 거의 없다. 이러한 나쁜 일들이 일어날 가능성도 있지만, 물리적 세계에 대한 타고난 이해를 바탕으로 우리는 그런 일이 거의 일어나지 않을 것이라는 사실을 안다.


## ⁘ 물리적 세계의 보안 ⁘

물리적 세계에서 평범하지 않은 하루는 보안 메커니즘과 보안 맥락이 전혀 일어날 것 같지 않은 희한한 사건들로 가득한 악몽 같은 허구의 하루였다. 물리적 세계에서 일어날 것 같지 않은 일은 세 가지 속성으로 정의된다.

첫 번째 속성은 말 그대로 물리적 세계의 *구체성*이다. 지금까지 설명한 보안 메커니즘 대부분은 물리적 감각을 바탕으로 한다. 우편함에 있던 우편물은 정확해 *보였고*, 약사를 *알아보았으며*, 현금은 진짜처럼 *느껴졌다*. 우리는 이러한 감각을 삶의 모든 부분에 적용하고 보안 관련 결정을 내리는 데 활용한다. 사실, 우리는 물리적 위협의 몇 가지 종류를 태어날 때부터 이해하고 있었다. 아기는 선천적으로 거미와 뱀에 두려움을 가진다는 연구 결과가 있다.[5] 우리는 자라면서 물리적 세계의 다른 두려움을 학습한다. 선천적 특성과 후천적 교육의 조합으로 우리는 물리적 세계에서 감각을 활용해 스스로 보안을 형성할 능력을 갖추게 되었다.

두 번째 중요한 속성은 바로 우리가 물리적 세계에서 많은 경험을 하며 쌓아나가는 *익숙함*이다. 이것이 우리가 물리적 세계의 모든 특성을 이해한다는 의미는 아니지만 적어도 우리가 처한 물리적 상황을 이해하는 데는 익숙하다. 버스가 어떻게 작동하는지 기계적인 측면에서 정확히 이해하지는 못하겠지만, 버스가 어떻게 생겼는지 알고, 버스를 어떻게 타는지 알며, 버스를 탔을 때 어떤 느낌인지 안다. 많은 보안 메커니즘과 일부 보안 맥락은 친숙함을 바탕으로 당신의 일상에 의존한다. 우편함에 있던 편지는 당신이 과거에 비슷한 우편물을 많이 보았기 때문에 알아볼 수 있었다. 버스도 일반적인 버스처럼 보였고, 예정된 시각에 익숙한 버스 정류장에 나타났다. 우리는 친숙하지 않다는 이유로 물리적 세계에서 새로운 상황에

크립토그래피

취약한 경향이 있다. 우리는 낯선 사람들에게 더욱 주의를 기울인다. 만약 돈을 내라고 요구하는 우편물이 손으로 쓴 편지 봉투에 국제 우편 도장이 찍힌 채 도착했고 해외 계좌로 돈을 입금하라고 한다면, 입금하지 않을 확률이 상당히 높다.

마지막으로, 물리적 세계의 *상황적 속성*이 있다. 사람과 물건은 물리적으로 공간과 시간 모두에 존재하며, 이를 바탕으로 추론하여 보안 결정을 내린다. 가짜 고지서가 진짜처럼 보이려면 결제 주기상 적절한 때에 우편함에 도착해야 했다. 버스가 납치되었다면 납치범은 예정된 버스에 물리적으로 탑승하여 운전을 지휘해야 했다. 사이코패스 약사는 진짜 약사가 쉬는 날 약국에 나타나야 했다. 이러한 물리적 보안 위반 중 불가능한 것은 없지만, 상황적 조건이 이들을 어렵게 만든다. 2001년 9월 11일, 미국에서 비행기를 납치했던 테러리스트들은 비행기 조종 훈련을 받아야 했을 뿐 아니라, 같은 시각 인근 지역으로 날아가는 다른 항공기에도 탑승해야 했다.[6] 그들의 행동은 끔찍했지만, 이 공격을 수행하기 위해 극복한 상황적 보안 문제는 특별했다. 사실, 이전에는 그 누구도 물리적 세계에서 이러한 위협이 일어날 것이라 상상하지 못했을 만큼 놀라운 사건이었다.

우리는 물질적인 세계를 보호하는 물질적인 사람들이다. 문제는 사이버 공간이 완전히 다른 곳에 있다는 점이다.

# ⁞ 사이버 공간에서의 하루 ⁞

이제 다른 종류의 하루, 바로 사이버 공간에서의 하루를 살펴볼 차례다.

아침에 일어나 이메일을 확인한다. 쏟아지는 스팸 메일 속 전기세 고지서를 발견하고 즉시 지불한다. 몸이 썩 좋지 않은 상태이지만, 사이버 공간이 있기 때문에 치료를 위해 집을 나설 필요는 없다. 대신, 검색 엔진에 증상을 입력하면 바로 온라인 약국으로 연결된다. 약을 몇 가지 주문하고 은행 카드로 온라인으로 결제한 후 배송을 기다린다.

아니면 이런 이야기는 어떤가?

아침에 일어나 이메일을 확인한다. 쏟아지는 스팸 메일 속 전기세 고지서처럼 보이는 것을 발견하고 즉시 지불하지만, 사실은 당신이 돈을 보내게 하려는 사기꾼의 짓이다. 몸이 썩 좋지 않은 상태라 검색 엔진에 증상을 입력하니, 상당히 합리적인 가격에 약을 판매한다는 광고 웹사이트로 넘어간다. 검색 엔진은 당신의 증상을 협력사 몇 군데에 공유하는데, 그중 하나는 당신의 보험사이며 당신의 보험료를 인상한다. 약을 몇 가지 주문하고 은행 카드로 결제한다. 유감스럽게도 '약국' 웹사이트는 루리타니아<sub>Ruritania</sub>[7]의 어느 작은 집의 쓰지 않는 침실에서 호스팅되며 안전이 보장되지 않는 제품을 배송한다. 그리고 몇 가지 부수적인 '사업'도 함께 하고 있는데, 그중 하나는 당신의 은행 카드 정보를 가지고 재빠르게 온라인 구입 내역을 만드는 것이다. 또 다른 사업은 당신의 컴퓨터에 원격으로 어떤 소프트웨어를 설치하여, 루리타니아에서 당신의 비밀번호나 계좌 정보를 포함한 컴퓨터 파일을 재미 삼아 낱낱이 살펴보는 것이다. 당신은 집을 떠난 적도 없는데 집이 털린 것과 다름없다. 아주 운이 나쁜 사이버 공간에서의 하루이다.

둘 중 어떤 하루가 사이버 공간에서의 '평범한' 하루일까? 두 번째가 아니길 바라야 할 것이다. 하지만 두 번째 하루는 물리적 세계의 평범하지 않은 하루처럼 그저 상상 속 이야기가 아니다. 사이버 공간에서의 운이 나쁜 하루는 제법 그럴듯하다. 사실, 각각의 요소는 심지어 흔하다. 어떻게 그럴까?

가장 먼저 설명한 가짜 고지서 사기 수법은 물리적 세계보다 사이버 공간에서 훨씬 쉽게 이루어진다. 수백만 장의 가짜 전기세 고지서를 뿌리는 일은 사이버 공간에서 훨씬 저렴하고 쉽기 때문이다. 대부분은 무시하겠지만, 한두 명만 속아도 그만한 가치가 있다. 그리고 디지털을 이용한 소통은 그 형태나 유형이 물리적 세계만큼 다양하지 않기 때문에 가짜 디지털 결제 요청은 소비자가 감지하기 더 어렵다.[8]

검색 엔진에 정보를 입력할 때, 검색 데이터에 무슨 일이 일어나는지 우리는 거의 알지 못한다. 데이터는 사이버 공간으로 사라지고, 적어도 이론상으로는 검색 엔진의 뒤에 있는 회사가 그 정보를 원하는 대로 처리할 수 있다. 검색 결과를 통해 온라인 판매자와 연결되면 이 판매자가 정직한지, 품질이 괜찮은지 측정하는 근거는 웹사이트의 글과 사진, 사용된 언어와 가격뿐이다. 따라서 낯선 판매자와 거래를 성사하기 위해서는 신뢰를 어느 정도 쌓을 필요가 있다. 대부분의 사람들은 사이버 공간에서 얼마나 쉽게 온라인 사업을 시작할 수 있는지, 그리고 루리타니아의 침실에서 그럴듯한 판매 웹사이트를 만들어 보여주는 것이 얼마나 쉬운지 알지 못한다.

다른 사람의 은행 카드 정보를 이용하여 온라인 구매를 시도하는 수법은 은행의 사기 탐지 시스템에서 구매 패턴을 감지하기까지는 성공적인 수법이 될 것이며, 감지하는 순간 이미 늦을 것이다. 이 때문에 은행 카드 정보를 훔치고 파는 것은 사이버 공간에서 가장 주된 범죄 사업이다. 원격으로 컴퓨터에 유해한 소프트웨어를 설치하는 것은 또 얼마나 간단한가? 그저 순진한 누군가가 링크를 누르거나 파일을 받기만 하면 된다. 이와 같은 악성 소프트웨어는 비밀번호나 계좌 정보가 있는지 컴퓨터를 간단히 살펴본다. 혹은 컴퓨터에 영원히 남아 디지털 '스파이' 역할을 할지도 모른다.[9]

물리적 세계에서 평범하지 않은 하루보다 사이버 공간에서 운이 나쁜 하루는 훨씬 더 일어날 가능성이 높다.

# ❖ 사이버 공간의 보안 취약 ❖

사이버 공간은 그것이 무엇이고 어디에 있든 물리적 세계와 매우 다른 종류의 장소라는 데는 의심의 여지가 없다. 이러한 차이는 사이버 공간의 보안에 중요한 결과를 가져온다. 사이버 공간에서 보안을 제공하는 것이 왜 특별히 어려운지 알아보기 위해 앞서 다루었던 물리적 세계의 세 가지 속성과 무엇이 다른지 살펴보자.

일단, 사이버 공간은 *물리적* 공간이 아니다. 물론 데이터 센터나 컴퓨터, 공유기, 전선 등 사이버 공간의 일부 요소는 물리적 세계의 일부분이기도 하다. 하지만 생산되고 처리되는 정보와 관련된 요소들은 물리적이지 않다. 사이버 공간의 정보는 디지털 데이터로 나타난다. 디지털 데이터는 잡을 수도, 느낄 수도, 봉투에 집어넣을 수도 없다. 사실, 물리적이지 않다는 그 속성 때문에 우리가 이토록 놀라운 일들을 할 수 있다. 복사하고, 변형하고, 지구 반대편까지 빛의 속도로 전송한다. 정보를 디지털 방식으로 표현하고 활용하게 된 것은 진정한 혁명이었다.

디지털 데이터는 물리적이지 않기 때문에 물리적 세계에서 우리가 사용하는 보안 메커니즘 중 소수만이 디지털 정보를 보호하기에 적합하다. 서랍에 USB 메모리를 넣고 잠그면 안전하게 저장할 수 있는 것이 사실이지만, 이 기기에 있는 정보를 사용하려는 순간 사이버 공간에 어떤 방식으로든 연결해야 하고, 물리적 보안은 더 이상 유효하지 않게 된다. 사이버 공간을 보호하기 위해서는 아주 다른 보안 메커니즘이 필요하다.

사이버 공간은 특히나 *익숙함*과는 거리가 멀다. 그렇다고 해서 우리가 사이버 공간에서의 일상생활에 익숙하지 않다는 것은 아니다. 어쨌든 우리는 인터넷에서 찾은 정보에 의존하고, 많은 사람들이 인터넷으로 물건을 사고팔며, 서로 연락하기 위해 소셜 미디어 플랫폼을 사용한다. 우리는 점점 사이버 공간을 사용하는 데 익숙해진다. 하지만 우리가 사이버 공간 그 자체에 익숙한가? 어떻게 이 모든 일이 가능한지 희미하게나마 이해하는 사람이 몇이나 될까? 컴퓨터가 어떻게 프로그래밍 되었고 서로 어떻게 연결되는지, 어떻게 정보를 교환하는지는 차치하고 컴퓨터 자체의 작동 방식을 이해하는 사람도 거의 없다. 그리고 사이버 공간에서 정보를 처리하는 시스템이 동작하는 방식을 이해하는 사람도 거의 없다. 우리가 사이버 공간에 등록하는 정보는 실제로 어디로 가는가? 우리가 볼 수 있는가? 그 정보는 어떻게 되는가? 우리 대부분에게 사이버 공간은 마법과 같다. 버튼을 누르면, 수리수리 마수리 하고는 일이 벌어진다.[10]

사이버 공간에 익숙하지 않아 발생하는 위험도 있다. 사이버 공간이 무엇이고 어떻게 작동하는지에 대한 기본적인 이해도 없이 우리는 사이버 공간에서 우리를 대신하여 '올바른 일'을 수행하는 시스템에 의존하고 다소 맹목적으로 행동한다. 사이버 공간에 익숙하지 않으면 우리는 결국 순진하게 당하게 된다. 그렇기 때문에 보안이 가지는 의미는 중요하다. 어떻게 작동해야 제대로 작동하는 것인지조차 이해하지 못하기 때문에 우리는 일이 잘못될 때나 실제로 무엇이 잘못될 수 있는지를 알아채지 못한다. *"의심스러운 물건을 발견하시면, 관리자에게 보고 바랍니다."* 의심스러운 물건이 어떻게 생겼는지 눈치채지 못한다면 아마 이런 일은 일어나지 않을 것이다.

일단 기본적으로 우리는 물리적 세계에서 보안 의사 결정을 하는 상식적인 원칙들에 대한 이해가 부족하다. 사이버 공간에서 사람들은 물리적 세계에서는 생각도 하지 않았을 매우 위험한 행동을 하곤 한다. 휴가 간 동안 도둑에게 엽서를 보낸다거나(자동으로 부재중 메시지를 보내고 휴가 사진을 온라인에 게시),[11] 티셔츠에 은행 계좌 정보를 새긴다거나(신뢰할 수 없는 웹사이트에서 물건 구입), 집 전체에 감시 카메라를 설치하고 TV 생방송을 통해 송출하는(소셜 미디어를 지나치게 열심히 사용) 행동 등이다. 아프리카 대초원에서 사자가 다가왔을 때 가까운 나무로 바로 뛰어가야 한다는 것을 선조들은 본능적으로 알았고, 우리도 그렇게 한다. 도시 한가운데 살면서 집을 떠날 때 현관문을 잠그는 것은 너무나 당연한 일이다. 그러나 사이버 공간에서는 딱히 확립된 '사이버 상식'이 거의 없다. 전자 문을 여는 방법은 물론이고 잠그는 방법도 거의 알지 못한다. 디지털 세계 속 사자가 화면에서 아무리 돌아다녀도 우리는 발견조차 하지 못한다.

결국 사이버 공간은 물리적인 *狀況*의 제약에서 해방된다. 이것이 바로 사이버 공간의 가장 큰 장점이다. 세계 어디에서든 집에 앉아 물건을 사고, 친구들과 대화를 나누고, 사진을 감상하고, 사업을 운영하고, 여행 계획을 짤 수 있다. 이런 일이 가능해진 것도 놀랍지만 이를 당연하게 생각하게 된 것은 더욱 놀랍다.

하지만 우리만 이렇게 할 수 있는 것은 아니다. 우리의 이익에 반하는 행동을 하려는 사람들도 있다. 불법으로 금전을 취득하려는 사기꾼은 세계 어느 곳에서나 목표물을 물색하려 한다. 그리고 정부나 조직은 우리의 일상적인 정보를 캐내려고 한다. 물리적 세계에서 대부분의 위협은 우리 주변에서 나타난다. 그러나 사이버 공간에서는 어디에서든 나타날 수 있다.

## ❖ 문제의 핵심 ❖

이 논의를 시작할 때 정의한 보안의 세 가지 속성에 사이버 공간에 있을지 모르는 불안정성을 반영하여 다시 살펴볼 필요가 있다. 이를 역순으로 다시 생각해보자.

일단, 많은 잠재적 위험 유형이 물리적 세계에서보다 사이버 공간에서 더 큰 위협이 된다. 물리적 세계에서 일상적인 하루를 보내는 보통 사람들이 루리타니아에서 저지르는 범죄의 대상이 될 확률은 낮다. 반면 사이버 공간에서는 범죄 대상이 될 확률이 훨씬 높다.[12] 전체주의 국가가 아닌 이상 인력을 곳곳에 배치하는 등의 순수한 물리적 기술을 가지고 모든 시민의 일상생활을 감시하지는 않을 것이다.[13] 대신 사이버 공간에서는 사람들이 알아채지 못하게 이러한 일을 하는 것이 더욱 쉬워지고 있다.[14]

두 번째로, 사이버 공간에서 보안과 관련한 어떤 결정을 내릴 때, 맥락을 활용하는 우리 능력은 더욱 약해진다. 믿을 수 있는 웹사이트인가? 이런 질문에 명확히 대답하기는 어렵다. 상점에서 보고 느끼는 생김새와 분위기에는 맥락이라는 요소가 충분히 포함되어 있기 때문에 물리적 세계에서는 거의 마주치지 않는 어려움이다. 누군가 당신의 현관문을 두드리며 은행 계좌 정보를 알려달라고 한다면, 협조하지 않을 가능성이 크다. 하지만 은행인 척하는 이메일에서 그러한 질문을 한다면 이와 같은 수준으로 방어하는 사람들은 많지 않을 것이다. 물리적 맥락이 제공하는 보안 정보가 없는 우리는 보안 위협을 제대로 추론할 준비가 되지 않은 셈이다.

결과적으로, 물리적 세계에서 우리가 구축하는 보안의 기본적인 보안 메커니즘은 사이버 공간에는 적절하지 않다. 이메일을 귓속말로 전달할 수도 없고, 디지털 문서 봉투를 테이프로 봉인할 수도 없으며, 온라인 상점 판매대 뒤에 있는 가게 주인을 쉽게 알아볼 수도 없다.

사이버 공간은 물리적 세계의 축소판을 만들면서 동시에 다양한 잠재적 위험을 집 앞까지 끌고 왔다. 사이버 공간은 우리 대부분이 제대로 이해하지 못하는 곳이다. 게다가 전통적인 보안 도구를 적용할 수 없다는 점은 더욱 심각하다. 우리는 문제에 봉착한 듯 보인다.

## ⁑ 암호학 구조대 ⁑

지금까지 사이버 공간의 보안에 있을지 모르는 어두운 그림을 그려보았다. 그 위험은 현실이고 보안을 제공하는 것은 중요하다. 하지만 우리 대부분은 매일 인터넷을 사용하면서도 불쾌한 일은 별로 겪지 않는다. 단지 우리에게 행운이 따랐을 뿐일까?

사이버 공간에 보안 개념이 없다고 생각해서는 안 된다. 전문가들이 사이버 공간에 도사리고 있는 위험을 이해한 덕분에 우리가 가진 기술 대부분은 보안을 염두에 둔 수준에서 만들어졌다. 물론 완벽하진 않지만, 물리적 세계든 사이버 공간이든 애초에 '완벽한' 보안이란 존재하지 않는다.

일단은 가장 근본적으로, 사이버 공간의 보안 개념은 디지털 정보를 보호하는 데 적합한 주요 보안 메커니즘을 바탕으로 만들어져야 한다. 만약 우리가 자물쇠, 봉투를 봉인하는 테이프, 얼굴을 알아보는 인식 능력을 대체할 만큼 효과적인 디지털 보안 메커니즘을 구축할 수 있다면, 이러한 도구를 사이버 공간에서 우리의 활동을 보호하기 위한 시스템에 광범위하게 적용할 수 있다. 물리적 세계에서 경험하는 보안 수준을 갖추기 위해 이러한 도구를 사용할 수 있다면 더욱 좋다. 그리고 그 수준을 넘어 물리적 세계보다 사이버 공간에서 더 강력한 보안 수준을 갖추게 될지도 모른다.

이것이 바로 암호학이 수행하는 핵심적인 역할이다. 암호학은 사이버 공간에 적용되는 보안 메커니즘의 도구 세트를 제공한다. 이 암호학 도구들은 인증받지 않은 사용자에게는 디지털 정보를 숨기거나, 전자 문서에 일어난 변경을 감지하거나, 컴퓨터를 식별하는 등 각자 제법 간단한 보안 메커니즘을 통해 중요한 작업을 수행할 수 있다. 하지만 이러한 메커니즘이 서로 융합된다면 금융 거래 보안을 지원하거나, 전자 배전 네트워크를 보호하거나, 안전한 온라인 선거를 운영하는 등 매우 복잡한 보안 시스템을 구축하는 데 사용될 수 있다.

암호학 자체로 사이버 공간의 보안을 만들 수는 없다. 보안의 개념 확립은 단순한 보안 메커니즘을 제공하는 것뿐 아니라 다양한 측면을 포함한다. 집에 적용되는 보안이 자물쇠만 있는 것은 아니지만, 자물쇠를 사용하지 않고 집을 보호하는 방법은 상상하기 어렵다. 이처럼 암호학은 혼자서 은행 네트워크를 보호해주지 못하지만, 암호학이 없다면 글로벌 은행 시스템은 붕괴되고 말 것이다.[15]

# 2장

## 키와 알고리즘

CRYPTOGRAPHY

KEYS AND ALGORITHMS

암호학은 우리가 사이버 공간에서 안전하게 운영해야 하는 메커니즘을 제공한다. 이를 알아보기 전에, 암호학 보안 메커니즘의 기본 구조를 이해할 필요가 있다. 두 가지 중요한 요소, *키*와 *알고리즘*이 암호학의 기본 구조가 된다.

## ❖ 키의 중요한 기능 ❖

물리적 세계에서 당신의 평범한 하루를 다시 살펴보고 여기에 적용된 보안 메커니즘 일부의 목표가 무엇이었는지 다시 생각해보자.

고지서를 담은 봉투의 역할은 *오직* 당신과 전기 회사만이 고지서 내용을 알도록 하기 위함이었다. 현관문과 열쇠는 *오직* 당신만 집에 출입할 수 있도록 한다. 약사는 *오직* 진짜 약사만이 할 수 있는 행동을 했다. 약사와의 대화는 *오직* 약사와 당신만 상세 내용을 들을 수 있게 진행되었다. 현금은 *오직* 진짜 화폐에만 있는 물리적 속성을 가지고 있었다.

오직, 오직… 모든 보안 메커니즘의 핵심은 오직 특정한 환경에서만 무언가 일이 일어날 수 있게 하는 것이다. 보안 메커니즘은 도둑들을 막거나 여러 가지 중 특정한 것을 식별하는 데 사용될 수 있고 *특별한* 능력을 제공하기도 한다. 현관 자물쇠와 열쇠는 당신이 집을 출입할 수 있는 특별한 능력을 제공한다. 귓속말은 소리가 들리는 거리 내에서만 내용을 들을 수 있는 특별한 능력을 부여한다. 지폐에 있는 보안 요소들은 법정 화폐로 사용되는 특별한 능력을 제공한다.

물리적 세계에서, 특별한 보안 능력은 다양한 방법으로 가능하게 된다. 가장 일반적인 방법은 현관 열쇠나 신분증, 표, 소개서[1]와 같이 당신이 가진 물건이다. 또는 개인적인 대화를 들을 만큼 가깝거나, 표를 구입해 들어간 콘서트장에 있는 것처럼 당신이 있는 *장소*일 수도 있다. 지문이나 홍채 인식처럼 *당신 그 자체*일 수도 있다. 친구의 목소리, 보물이 가득한 동굴에 들어가기 위해 '열려라, 참깨'[2]라고 외치는 소리처럼 당신이 *아는 것*일 수도 있다. 다양한 접근 방식을 합하여 특별한 능력을 갖출 수도 있다. 약사는 특별한 물건인 약사 자격증을 가지고, 특별한 장소인 약국 판매대 뒤에 서서, 당신이 얼굴을 알아볼 만큼 특별한 존재이면서, 당신에게 어떤 처방을 내릴지 특별한 지식을 알고 있었다.

특별한 보안 능력을 제공하는 방법 중 사이버 공간으로 가장 쉽게 변환되는 방법은 바로 마지막에 언급한 당신이 알고 있는 것이다. 암호학에서는 이 특별한 정보를 *키*$_{key}$라고 부른다. 열쇠라는 뜻을 가진 단어가 선택된 것은 우연이 아니다. 암호학에서 키는 현관문 열쇠와 비슷한 역할을 하기 때문이다.

크립토그래피

현관문 열쇠를 가진 사람만 문을 열고 특정 집에 들어갈 수 있는 것처럼, 암호 키를 알고 있는 사람만 특정한 일을 할 수 있다. 대부분의 경우 키는 사이버 공간에서 한 사람과 다른 사람을 구분하는 비밀 정보이다. '대부분의 경우'라고 말한 이유는 무엇일까? 키가 비밀이지 않은 경우를 가정해보자.

사이버 공간에서는 소통의 주체가 사람이 아니라 *컴퓨터*인 경우가 많다. 그리고 사람이 항상 능동적으로 컴퓨터를 조작하고 있지는 않다. 따라서 암호 키의 기능이 키의 '정보'가 한 '사람'을 다른 사람들로부터 구분하도록 보장하는 것이 아니라, 컴퓨터일 수도 있고 사람일 수도 있는 하나의 *엔티티*entity 가 키에 *접근* 가능할 때 사이버 공간에서 특정 작업을 수행할 수 있다고 간주하는 것이 더 정확한 설명이다.

당신이 집에 들어가기 위해 특별한 능력을 가진 것이 아니라, 당신의 현관문 열쇠의 복사본을 가지고 있는 누구나 그 능력을 가지게 된다는 것은 열쇠의 핵심적인 기능이다. 암호학에서 키도 마찬가지다. 당신의 계정으로 전화를 걸거나, 은행 카드로 결제하거나, 영화를 다운받거나, 차 문을 여는 등의 작업을 하기 위해서는 적합한 암호 키에 접근하기만 하면 된다.

2장. 키와 알고리즘

## 비트와 바이트

우리는 매일 암호학을 사용하고, 대부분의 경우 키를 사용한다. 비록 사람들은 대부분 의식하지 못한 채 암호학을 사용하기 때문에 키를 직접 볼 일은 없지만, 암호학에서 키가 어떻게 생겼는지 한 번쯤 생각해볼 필요는 있다.

먼저 컴퓨터가 어떻게 정보를 표현하는지 생각해보자. 우리의 두뇌가 정보를 언어로 변환하는 것처럼, 컴퓨터는 정보를 숫자로 변환한다. 사이버 공간에서 저장하고, 전송하고, 처리하는 모든 정보는 컴퓨터에 숫자로 표현된다. 우리가 컴퓨터에 글을 입력하면, 어떤 작업이 필요한지 상관없이 일단은 숫자로 변환한다. 또 우리가 정보를 다시 불러오고 싶을 때, 컴퓨터는 이 숫자를 글로 변환하여 우리가 읽을 수 있게 해준다. 우리가 이미지를 업로드할 때도 비슷한 과정이 진행된다. 이미지는 작은 픽셀로 이루어졌고, 각 픽셀은 컴퓨터에서 해당하는 색상을 나타내는 숫자로 변환된다.

컴퓨터에서 사용하는 숫자는 우리에게 익숙한 십진수가 아니다. 컴퓨터는 0과 1로만 구성된 *이진법*을 사용한다. 이진법은 그저 숫자를 표현하는 다른 방법일 뿐이다. 모든 십진수는 이진법으로 표현할 수 있고, 그 반대로도 가능하다. 예를 들어 십진수 17은 이진법으로 10001('일만 일'이 아니라 '일영영영일')

이고, 이진수 1101은 십진법으로 13이라 쓴다. 이진수의 각 자 릿수를 *비트*bit라고 한다. 이 비트가 디지털 정보의 가장 기본 적인 원자 단위를 구성한다. 4개의 비트를 *니블*nibble이라 하고, 두 개의 니블이 모여 *바이트*byte가 된다.

그런데 컴퓨터가 처리하는 정보가 전부 숫자로 이루어진 것 은 아니다. 컴퓨터에 'K9!'라고 입력한다고 생각해보자. 이 데 이터로 무엇을 하려 하든, 컴퓨터는 먼저 'K9!'를 이진수로 표 현해야 한다. 키보드 기호는 키보드 글자와 비트의 전환 규칙 을 정의하는 ASCIIAmerican Standard Code for Information Interchange(미국 의 정보 교환용 표준 코드)라는 시스템을 통해 비트와 바이트로 변 환된다. 이 예시에서, 'K'의 ASCII 코드는 바이트로 01001011 이고 '9'의 ASCII 코드는 00111001,[3] '!'는 00100001이다. ASCII 코드 01001011 00111001 00100001을 마주한 컴퓨터는 코드를 다시 문자로 변환하여 'K9!'라는 문자열을 얻는다.

데이터의 크기를 다뤄보는 것도 유용할 때가 있다. 데이터 는 이진수로 이루어졌기 때문에, 크기를 측정하는 가장 간단 한 방법은 비트의 수를 세는 것이다. 바이트의 수를 셀 수도 있 다. 예를 들어 1011001100001111은 16비트 길이이며, 2바이 트 길이다. 데이터가 커지면 *킬로바이트*kilobytes(1,024바이트), *메 가바이트*megabytes(1,024킬로바이트), *기가바이트*gigabytes(1,024메가 바이트), *테라바이트*terabytes(1,024기가바이트)와 같이 그에 맞는 용어를 사용한다.

　암호학 키는 그저 일종의 데이터이기 때문에 컴퓨터는 키를 이진수로 나타내야 한다. 암호학 키도 보안에서는 중요하므로 암호화 알고리즘에서 *키 길이*[4]에 관한 언급을 자주 접하게 된다. 오늘날 우리가 사용하는 대부분의 암호 키 길이는 128비트이다.

## ❖ 나의 키는 어디에 있는가? ❖

우리가 항상 암호학 키를 사용하고 있다면, 어디에 있다는 말인가? 예를 들어 살펴보자. 당신은 휴대전화로 전화를 걸 때마다 암호학 키를 사용한다. 이 작업에서 보안이란 당신의 휴대전화 통신사가 지구상의 다른 50억 휴대전화 사용자와 당신을 구분하는 과정을 바탕으로 한다.[5] 통신사는 당신에게 비밀 숫자인 특정 암호학 키를 부여하고, 그 키는 오직 당신과 통신사만 '안다.' 이 숫자를 사용하면 통신사는 휴대전화로 전화를 거는 사람이 당신이라는 사실을 안다. 이것이 *항상* 정확하지만은 않다는 것을 지금부터 설명하려 한다.

　당신이 휴대전화로 전화를 걸 때 사용되는 특별한 비밀 숫자는 무엇일까? 당신의 휴대전화 번호는 아닐 것이다. 그 번호는 비밀이 아니기 때문이다. 당신은 휴대전화에서 사용하는 당신의 암호 키를 알지 못한다. 알지 못하고, 알아선 안 되는 두 가지 이유가 있다.

먼저 가장 중요한 이유는, 암호 키는 큰 숫자이기 때문이다. 0에서 10 사이 숫자를 외워야 한다면 아마 대부분 성공할 것이다. 비밀번호로 자주 사용되는 10,000 미만의 네 자리 숫자나, 1,000,000 미만 여섯 자리 숫자도 외울 수 있다. 하지만 암호학의 범위에서 1,000,000은 큰 숫자가 *아니다*. 암호학 키는 *매우* 큰 숫자도 아니다. 키는 우리가 이해하는 범위를 넘어선 숫자인 경우가 많다.

예를 들어, 우주에 있는 별의 개수에 40,000을 곱한 숫자가 어떤 모습일지 상상해보자.[6] 이해는 될지 몰라도 정확히 어느 정도인지 가늠이 되지 않는다. 우리는 한때 대충 이 정도 크기의 암호학 키를 사용했지만, 이러한 키는 더 이상 최신 암호화 프로그램에 적용될 만큼 크지 않다고 간주된다. 대신, 우리는 이 숫자의 1조 배인 키를 사용한다. 숫자로 현기증이 나기 시작했다면, 제대로 이해한 것이다. 보통 인간은 이와 같은 비밀 암호 키를 기억하지 못한다.

당신이 휴대전화의 암호 키를 모르는 두 번째 이유는 현재 누가 휴대전화를 사용하는지 중요하지 않기 때문이다. 통신사는 누가 전화를 사용하는지, 어떤 기기를 사용해 전화를 거는지 상관하지 않는다. 통신사가 상관하는 것은 요금을 어디에 청구하는지 뿐이다. 따라서 엄청나게 큰 비밀번호를 '알고' 사용할 수 있는 휴대전화 계정에 고유하게 연결된 정보만 알면 된다. 당신은 처음 계정을 개설할 때 그 정보를 받았다. 바로 휴대전화에 삽입되어 있는 *SIM*Subscriber Identity Module(가입자 식별 모듈)이라고 하는 아주 작은 플라스틱 카드이다. 이 카드에는 작은 마이크로칩이 내장되어 있다. SIM 카드의 주요 기능은 비밀 암호학 키를 저장하는 것이다. 이 키 덕분에 당신을 이 행성 위 다른 사람들과 구분할 수 있다. 만약 다른 사람에게 휴대전화를 빌려주거나, 당신의 SIM 카드를 다른 사람의 전화에 장착하더라도 고지서는 당신이 받게 될 것이다.

대부분의 암호 키는 사람이 아닌 컴퓨터가 직접 사용하는 거대한 숫자다. 그렇기 때문에 대부분의 키는 컴퓨터 자체에서 찾을 수 있거나, 컴퓨터에 연결된 기기에 저장된다. 예를 들어 당신이 은행 카드를 사용하면서 만들어진 정보를 보호하는 키는 카드에 탑재된 칩에 저장된다. 와이파이 네트워크에 접속하는 키는 공유기에 저장된다. 온라인 쇼핑을 하면서 교환하는 데이터를 보호하는 데 사용하는 키는 당신이 사용하는 웹 브라우저 소프트웨어에 저장된다. 암호 키는 자동차 열쇠에 내장되어 당신이 자동차에 접근하면 차 문을 열 수 있게 한다. 열쇠 없이 자동차 문을 연다는 뜻의 '키리스keyless' 엔트리는 사실 하나의 물리적 열쇠와 하나의 암호 키로 구성되어 있으므로 잘못된 이름이다. 당신은 이러한 키가 어떤 숫자인지 전혀 모르지만, 해당하는 키가 지키고 있는 장소에 접근할 수 있다.

## ❖ 비밀이 키가 아닐 때 ❖

암호 키는 사이버 공간에서 하나의 항목을 다른 항목과 구별하는 데 사용하는 비밀 정보다. 그렇다면 비밀번호나 PIN 번호와 같은 것은 어떠한가?[7] 이것도 암호 키일까?

그렇다고 할 수는 없지만, 일부는 그렇다고 할 수 있다. 혼란스러운가? 이 개념의 구분은 상당히 미묘하다.

암호 키가 비밀번호나 PIN 번호와 비슷하다고 생각하기 쉽지만, 정확히 그렇지는 않다. 비밀번호와 PIN 번호가 사이버 공간에서 보안을 유지하는 데 사용되는 비밀이라는 것은 확실한 사실이다. 하지만 실제 암호 키인지 여부는 사용 방법에 따라 다르다.

비밀번호와 PIN 번호는 일반적으로 신원을 확인하는 데 사용된다. 예를 들어, 당신이 로그인하려는 컴퓨터가 비밀번호를 물어보고, 당신은 비밀번호를 입력하며, 컴퓨터는 그 비밀

2장. 키와 알고리즘

번호가 맞는지 확인한다. 만약 비밀번호가 일치한다면 컴퓨터는 '환영합니다'라며 미소 짓는다. 이 과정에는 암호화가 포함되지 않기 때문에 암호학 관점에서는 특별히 흥미로운 요소가 없다.[8] 그저 당신이 제공한 비밀번호를 컴퓨터가 받아 확인하는 것이 이 로그인 과정의 전부이다.

하지만 여기에서 중요한 문제는, 컴퓨터에 로그인할 때 당신이 비밀번호를 컴퓨터에 등록한다는 것이다. 당신의 비밀번호는 당신이 보호해야 할 비밀인데, 당신은 로그인 과정을 진행하면서 비밀번호를 '내놓는다.' 어떻게 보면 당신은 비밀이어야 할 비밀번호에 대한 통제력을 잃었으며, 이제 당신은 비밀번호를 등록한 기기와 이후 당신의 비밀번호가 전달되는 모든 네트워크와 장치가 비밀번호를 오용하지 않을 것이라 신뢰할 수밖에 없다.

당신은 아마 집에서 컴퓨터에 비밀번호를 입력하는 것을 무모한 행동이라 생각하지는 않을 것이고, 실제로 그렇지도 않다. 하지만 가끔은 우리가 웹 페이지에 있는 자료에 접근하기 위해 비밀번호를 입력하는 것과 같이 멀리 있는 컴퓨터에 로그인할 일이 있다. 이 경우 비밀번호는 당신의 웹 브라우저에서 웹사이트를 호스팅하는 원격 컴퓨터까지 가는 여정 도중 보호되지 않은 컴퓨터 네트워크를 지나갈 수도 있다. 잘 만들어진 웹사이트는 대부분 이를 보호하기 위해 암호화 과정을 거치지만, 일부 웹사이트는 그렇지 않다. 그사이 네트워크에 접근 가능한 모든 사람이 당신의 비밀번호를 볼 수 있고, 나중에 당신인 척하는 데 사용할지도 모른다. 비슷한 예로 우리가 ATM에서 현금을 인출할 때, 우리는 현금인출기에 비밀번호를 '내놓는다.' 중요한 개인 비밀 정보를 또 다른 기기에 등록한 셈이다.[9]

암호 키는 어떤 방법으로도 외부에 노출되어서는 안 된다. 대신, 암호 키는 키 자체를 공개하지 않고 키를 알고 있는지 입증하는 데 *사용된다*. 이 방법으로 키는 키 사용 전에도, 후에도 비밀을 지킬 수 있다. 이러한 수준의 키 보안은 우리가 비밀번호나 PIN 번호에 적용하는 것보다 훨씬 더 강력하다.

하지만 가끔은 암호 키를 더 쉽게 사용할 수 있도록 비밀번호에 직접 연결되기도 한다. 암호학 키는 우리가 기억하지 못하는 것이 당연할 만큼 엄청난 숫자라는 것을 상기해보자. 우리는 대개 기기에 키를 저장하지만, 항상 가능한 것은 아니다. 당신의 컴퓨터에 특별히 보호해야 할 파일을 암호학을 사용해 숨기기로 했다고 가정해보자. 정기적으로 하는 일이 아니기 때문에 컴퓨터가 자동으로 암호학을 적용해 파일을 보호하도록 설정하지는 않았다. (물론 가능은 하다.) 이것은 암호학을 '임시로' 사용하는 것이며 이 경우를 위한 특별 키를 생성해야 한다. 그렇게 하기 위해서는 나중에 이 키를 기억할 수단이 필요하다.

2장. 키와 알고리즘

우리가 기억할 수 있는 거대한 암호학 키를 만드는 일반적인 기술 중 하나는 비밀번호를 *사용해* 키를 계산하는 방법이다. 즉, 먼저 비밀번호를 선택한다. 이 비밀번호는 컴퓨터가 숫자로 변환한다. 그다음 이 숫자는 암호학 키로 사용될 훨씬 큰 숫자로 확장되는 과정을 거친다. 그리고 암호학 키가 필요할 때마다 키를 계산할 수 있는 비밀번호를 다시 불러오기만 하면 된다. 비밀번호 자체는 키가 아니지만, 키가 '자라날' 수 있는 '씨앗' 역할을 한다.[10]

비밀번호와 PIN 번호는 우리가 기억할 수 있는 정도의 비밀이다. 이것이 가장 큰 장점이자 가장 근본적인 약점이기도 하다. 많은 사람들이 비밀번호로 사전에 등재된 단어를 선택한다. 《옥스퍼드 영어사전Oxford English Dictionary》 20권을 통틀어도 단어는 30만 개가 채 되지 않는다.[11] 비밀번호와 PIN 번호는 비밀이라기에는 그다지 다양한 가능성이 존재하지 않기 때문에 보안이 취약한 편이다. 이러한 한계가 바로 비밀번호와 PIN 번호가 암호학 키와 다른 부분이다. 만약 당신이 비밀 정보를 기억할 수 있다면, 그 정보는 암호학 키로 사용하기에 충분히 크지 않을 것이다.

# ⁘ 보안을 만드는 레시피 ⁘

암호화 키는 절대 '내놓을' 수 없는 비밀이며, '사용'되어야 한다. 어떻게 사용되는 것일까?

물리적 세계의 보안 메커니즘을 다시 살펴보자. 가장 익숙한 예시는 물리적 열쇠를 포함한 현관문이다. (만약 디지털 도어락을 사용한다면, 문을 열 때 암호학을 이미 사용하고 있을 가능성이 크다.) 열쇠를 문에 보여준다고 해서 문이 열리지는 않는다. 열쇠 구멍에 열쇠를 삽입한 후 돌려야 문이 열린다. 여기에서 무슨 일이 일어나는지는 당신이 가지고 있는 잠금 장치의 유형에 따라 달라진다.

정확히 잠금장치가 어떻게 열리는지 우리에게 거의 보이지 않지만 그 과정은 매우 정확하게 진행된다. 열쇠가 잠금장치 내부의 금속 덩어리인 '회전판'을 누르면 열쇠를 시계방향으로 돌릴 수 있다. 그러면 크랭크가 회전하고 제대로 작동한다면 결국 문을 물리적으로 고정하는 볼트가 풀리게 된다. 이러한 일련의 과정에는 열쇠가 필요하다. 만약 올바른 열쇠가 이 과정에 사용된다면 잠금장치는 풀릴 것이다. 만약 잘못된 열쇠가 잠금장치에 삽입되면, 볼트를 풀지 못하고 문은 계속 잠긴 상태로 있을 것이다.

물리적 열쇠를 소유했다고 반드시 잠금장치를 열 수 있는 것은 아니다. 이 과정에서 열쇠가 잘 작동해야 결과적으로 잠금을 해제할 수 있다. 이 과정은 볼트를 해제하기 위해 각자 움직이는 장치들이 정확히 작동함으로써 성공적으로 이루어진다. 문의 잠금을 해제하려면 이 모든 작업이 실행되어야 한다. 열쇠가 완전히 삽입되지 않았거나 열쇠가 잘못된 방향으로 돌아가거나 잠금장치 내부의 금속 장치 중 하나가 눌리지 않으면 실패로 돌아가고 만다. 그리고 이 모든 과정은 *올바른 순서*로 수행되어야 한다. 열쇠를 먼저 돌리지 않으면 볼트를 풀 수 없고, 당연히 열쇠를 삽입하지 않고는 돌릴 수 없다.

여기서 주목해야 할 점은 현관문을 잠그는 과정에서 문의 열쇠와 잠금 해제 과정이 분리되어 있다는 점이다. 잠금을 해제하는 과정 자체는 일반적이다. 동일한 모델의 모든 잠금은 동일한 과정에 의해 해제된다. 반면 문의 열쇠는 고유하다. 특정 모델의 모든 잠금장치에 모두 다른 키가 있어야 한다.

암호학 키는 숫자이므로 암호학 키를 통합하는 모든 과정에는 더하기, 곱하기, 섞기, 바꾸기 등 일련의 수학적 연산이 반드시 필요하다. 나는 이러한 계산 과정을 *알고리즘*이라고 부를 것이다. 알고리즘은 본질적으로 특정 순서로 수행되어야 하는 일련의 작업을 지시하는 레시피와 같다. 이것을 수행하고, 저것을 수행하고, 그다음에는 이것을 수행하는 등의 방식이다. 이 과정의 마지막에 나타나는 숫자를 우리는 알고리즘의 *아웃풋*이라고 부른다. 올바른 아웃풋이 나오기 위해서는 알고리즘의 각 단계가 규정된 순서에 따라 성공적으로 수행되어야 한다.

레시피를 따라 요리할 때는 재료가 완벽하게 준비되지 않으면 저녁을 먹을 수 없다. 알고리즘도 이와 같은 방식으로 작동한다. 먼저 무언가를 입력하지 않으면 아웃풋도 없다. 알고리즘이 수행하도록 설계된 작업에 따라 필요한 입력은 달라진다. 대부분 암호화 알고리즘의 경우에는 보호가 필요한 데이터와 암호학 키를 입력해야 한다.

핵심 아이디어는 다음과 같다. 암호화 알고리즘은 시스템의 모든 사용자가 공유한다. 예를 들어, 전자통신 네트워크에 연결된 모든 휴대전화는 같은 알고리즘을 사용한다. 하지만 모든 사용자는 각자 고유한 암호학 키를 가지고 있다. 사용자가 데이터와 키를 암호화 알고리즘에 입력하면 데이터와 키 모두를 가지고 아웃풋을 만들어낸다. 데이터나 키 중 하나만 변경되어도 다른 아웃풋이 생성된다. 이 아웃풋은 외부 세계에 노출될 수 있는 값이다. 예를 들면 휴대전화 통화와 함께 무선으로 전송될 수도 있다. 키 자체를 공개하지 않고도 이 아웃풋을 통해 키를 계산한 사람이 알고리즘에 사용자 키를 입력할 수 있었다는 사실을 증명한다. 이것은 대부분의 암호화가 작동하는 본질적인 방식이다. 다음 장에서는 이 프로세스를 사용하여 다양한 보안 속성을 제공하는 방법을 살펴볼 것이다.

## ⫶ 숫자 블렌더 ⫶

알고리즘은 레시피다. 그리고 키는 비법 재료다. 암호화 알고리즘의 아웃풋이 사이버 공간이라는 야생으로 공개되기 때문에 아웃풋을 보는 사람은 그 누구도 키를 알아내지 못하도록 만들어야 한다. 누군가 우리가 요리한 것을 맛볼 수는 있겠지만, 모든 재료를 알아내기를 원하지는 않을 것이다.

만약 우리가 볶음 요리를 하면, 재료가 섞이더라도 거의 변형되지 않기 때문에 문제가 된다. 암호화 알고리즘은 모든 성분을 보이지 않게 만들어야 한다. 따라서 스무디에 비유하는 것이 더 나을 것이다. 스무디는 원래 형태의 흔적이 거의 남아 있지 않고 미세한 조각으로 섞여 있기 때문이다.

그러나 스무디의 색상은 유용한 정보를 제공한다. 우리는 입력 값이 무엇이었는지 아웃풋에 단서가 드러나지 않도록 입력 값을 효과적으로 혼합하는 기능을 원한다. 훌륭한 암호화 알고리즘은 질감이 드러나지 않고 색상이 없는 스무디를 만들어야 한다.

수치적으로 '질감과 색상이 없는' 것은 바로 무작위성이다.

무작위성은 의외로 정의하기 어려운 개념이기 때문에 상세한 설명은 생략하겠다.[12] 그러나 무작위라는 말이 무엇을 의미하는지 알 것 같다면, 그 의미가 거의 맞을 것이다. 무작위성은 예측 불가능성을 말한다. 무작위로 생성된 숫자에는 명백한 패턴이 없으며 *숫자를 계속해서 생성할 때* 나오는 숫자의 예측 불가능성과 관련이 있다. 예를 들어, 동전을 다섯 번 던졌는데 매번 앞면이 나왔다면 결과를 무작위로 받아들이지 않을 수 있다. 동전의 한쪽 면이 더 무겁다고 생각할지도 모른다. 그러나 앞면, 뒷면, 앞면, 앞면, 뒷면이 나온다면 결과가 무작위로 나온다는 것을 쉽게 받아들인다.

그러나 동전이 한쪽으로 치우치지 않았다면 이 두 가지 결과는 사실 동일하다. 각각은 32분의 1의 확률로 발생한다. 만약 동전을 다섯 번 던질 때마다 다섯 번 앞면이 나온다면 정말로 이상한 일이다. 또는 매번 앞면, 뒷면, 앞면, 앞면, 뒷면의 순서로 나오는 것도 이상한 일이다. 이렇게 동전을 오랜 시간 계속 던졌을 때 앞면, 뒷면의 순서가 32분의 1보다 훨씬 더 자주 발생한다면, 그 과정이 무작위가 아니라는 결론을 내리는 것이 합리적이다. 동전의 한쪽 면이 무거운 것이 아니라면 5회로 구성된 동전 던지기 세트를 새로 시작할 때마다 어떤 결과가 다른 결과보다 더 가능성이 높다는 기대를 해서는 안 된다.

무작위성은 두 가지 중요한 방식으로 암호화와 밀접하게

연결된 개념이다. 첫 번째, 비밀 암호 키는 무작위로 생성되어야 한다. 키가 무작위로 생성되지 않으면 어떤 키는 다른 키보다 더 높은 가능성으로 발생하기 때문에 키를 알아내려는 사람에게 도움이 된다. 이러한 무작위성과 키 길이는 암호학 키를 추측하고 기억하기 어렵게 만든다. 반면 비밀번호는 8zuHmcA4&$처럼 아무 의미 없이 무작위로 생성되는 경우보다 BatMan1988 혹은 B@tM@n1988과 같이 기억할 수 있는 단어로 설정되는 경우가 훨씬 많다. 이렇게 무작위성이 떨어지는 경우, 게다가 길이까지 짧다면 암호학 키로 기본적인 보안을 제공하기에는 터무니없이 취약하다.

두 번째로 훌륭한 암호화 알고리즘은 난수 생성기처럼 작동해야 한다.[13] 두 번째라고 해서 중요도가 덜하다는 말은 아니다. 만약 어떤 데이터를 암호화한다면 그 결과 '알아볼 수 없어야' 하며, 의미 있는 패턴은 모두 사라져야 한다. 이렇게 분명한 무작위성은 인터넷으로 전송되고, 관찰하는 사람은 그저 희미한 숫자 안개를 보게 된다.

사이버 공간에서 우리의 활동을 보호하는 데 필요한 블렌딩 과정은 훨씬 더 까다롭다. 질감이 없고 색깔도 없는 스무디를 요리사가 만든다고 가정해보자. 가정일 뿐이니 굳이 그런 스무디를 상상할 필요는 없다. 스무디의 맛도 나쁘지 않고, 무슨 재료를 사용했는지 전혀 알 수 없을 정도로 잘 섞여 있다. 이제

크립토그래피

요리사가 스무디에 들어간 재료를 알려준다. 다음으로, 요리사는 사과를 덜 넣고 당근을 추가하는 새로운 레시피로 새로운 스무디를 만들어준다. 새로운 스무디의 맛도 나쁘지 않다. 사실 그 맛은 이전의 스무디와 거의 비슷하다. 이제 요리사는 새로운 스무디의 재료를 당신에게 맞추어보라 한다.

당신은 처음 맛본 스무디와 두 번째 스무디의 재료가 거의 같다고 추측하는 것이 자연스럽다. 정확하지 않을 수도 있지만, 제법 비슷할 것이다. 첫 번째 스무디 재료는 두 번째 스무디 재료를 알아내는 데 매우 유용한 정보가 된다. 그러나 이러한 종류의 관계는 암호학에서는 권장하지 않는 관계다.

예를 들어, 유사한 잔액을 가진 두 은행 계좌의 잔액을 섞기 위해 암호화 알고리즘이 사용된다고 가정해보자. 우리는 한 계정 소유자가 섞인 잔액 정보를 보고 다른 계정의 잔액을 추론하지 못하게 해야 한다. 따라서 훌륭한 암호화 알고리즘은 재료에 매우 민감한 레시피와 같아야 한다. 사과 한 조각 대신 당근 한 조각을 넣는 것과 같이 사소한 변경에도 스무디 맛은 완전히 달라진다. 즉, 암호화 알고리즘의 입력에 작은 변경이 생기면 아웃풋은 전혀 예측할 수 없게 변경되어야 한다. 따라서 거의 동일한 두 개의 키와 은행 잔고가 동일한 암호화 알고리즘에 입력되어도 두 개의 관련 없는 아웃풋이 생성되어야 한다. 이 두 개의 아웃풋을 관찰하는 사람은 두 키와 두 은행 잔고가 거의 동일하다는 단서를 찾지 못한다.

지금은 이 정도 블렌딩만으로 충분하다. 당신이 정말로 알아야 하는 것은, 훌륭한 암호화 알고리즘은 당신이 키를 알고 있지 않은 한 입력과 출력 사이 관계를 숨겨야 한다는 것이다.[14]

## ❖ 주방장과 비밀 레시피 ❖

재료를 냄비에 넣고 친구와 함께 먹을 저녁 식사를 만드는 것은 비교적 쉽다. 그러나 음식 평론가를 놀라게 할 레시피를 만들어내는 것은 완전히 다른 문제다. 고급 요리의 훌륭한 레시피를 만들어내는 일은 대개 주방장의 몫이다.

암호학에서도 상황은 다르지 않다. 겉으로는 잘 작동하는 것처럼 보이지만 실제로 안전하지 않은 암호화 알고리즘을 만드는 일은 쉽다. 하지만 우수한 암호화 알고리즘을 만드는 것은 매우 어렵다. 신기술을 개발하는 사람들도 일부는 집에서 만든 암호화 알고리즘을 채택하곤 한다. 직접 만든 알고리즘은 배포 후 몇 년도 버티지 못하고 몇 개월 이내에 보안 취약점이 발견되곤 하며, 이 알고리즘을 사용하는 제품에는 재앙과 같은 일이 된다.[15] 현대에 광범위하게 사용할 수 있는 암호화 알고리즘을 설계하려면 상당한 경험과 기술이 필요하다.

크립토그래피

홀륭한 암호화 알고리즘을 신중하게 설계했다면, 설계자는 그 세부적인 내용을 얼마나 공개해야 할까? 아마 최고의 레시피를 만든 주방장은 그 레시피를 비밀에 부칠 것이다. 암호화 알고리즘을 설계한 사람도 똑같이 해야 할까?

암호화 알고리즘을 비밀로 유지해야 하는 한 가지 경우를 생각해보자. 해커가 컴퓨터 시스템에 침입하여 암호화로 보호되는 데이터베이스를 발견했다고 가정하자. 해커는 이제 비밀 키가 무엇인지 알아내야 한다. 홀륭한 암호화 알고리즘을 사용했다면 뒤섞인 데이터베이스를 관찰하는 것만으로는 이 키를 알아낼 수 없다. 그러나 어떤 암호화 알고리즘이 사용되었는지 알고 있는 해커에게는 일종의 출발점이 있는 셈이다. 예를 들어, 알고리즘을 바탕으로 키를 추측하고 데이터베이스에 접근하려고 시도할 수 있다. 아무리 희박한 가능성이라도 운이 좋으면 이런 방식도 먹힐 가능성이 있다. 그러나 알고리즘을 모르는 해커는 데이터베이스 접근을 어디서 시작해야 할지조차 모른다. 따라서 비밀 알고리즘을 사용하면 내용이 알려진 알고리즘을 사용하는 것보다 보안에 이점이 있다.

이러한 비밀 알고리즘이 명백한 이점이 있는데도 매일 사용하는 암호학 대부분은 디지털 활동을 보호하기 위해 공개적으로 게시된 암호화 알고리즘을 기반으로 작동한다. 이러한 알고리즘이 어떻게 작동하는지 정확히 설명해주는 책을 구입하거나 웹사이트에서 정보를 얻을 수도 있다. 이렇게 공개된 알고리즘을 비밀 알고리즘보다 선호하는 이유도 두 가지 있다.

첫 번째 이유는 공개적으로 게시된 알고리즘은 대중의 신뢰를 얻기 위해 면밀히 조사되기 때문이다. 당신은 정원에 있는 창고에 금괴를 넣어둘 매우 튼튼한 물리적 잠금장치를 설치하고 싶다고 생각한다. 그래서 조언을 구하고자 마을 최고의 자물쇠 제작소를 찾아간다. 가게 주인은 평생 동안 판매해온 기존의 잠금장치를 기반으로 한 다양한 제품을 보여준다. 그는 제품을 절단해서 보여주고 모든 볼트와 핀이 어떻게 작동하는지 상세히 설명할 수 있다. 그러나 가게에서 가장 비싼 잠금장치는 최근에 입고된 신상인 원더락WunderLock이다. 당신은 원더락이 어떻게 작동하는지 주인에게 물어보았지만, 주인은 작동 방식이 기밀이기 때문에 자신도 알지 못한다고 고백한다. 가게 주인은 제조업체로부터 잠금 장치가 매우 강력하며 비싸게 팔릴 가치가 있다고 들었지만 스스로 그 품질을 보증하지는 못한다. 당신은 원더락을 사야 할까?

원더락을 사고 싶은 마음이 들지도 모른다. 실제로 원더락이 완벽한 잠금장치라면, 보안에 도움이 될 것이다. 근처에 사는 모든 도둑은 문에 달린 반짝이는 물건에 어리둥절하고, 훔치려 시도해도 매번 실패로 돌아갈 것이다. 비싼 잠금장치를 구입한 경우 효과가 있을지도 모르지만, 사실 이는 도박에 가

크립토그래피

깝다. 그저 제조업체에서 주장하는 대로 잠금장치가 안전하다고 신뢰해야 한다. 동네 잠금장치 제작자의 경험에 기댈 수도 없다. 평생 잠금장치를 설계하고 보안에 힘써온 대다수의 전문가도 원더락이 실제로 얼마나 좋은 잠금장치인지 설명하지 못한다.

중요한 것은, 이 문제가 그저 구매 전에 고민하는 추천 여부에 관한 문제가 아니라는 것이다. 새로 설치한 원더락은 1, 2년 동안 잘 작동할지도 모른다. 그러나 이후 원더락을 망치로 두드리면 볼트가 열린다는 사실을 발견한 영리한 도둑의 이야기를 뉴스 기사로 접했다. 이것은 전 세계 모든 잠금장치 제작자가 원더락 설계 내용을 알고 있었다면 분명히 더 일찍 발견되었을 약점이다. 누군가, 어딘가에서, 어떻게든 이것을 알아냈을 것이다.

옛날이지만 그렇게 옛날은 아닌, 아마 반세기 정도 전에 존재하던 몇 가지 암호화 알고리즘은 주로 군사 정보 프로그램에 사용되었다. 그 당시에는 전 세계에 암호화 알고리즘 설계 지식을 갖추고 있는 사람이 거의 없었다. 알고리즘은 대부분 비밀리에 설계되었다. 특정 국가의 모든 전문가가 비밀 알고리즘 설계에 참여했을 수도 있다. 또한 이 설계자는 비밀 알고리즘에 의존하는 소수의 사람들로부터 완전히 신뢰를 받았다.

그러나 이러한 상황은 오늘날 우리가 암호화를 사용하는 환경에는 전혀 맞지 않다. 가장 크게 다른 점 두 가지가 있다. 첫 번째로, 암호화 알고리즘 설계에 전문 지식을 갖춘 연구원 및 설계자로 구성된 커뮤니티가 활성화되어 있다. 비밀 알고리즘 설계에 이 커뮤니티에 속한 모든 사람을 참여시키는 것은 불가능하다. 내부 구조가 비밀인 모든 알고리즘은 이 커뮤니티에서 즉시 화두에 오르며 의심의 대상이 된다. 알고리즘이 '여러 개의 눈'으로 지켜보는 공개 평가 대상이 되지 않는다면, 문제가 있을 수도 있지 않을까? 두 번째로, 우리 모두는 강력한 암호화 알고리즘을 사용한다. 따라서 우리는 모두 그 설계를 완전히 신뢰할 필요가 있다.[16] 원더락과 동등한 암호화를 보안의 기초로 사용하는 것은 매우 위험하다. 널리 알려지고 공개적으로 평가된 암호화 알고리즘을 사용할 수 있는데 굳이 원더락을 사용할 이유가 있는가?[17]

우리가 일상적인 기술에서 공개되지 않은 암호화 알고리즘을 사용하지 않는 두 번째 이유는 더 원론적이다. 오늘날에는 비밀 알고리즘을 비밀로 유지하는 것이 거의 불가능하다. 50년 전, 암호화 알고리즘은 소수의 사람들만 접근 가능한 커다란 금속 상자에 구현되었다. 오늘날 암호화 알고리즘은 커다란 기술 안에서 구현된다. 소프트웨어에 구현된 알고리즘은 비밀을 유지하는 것이 거의 불가능하다. 많은 사람들이 알고리즘이 구현된 장치에 접근 가능한 경우 하드웨어에 구현된 알고리즘의 세부 정보를 숨기는 것도 매우 어려워진다. 장치에 접근 가능한 전문가는 알고리즘 작동 방식의 세부 정보를 알아내기 위해 기술과 동작을 분석할 수 있다. 이 과정을 *리버스 엔지니어링*reverse engineering이라고 한다.[18]

비밀 암호화 알고리즘을 배포하는 사람은 알고리즘의 비밀이 언젠가는 누군가에 의해 파훼쳐질 것이라는 가정 하에 운영하는 것이 현명하다. 이것이 꼭 최근 경험에 기반한 조언은 아니다. 19세기 후반 존경받는 네덜란드 암호학자인 아우후스트 케르크호프스Auguste Kerckhoffs가 암호화 알고리즘 설계를 위한 여섯 가지 공식 설계 원칙 중 하나로 포함시킨 내용이다.[19] 알고리즘이 기계에 적용되기 훨씬 이전의 일이다. 케르크호프스 시대에는 알고리즘을 시스템이라 불렀고, 시스템은 서면으로 작성된 글에 손으로 직접 적용하는 것이었다. 더 정확하게 케르크호프스는 다음과 같이 말했다. *"시스템이 비밀이 되는 순간 적은 아무 문제를 일으키지 않고 훔쳐 갈 수 있다."* 그는 현명했다.

## ⁝ 두 가지 알고리즘 이야기 ⁝

앞서 암호화 레시피를 비밀에 부치는 것이 항상 유익하지는 않으며, 항상 가능하지도 않다고 이야기했다. 특히 레시피가 보편적으로 배포된 제품과 관련된 경우 더욱 그렇다.

전 세계적으로 영향을 미치고 있는 두 가지 매우 다른 비밀 레시피를 가지고 이 결론을 살펴볼 필요가 있다. 코카콜라 제조업체는 그들의 청량음료 제조법이 세계에서 가장 잘 지켜지는 비밀 중 하나이며 이를 정교하게 보호하고 있다고 주장한다. 코카콜라의 '비법'은 비밀 암호화 알고리즘을 사용하여 휴대전화를 보호하는 것과 크게 다르지 않다. 요즘 세상에 코카콜라를 마시지 않거나, 휴대전화를 사용하지 않는 사람은 찾기 어렵다. 이러한 제품 뒤에서 알고리즘을 비밀로 지키는 것은 상당한 문제가 뒤따른다.

최초의 모바일 네트워크 설계자들은 휴대전화를 보호하는 데 비밀 알고리즘을 사용했고 이 방식이 더욱 강한 보안을 제공한다고 믿었다. 그러나 이러한 휴대전화에 사용된 비밀 알고리즘은 결국 리버스 엔지니어링 되었고 일부 경우에는 기대보다 안전하지 않은 것으로 밝혀졌다. 오늘날 이동통신 사업자는 암호화 알고리즘을 공개하는 것이 비밀로 유지하는 것보다 얻을 수 있는 보안상 이점이 훨씬 크다고 판단했다.[20] 이동통신 업계에서는 이제 비밀 레시피가 더 이상 유행하지 않는다.

그렇다면 코카콜라는 어떻게 제조법을 비밀로 유지할 수 있었을까? 사실 엄밀히 말하면 코카콜라 제조법은 비밀이 *아니*

다. 탄산 청량음료를 만드는 과정, 즉 알고리즘은 널리 알려져 있다. 전문가들이 추측한 코카콜라의 재료도 대부분 그렇다. 실제로 많은 사람들이 구분하지 못할 정도로 코카콜라와 비슷한 맛의 청량음료를 생산하는 제조업체도 많다. 비밀인 것은 머천다이즈 7XMerchandise 7X라는 코카콜라 성분 중 하나다.[21] 여기에서 7X의 비밀은 암호 키의 비밀과 유사하다. 탄산 청량음료를 만드는 알고리즘은 널리 알려져 있지만, 7X를 다른 향료로 대체하면 다양한 음료를 생산할 수 있다. 휴대전화와 마찬가지로 코카콜라 제조법은 널리 알려져 있지만 코카콜라를 보호하는 것은 바로 키의 비밀성이다.


## ⁝ 알고리즘은 중요하지만, 키는 핵심이다. ⁝

암호학에서 알고리즘과 키는 다른 역할을 한다는 사실을 아는 것이 필요하다.

알고리즘은 암호학에서 필요한 계산을 지휘하는 엔진과 같은 역할을 한다. 알고리즘은 알아서 작동하니 우리는 알고리즘을 걱정할 필요가 전혀 없다. 아무리 노련한 사이버 보안 전문가라 해도 운영하는 시스템을 보호하기 위해 어떤 알고리즘을 사용하는지 아는 것 외에 직접 암호화 알고리즘과 상호 작용하는 사람은 극히 드물다.

키는 암호학이 제공하는 보안이 의존하는 비밀이며, 보안 관점에서는 기술과 해당 사용자 간 상호 작용의 일부이다. 우리 모두가 공유하는 알고리즘과 달리 키는 각 사용자나 장치가 고유하게 가지고 있다. 우리가 사용하는 암호화 알고리즘은 누구나 알고 있지만, 다른 사람이 개인 암호학 키를 손에 넣는다면 사이버 공간에서 모든 보안을 잃게 된다.

사이버 공간에서 보안을 유지하기 위해 암호학을 사용할 때 알고리즘은 중요하지만, 키는 핵심이다.

크립토그래피

# 3장

## 비밀 지키기

CRYPTOGRAPHY

KEEPING SECRETS

사이버 공간에서 암호학이 제공하는 고유한 보안 메커니즘을 전체적으로 이해하려면 보안 개념을 몇 가지 핵심 기능으로 나누어 생각해보면 된다. 첫 번째 기능은 비밀을 지키는 기능이다.

## ⋮ 기밀성 ⋮

정보의 '보안'에 대한 아이디어를 생각해보라는 요청을 받으면 대부분의 사람들은 *기밀성*, 즉 우리가 원하는 사람 외에는 비밀 정보를 알지 못하도록 제한하는 능력을 떠올린다.

우리 모두에게는 비밀이 있다. 드러나면 수치스러울 정도로 민감한 정보만이 비밀이 되는 것은 아니다. 그저 신문에 게재되고 싶지 않은 자신의 정보면 모두 비밀이다. 몇 명은 알게 하고 싶지만 다른 사람들은 모르게 하고 싶다면, 그 또한 비밀이다. 당신의 은행 계좌 정보, 비밀번호, PIN 번호도 당연히 비밀이다. 당신의 주소, 생년월일, 가족사진도 비밀일 수 있다. 만약 길을 걷다 모르는 사람이 갑자기 다가와 당신의 자녀 이름과 어제 저녁 식사 메뉴를 물어본다면 어떻게 하겠는가? 말해줄 것인가? 만약 그렇지 않다면, 그 정보도 비밀이다. 우리는 누구나 남들이 알지 않았으면 하는 정보가 있다.[1]

3장. 비밀 지키기

기밀성은 다른 사람의 정보를 배제하려는 욕구 및 능력과 관련된 *개인 정보*의 개념과 관련이 있다. 에릭 휴즈Eric Hughes 는 〈사이퍼펑크 선언문A Cypherpunk's Manifesto〉에서 다음과 같이 말했다. "개인적인 것은 온 세상에 공표하고 싶지 않은 것이고, 비밀은 그 누구에게도 알리고 싶지 않은 것이다. 프라이버시 란 세상에 자신을 선택적으로 드러내는 힘이다."[2] 기밀성을 제공하는 보안 메커니즘은 프라이버시를 보호하는 데 사용할 수 있지만, 개인 정보 자체는 단순히 비밀 유지에 관한 것만은 아니다.

물리적 세계에서는 기밀성이 중요하다. 우리는 서면으로 작성한 정보를 봉투에 봉인하거나, 신뢰할 수 있는 운송 업체를 이용하거나, 서류 수납장에 보관하여 기밀성을 확보한다. 음성 정보의 경우 정보를 들을 수 있는 사람을 제한하기 위해 음성의 크기를 제어하거나 닫힌 방에서 비밀 이야기를 한다.

사이버 공간에서는 비밀을 유지할 필요가 있다. 웹사이트에 개인 정보를 제공할 때마다 기밀성이 유지되어야 한다. 그렇지 않으면 웹사이트를 공격하는 해커가 우리 정보를 모두 보게 될 것이다. 우리는 휴대전화로 전화를 걸 때 간단한 라디오 수신기를 가진 사람이 통화 내용을 듣지 못하도록 해야 한다. 인터넷 결제를 할 때 은행 카드 정보를 해커가 알아내지 못하도록 하려면 기밀성이 필요하다. 간단히 말해, 우리는 완전히

크립토그래피

신뢰해서는 안 되는 컴퓨터에 민감한 정보를 저장하고자 할 때마다 기밀성이 필요하다. 이것은 휴대전화나 자동차를 포함한 모든 종류의 컴퓨터에 해당된다. 그리고 우리는 신뢰할 수 없는 네트워크를 통해 민감한 데이터를 전송할 때마다 기밀성을 확보해야 한다. 이것은 인터넷과 가정용 와이파이 네트워크를 포함한 모든 네트워크에 적용된다.[3]

## ❖ 보물찾기 ❖

한 아이가 부모에게 보여주기 싫은 성적표를 가지고 학교에서 집으로 돌아온다. 이 정보는 기밀 유지 메커니즘이 시급하게 필요한 사안이다. 아이는 성적표를 매트리스 아래에 넣거나 서랍 깊숙이 넣어둔다. 즉, 성적표를 숨기는 것이다.

어떤 곳에 무언가를 숨긴다는 것은 그 장소를 둘러보는 사람이 숨긴 물건을 쉽게 알아볼 수 없다는 특징이 있다. 성적표가 매트리스 아래에 있더라도 침대는 여전히 침대처럼 보인다. 성적표가 축구 유니폼 더미 아래 숨겨져 있다 해도 옷 서랍은 평소처럼 그저 지저분한 상태이다.

정상적으로 보이는 디지털 개체에도 디지털 정보를 숨길 수 있다. 한 가지 기술은 디지털 이미지 내에 정보를 숨기는 것이다. 컴퓨터 이미지는 수백 개의 픽셀로 구성되며 각 픽셀은 사람의 눈으로 인식하기 어려울 정도로 매우 작다. 그리고 각 픽셀은 고정된 색상이다. 다른 데이터와 마찬가지로 픽셀의 색상은 일련의 비트로 나타낸다. 이 비트 중 일부는 중요하지만, 색상을 미세하게 조정하는 비트는 그다지 중요하지 않다. 이렇게 덜 민감한 비트는 관찰하는 사람에게 보이지 않고, 따라서 이 비트는 숨기려는 정보를 나타내는 비트로 쉽게 바꿀 수 있다. 이미지를 보는 사람은 모두 정상적인 이미지를 본다. 하지만 어디를 봐야 하는지 아는 사람이 있다면, 숨겨진 정보를 찾아낼 수 있을 것이다.

발견될 가능성은 항상 존재하기 때문에 숨는 것이 위험한 일이라는 사실을 숨바꼭질을 해본 우리 모두가 알고 있다. 침실을 청소할 때 성적표가 발견될 가능성이 크다. 마찬가지로 누군가 디지털 이미지에 숨겨진 정보가 있다고 의심하는 경우 픽셀 세부 정보를 조사하면 비밀이 밝혀질 수도 있다.

정보를 숨기는 것에는 다른 기밀 메커니즘보다 확실한 장점이 한 가지 있다. 바로 기밀성을 제공할 뿐만 아니라 처음부터 비밀이 존재한다는 것을 다른 사람들이 알지 못하게 한다는 것이다. 다른 부모들이 학교 운동장에서 성적표 이야기를 나누기 전까지, 문제 학생의 부모는 성적표가 집으로 왔다는 사실조차 깨닫지 못한다. 정보를 숨겨놓은 디지털 이미지를 관찰하는 사람은 아무도 그 안에 비밀이 들어 있다고 생각하지 않는다.

그러나 정보가 존재한다는 사실을 숨기는 것이 항상 유리하지는 않다. 은행에서 서면으로 보안 명세서를 보내기로 결정했다면, 당신이 어디엔가 가서 명세서를 찾아와야 하는 것보다는 전통적인 우편 서비스를 이용하여 일반 봉투에 봉인된 우편물을 발송하는 편이 낫다. 우체부가 당신이 은행에서 우편물을 받는다는 사실을 아는 것은 중요하지 않다. 중요한 것은 우체부가 보안 봉투 안을 들여다볼 수 없어야 한다는 것이다. 마찬가지로 휴대전화를 사용하여 전화를 걸 때도 전화를 걸고 있다는 사실 자체를 비밀로 유지해야 한다고는 생각하지 않는다. 비밀이어야 하는 것은 통화 내용이다.[4] 또한 인터넷으로 물건을 구입할 때도 비밀로 지켜야 하는 것은 구매했다는 사실이 아니라 거래 내용이다.

실제로 이 모든 경우에 비밀 정보를 숨기는 것은 불필요할 뿐 아니라 비현실적이다. 이 데이터를 어디에 숨기겠단 말인가? 전화를 걸 때 음성을 인코딩한 데이터만 주고받으면 된다. 통화 정보를 숨길 수 있는 다른 디지털 개체를 사용할 필요는 없다. 데이터가 포함될 수 있는 어떠한 디지털 개체든지 비밀 음성 데이터보다는 훨씬 커야 하므로 이는 매우 비효율적이다.

일반적으로 디지털 정보를 숨긴다고 해서 특히 유용한 기밀

3장. 비밀 지키기

성을 제공하는 것은 아니다. 정보를 숨기는 메커니즘에 대한 연구를 '스테가노그래피Steganography'라고 하는데, 이는 '숨겨진 글'을 뜻한다.[5] 특정 분야에서는 스테가노그래피를 사용한다. 범죄 관련 자료를 컴퓨터에 숨기려는 범죄자가 스테가노그래피를 사용하여 그러한 데이터가 컴퓨터에 저장되었다는 사실을 아무도 눈치채지 못하게 할 수도 있다.[6] 스테가노그래피는 디지털 콘텐츠 제작자가 저작권이 있는 콘텐츠를 제작할 때 콘텐츠 자체의 품질을 눈에 띄게 저하시키지 않으면서 디지털 저작권을 보호하는 기술로 사용되기도 한다. 스테가노그래피는 기밀 유지 메커니즘의 사용을 금지하는 모든 정치적 체제의 비밀을 유지하는 데에도 유용하다. 정부에서 누군가 비밀을 만들었다고 재판에 넘기는 것도 애초에 이러한 비밀의 존재를 감지할 수 있을 때 가능한 일이다.[7]

그러나 주로 기밀성을 제공하는 가장 유용한 메커니즘은 비밀을 지키지만 비밀이 존재한다는 사실까지 숨기지는 않는 메커니즘이다. 이러한 유형의 기밀성 메커니즘을 가능하게 하는 것이 바로 암호학이다.

스테가노그래피는 암호학이 아니다. 사실 스테가노그래피를 기밀 유지 메커니즘으로 사용하려면 숨겨진 정보 자체가 먼저 암호학으로 보호될 때 비로소 효과가 있다. 당신은 매일 암호학을 사용하지만, 스테가노그래피는 거의 사용하지 않는다.

크립토그래피

# ⁘ 코드 해독 ⁘

사이버 공간에서 누군가에게 보내고 싶은 비밀 정보가 있다고 생각해보자. 우리는 이 정보가 존재한다는 사실 자체를 숨길 필요는 없다. 그저 이 정보에 접근하는 것을 제한하고 싶을 뿐이다. 우리가 전송하는 것은 누구나 볼 수 있기 때문에 어떤 식으로든 정보를 가려야 한다. 즉, 정보를 위장해서 보내야 한다.

그렇다면 정보를 어떻게 위장할까? 원본 정보를 관찰하는 사람이 이해할 수 없는 형태로 뒤섞으면 된다. 알고리즘이 필요한 순간이다.

이러한 알고리즘의 간단한 예를 살펴보자. 보호하려는 정보가 TOPSECRET이라는 알파벳으로 구성되어 있다고 가정해보자. 이것은 위장하지 않은 정보이기 때문에 '원본' 텍스트라고 한다. 이 과정을 설명하는 데 사용할 알고리즘은 앳배쉬AtBash 암호화로, 이는 알파벳 문자를 반대로 하여 문자열을 뒤섞는 방법이다.[8] 즉, 기밀을 유지해야 하는 각 원본 텍스트 문자는 역순으로 작성한 알파벳의 해당 위치에 있는 문자로 대체된다. A는 Z로, B는 Y로, C는 X로 대체되는 방식이다. 다음 표는 전체 알고리즘을 보여준다.

**원본 텍스트**  A B C D E F G H I J K L M N O P Q R S T U V W X Y Z

**암호화 텍스트**  Z Y X W V U T S R Q P O N M L K J I H G F E D C B A

앳배쉬 암호화 알고리즘은 원본 텍스트에 있는 각 문자를 암호화 텍스트에 있는 문자로 치환한다. 따라서 원본 텍스트 TOPSECRET은 GLKHVXIVG로 변환된다. 의미를 알 수 없는 후자의 문자열을 암호문이라고 한다.

정해진 수신인에게만 보내는 비밀 메시지가 바로 암호문이다. 이 통신을 관찰하는 사람은 GLKHVXIVG만 볼 수 있다. 메시지를 받는 사람은 우리가 앳배쉬 암호화를 사용하여 원본 텍스트를 암호화 텍스트로 변환했다는 사실을 알고 있으며 이제 역 알고리즘을 사용하여 원본 텍스트로 복구한다. 즉, 메시지를 받은 사람은 암호화 텍스트의 각 문자마다 해당하는 원본 텍스트 문자로 치환한다. 이러한 방식으로 메시지의 위장을 제거하여 암호문 GLKHVXIVG를 원본 텍스트 TOPSECRET으로 변환한다.

기밀을 유지하는 메커니즘으로 앳배쉬 암호는 얼마나 효과적일까? 앳배쉬는 사실 여러 이유로 아주 약한 메커니즘으로 간주되지만, 여기에서 가장 중요한 것은 앞서 비밀로 유지되는 암호화 알고리즘에 의존해서는 안 된다고 했던 나의 의견과 관련이 있다. 나는 아우후스트 케르크호프스가 주장했듯이, 실제로 그렇지 않더라도 모든 사람이 어떤 알고리즘이 사용되는지 항상 알고 있다고 가정해야 한다고 주장했다. 이 경우 정보를 뒤섞기 위해 앳배쉬 암호화를 사용하고 있으므로 A 대신 Z를, B 대신 Y를 사용한다는 것을 모든 사람이 알고 있다고 가정해야 한다. 따라서 모든 사람은 암호문 GLKHVXIVG가 원본 텍스트 TOPSECRET에 해당한다는 것을 안다. 기밀성이라고는 눈을 씻고 찾아봐도 없다.

앳배쉬 암호화의 문제는 간단하다. 우리가 앳배쉬를 사용한다는 것을 아는 사람은 원본과 암호문 사이를 변환하는 방법도 정확하게 알고 있다. 왜냐하면 그렇게 하는 방법이 한 가지밖에 없기 때문이다. 앳배쉬 암호화는 데이터를 뒤섞는 방식이 변하지 않기 때문에 기밀성을 확보하지 못한다. 앳배쉬 암호화의 진짜 문제는 키가 없는 알고리즘이라는 것이다.

키를 사용하지 않고 정보를 뒤섞는 알고리즘을 코드라고 한다. 코드의 목적은 어떤 방식으로든 정보를 변환하는 것이지만, 대개는 비밀을 유지하지 못한다. 가장 잘 알려진 코드는 각 문자를 점과 선의 짧은 나열로 치환하는 모스 부호이다.[9] 모스 부호는 전신으로 정보를 전달하기 위해 설계되었다. 점과 선을 나열하여 영문자와 숫자를 짧고 긴 전자기 파동으로 변환한다. 이 코드는 기밀성과는 전혀 관련이 없다. 조난당한 선박이 국제 비상 메시지로 통하는 '점 점 점 선 선 선 점 점 점'을 긴급하게 보내는데 수신 선박에서 이를 해독할 수 없다면 재난이 될 것이다. 이것은 모든 사람이 이해해야 하는 암호문이다.

코드는 기밀성을 제공하는 것처럼 보여 오해를 사기도 한다. 가끔은 '코드를 해독'하느라 애먹을지도 모른다. (사실 나는 암호학자라는 직업인으로서 이 일을 하는 것이기 때문에 내가 몇 번이나 코드를 해독했는지 세지 못한다.) 수 세기 동안 이집트 상형 문자는 고대 이집트 역사를 연구하는 학자들에게 그러한 과제를 던졌다. 그리고 19세기 초에야 상형 문자가 의미하는 것을 우리가 다시 이해할 수 있게 되었다.[10] 상형 문자는 기밀성을 제공하지 않았다. 그러나 고대 이집트 문화가 사라지면서 사람들은 생각을 상형 문자로 표현하는 알고리즘을 잊어버리고 말았다. 이 알고리즘의 재발견으로 상형 문자는 의미를 되찾게 되었다. 고대 이집트인이 이를 보고 자신들의 보안을 침해했다고 주장하지는 않을 것이다.

잘 알려진 또 다른 코드는 비밀, 미스터리, 음모에 관한 소설인 댄 브라운Dan Brown의 《다빈치코드The Da Vinci Code》이다.[11] 이 소설의 주인공 중 한 명인 소피 느뵈Sophie Neveu는 암호학자이며, 현재 나의 직장인 런던대학교 로열 홀로웨이Royal Holloway, University of London에서 교육을 받은 것으로 나온다. 이 책이 베스트셀러 목록에 오르자 이 책에서 사용된 암호학을 더 자세히 알고 싶어 하는 여러 매체들이 나에게 연락을 취했다.

크립토그래피

안타깝게도 《다빈치코드》에는 실제 암호학이 전혀 나오지 않기 때문에 소피 느뵈가 훌륭한 암호학 교육을 받은 것은 사실 무용지물이었다. 책에 나오는 미스터리를 해결하기 위해서 소피는 주로 측면적 사고를 사용하여 수많은 퍼즐을 풀었다. 소피가 진정한 암호학에 가장 가까워진 것은 퍼즐 중 하나가 앳배쉬 암호로 인코딩된 암호문으로 구성되어 있다는 것을 깨달을 때였다. 앞서 다뤘기 때문에 이제 당신도 소피만큼 잘 알겠지만, 앳배쉬 암호는 기밀성을 제공하지 않기 때문에 소피는 즉시 비밀 메시지를 알아낼 수 있었다.

따라서 코드는 정보를 위장하는 데 사용 가능한 알고리즘이지만 일반적으로 기밀성을 제공하기 위해서가 아니라 다른 이유로 사용된다. 기밀성을 제공하기 위한 보안 메커니즘이 필요한 경우에는 키가 있는 알고리즘이 필요하다.


## ⁞ 앳배쉬 코드 보완 ⁞


이제 앳배쉬 암호를 보완해볼 시간이다. 기본 앳배쉬 알고리즘을 더 유용하게 만들기 위해서는 일반 문자를 다른 방식으로 뒤섞어야 한다. 앳배쉬 암호에서 뒤섞는 방법은 알파벳 문자 순서를 뒤집는 것밖에 없었다. 이제 이 방법을 문자열을 뒤섞을 수많은 방법 중 하나로 만들어보자. 이상적으로는 문자열을 뒤섞는 모든 방법 중 하나라고 하자. 이것이 바로 *단순 치환 암호화*가 된다.

단순 치환 암호화는 알파벳을 역순으로 구성하는 것이 아니라 각 알파벳이 한 번씩만 나타나도록 하면서 무작위로 배열한다. 앳배쉬의 경우와 마찬가지로 단순 치환 암호화 알고리즘은 첫 번째 행의 각 원본 텍스트 문자를 두 번째 행의 암호화 텍스트 문자로 대체한다. 예를 들어 단순 치환 암호가 다음과 같다고 가정해보자.

**원본 텍스트**   A B C D E F G H I J K L M N O P Q R S T U V W X Y Z
**암호화 텍스트**  D I Q M T B Z S Y K V O F E R J A U W P X H L C N G


원본 텍스트 TOPSECRET은 암호화 텍스트 PRJWTQUTP가 된다. 단순 치환 암호의 다른 예를 살펴보자.

**원본 텍스트**   A B C D E F G H I J K L M N O P Q R S T U V W X Y Z
**암호화 텍스트**  N R A W K I L F O C T E Y P V J S D B X H M Z U Q G


이 경우에는 원본 텍스트 TOPSECRET이 XVJBKADKX가 된다.

앳배쉬 암호는 A를 Z로, B를 Y로 바꾸는 방식이다. 앳배쉬 암호화는 모든 사람이 이 알고리즘을 알고 있으므로 원본 텍스트 A가 암호문 Z로 변환된다는 것을 누구나 알 수 있고, 이 사실이 앳배쉬 암호가 기밀성을 갖추지 못하게 한다. 단순 치환 암호는 무작위 알고리즘을 적용하여 A를 N으로, B를 R로, C를 A로 바꾸는 식이다. 알고리즘은 누구나 알고 있다고 가정해야 한다면, 앳배쉬 암호화 단순 치환 암호에 다른 점이 있을까?

놀랍게도 아주 큰 차이점이 있다. 우리가 마지막으로 살펴본 단순 치환 암호는 'A를 N으로 바꾸고, B를 R로 바꾸고, C를 A로 바꾼다'가 아니었다. 모든 사람이 알고 있다고 가정하는 알고리즘은 '표의 윗줄을 아랫줄 문자로 치환한다'는 것이다. 모든 사람이 알지 못하는 것은 이 알고리즘에 사용된 *정확한 표*다. 정확한 표를 아는 것이 다른 사람들은 이해하지 못하는 문자열을 이해하는 열쇠가 된다. 정확한 표 자체가 *키*가 되는 것이다.

이것이 어떻게 작동하는지 살펴보자. 당신은 친구에게 단순 치환 암호를 사용한 비밀 메시지를 보내려 한다. 당신과 친구는 먼저 비밀 키에 서로 동의해야 한다. 즉, 당신과 친구는 알파벳을 무작위로 뒤섞는 것에 동의한다. 당신이 어떤 방법을 사용해 알파벳을 뒤섞을 수 있다고 생각해보자. 선택한 알고리즘이 우리가 바로 전에 살펴본 예제와 같다고 가정하면, 뒤섞은 알파벳은 N, R, A, …, U, Q, G가 된다. 만약 TIMEFORCAKE이라는 원본 텍스트를 친구에게 보내려 한다면, 표를 살펴본 후 윗줄의 문자를 아랫줄의 문자로 치환하여 암호문 XOYKIVDANTK를 보낼 것이다. XOYKIVDANTK라는 문자열을 받은 친구는 같은 표를 사용해 원본 텍스트 TIMEFORCAKE를 알아낸다.

이제 비밀 메시지를 알아내고자 하는 공격자의 입장에서 생각해보자. 공격자가 알고리즘을 알고 있으므로 사용자가 단순 치환 암호를 사용한다는 사실을 알고 있으며 사용자가 보내는 모든 암호문을 관찰할 수 있다고 가정한다. 앳배쉬를 사용하고 있었다면 XOYKIVDANTK를 보는 즉시 공격자가 원본 텍스트를 알아낼 수 있다. 그러나 단순 치환 암호를 사용하고 있으므로 공격자는 알지 못하는 알파벳 문자 재배열을 통해 원본 텍스트 문자열이 뒤죽박죽이라는 사실만 알 수 있을 뿐이다. 암호문 문자 X는 모든 알파벳의 대체 문자가 될 수 있으며 O와 Y도 마찬가지다.

공격자에게는 절망적인 상황이다. 하지만 공격자에게도 한 가지 길이 열려 있다. 키를 모르더라도 추측할 수는 있기 때문이다. 키가 무작위로 선택되었기 때문에 공격자는 알파벳 문자의 무작위 재배열을 추측하고 행운이 따랐기를 빌어야 한다. 이 방법이 성공할 확률을 구하기 위해 먼저 26개의 알파벳 문자를 임의로 재배열할 수 있는 경우의 수를 세어보자. 계산은 어렵지 않다. 첫 번째 문자는 26개의 문자 중 하나일 수 있으므로 26개의 선택지가 있다. 두 번째 문자는 첫 번째 문자로 선택한 문자 이외 모든 문자가 될 수 있으므로 25개의 가능성이 있다. 따라서 처음 두 문자의 조합은 26 × 25 = 650 가지의 가능성이 존재한다. 세 번째 문자는 첫 번째와 두 번째에 선택되지 않은 문자 중에서 선택할 수 있으므로 24가지 선택지가 있다. 그러므로 처음 세 개 문자는 26 × 25 × 24 = 15,600 가지의 가능성이 있으며, 이렇게 계속 계산해나가면 된다.

그래서 결국 26개 문자를 뒤섞을 수 있는 방법은 26 × 25 × 24 × 23 × 22 × 21 × 20 × 19 × 18 × 17 × 16 × 15 × 14 × 13 × 12 × 11 × 10 × 9 × 8 × 7 × 6 × 5 × 4 × 3 × 2 × 1 = 403,291,461,126,605,635,584,000,000가지나 된다. '26'을 입력하고 '!' 기호를 찾아 입력하면 팩토리얼factorial 함수가 되며, 계산기에 수식을 입력하는 시간을 절약할 수 있다. 만약 저렴한 계산기를 사용한다면 결과 값이 너무 크기 때문에 계산기가 고장 나거나 에러 메시지를 띄울 것이다. 조금 더 고급 계산기를 사용한다면, 26 팩토리얼의 값이 엄청나다는 것을 나타낼 수 있을 것이다. 하지만 그 숫자가 우주에 있는 모든 별의 수의 40,000배와 같은 숫자라는 것을 알려주지는 않을 것이다. 즉, 26 팩토리얼 개의 가능성 중 당신과 친구가 무엇을 선택했는지 추측

3장. 비밀 지키기

하는 것은 공격자에게는 시간 낭비가 될 뿐이다.

앳배쉬 암호는 단순 치환 암호의 26 팩토리얼 개 요소 중 하나일 뿐이다. 키를 무작위로 선택했을 때 앳배쉬 암호를 사용하게 될 가능성은 매우 낮으며, 앞서 설명한 두 가지 표 중 하나가 될 가능성도 거의 없다. 각각의 키는 우주에 있는 별의 수의 40,000배 중 하나의 별을 선택할 가능성만큼이나 희박하다. 이렇게 희박한 확률로 앳배쉬 암호화가 선택되었다 하더라도 공격자는 그런 일이 발생했다고 감히 추측할 수 없을 정도의 가능성이다.

이러한 관점에서 볼 때 단순 치환 암호는 기밀성을 충분히 제공하는 것으로 보인다. 그러나 컴퓨터의 비밀을 보호하기 위해 이 암호를 사용하기 전에 주의할 점이 있다. 단순 치환 암호에는 실제로 26 팩토리얼 개의 키가 있지만 제공하는 기밀 수준은 그에 훨씬 못 미치는 수준이다. 왜냐하면 공격자가 키를 추측하는 것보다 암호문에서 평문을 판별하는 훨씬 쉬운 방법이 있기 때문이다. 지금은 일반 앳배쉬 암호화나 스테가노그래피와 달리 단순 치환 암호는 진정한 암호화 보안 메커니즘의 예라는 것만 알아두자. 물론 약간의 결함은 있지만 말이다.

# ⁝ 암호화 ⁝

암호학의 보안 메커니즘을 사용하여 기밀성을 확보하는 프로세스를 *암호화*라고 한다. 암호화를 제공하는 모든 메커니즘에는 원본 텍스트를 뒤섞는 프로세스를 정의하는 *암호화 알고리즘*과 암호화가 수행되는 방식을 다양하게 만드는 키가 포함된다. 암호화 알고리즘은 원본 텍스트와 키를 모두 입력받아 암호문을 출력하는 프로세스를 정의하는 것이다. 단순 치환 암호의 경우 암호화 알고리즘은 표의 윗줄에 있는 문자를 아랫줄에 있는 문자로 바꾸는 과정이며, 그 핵심은 표의 아랫줄을 구성하는 무작위로 배열한 문자열이다.

암호화를 되돌리는 과정은 *복호화*라고 한다. 복호화에서는 암호문과 키를 복호화 알고리즘에 입력하여 원본 텍스트를 출력한다. 복호화 알고리즘은 암호화 알고리즘의 효과를 뒤집는 과정이다. 단순 치환 암호의 복호화 알고리즘은 표의 아랫줄 문자를 윗줄 문자로 바꾸는 것이다. 암호화 알고리즘과 복호화 알고리즘은 서로 밀접하게 연관되어 있기 때문에 암호화 알고리즘이라고 말해도 복호화 알고리즘을 포함한다고 이해해야 한다.

암호화는 여러 가지 이유로 매우 중요한 보안 메커니즘이다. 우선 암호화는 암호학이 가장 오랫동안 제공하는 보안 메커니즘이다. 실제로 율리우스 카이사르, 스코틀랜드 여왕 메리, 나폴레옹과 같은 사람들이 역사적으로 암호학을 사용한 것은 암호화를 통해 기밀성을 제공하기 위해서였다. 20세기 세계 대전과 이후의 냉전은 모두 비밀 통신에 기밀성을 제공하기 위해 암호화 사용에 크게 의존했다.

암호화는 현재 매우 널리 사용된다. 만약 오늘 당신이 휴대전화 걸기, ATM에서 돈 인출하기, 와이파이에 연결하기, 웹사이트에서 물건 구입하기, 집에서 가상 네트워크 망을 사용하여 사무실 컴퓨터에 접속하기, 유료 VOD 시청하기, 친구에게 메신저로 메시지 보내기 중 하나를 수행했다면 암호화를 사용한 것이다. 암호화는 암호학을 사용하는 가장 주목받는 방법이지만, 오직 기밀성만을 제공한다는 점을 생각해볼 필요가 있다. 오늘날 암호화는 추가적인 보안 속성을 제공하는 암호학 보안 메커니즘 없이는 거의 사용되지 않는다. 예를 들어, 휴대전화의 SIM 카드를 식별하기 위해 암호학을 사용한 후에야 휴대전화로 연결하는 통화를 암호화할 수 있다. 은행 카드 거래는 암호화된 메시지가 전송 중에 수정되지는 않았는지 확인하기 위해 반드시 암호학이 개입해야만 성사된다.

암호화된 원본 텍스트 메시지가 보내는 사람이 보호하려 했던 정보임을 보장하지 않는 이유를 알아보기 위해 단순 치환 암호를 다시 살펴보자. 앞서 살펴본 예 중 하나에서 원본 텍스트 TOPSECRET은 암호문 XVJBKADKX로 암호화되었다. 이 과정은 XVJBKADKX를 관찰하는 공격자가 원본 텍스트의 의미를 알지 못하도록 한다.

그러나 메시지를 받아야 하는 사람에게 도달하기 전에 공격자가 이 암호문을 수정하는 것까지 막지는 못한다. 예를 들어 공격자는 암호문의 문자 중 하나를 변경할지도 모른다. 첫 번째 문자를 X에서 J로 변경하면 메시지를 받는 사람은 이 암호문을 원본 텍스트 POPSECRET으로 이해한다. 오타일까? 오타인지 아닌지 받는 사람은 어떻게 알 수 있을까? POPSECRET이 코카콜라 제조법의 비밀 레시피처럼 중요한 정보일 수도 있지 않은가? 공격자는 암호문을 변경해서 어떤 영향을 미쳤는지 알지 못하지만, 받는 사람은 복원한 원본 텍스트의 진위를 확신하지 못하게 된다.[12]

## ፧ 바닐라 맛 암호화 ፧

물리적 세계의 보안 메커니즘으로 잠시 돌아가 보면, 암호화는 상자 안에 정보가 적힌 서면을 넣고 잠그는 방식을 디지털로 구현한 것과 같다. 암호화와 복호화 알고리즘은 잠금 메커니즘 자체의 디지털 버전이고 암호학 키는 물리적 키의 디지털 버전이다.

중요한 것은 물리적 잠금 장치에는 여러 종류가 있다는 것이다. 가장 일반적인 잠금장치의 유형은 상자를 잠그고 잠금을 해제하는 데 동일한 키가 필요한 잠금 유형이다. 즉, 기본적인 *바닐라 맛* 암호화는 원본 텍스트를 암호화 텍스트로 암호화하는 데 사용되는 키가 암호화 텍스트를 원본 텍스트로 해독하는 데 사용되는 키와 동일하다. 단순 치환 암호는 암호화 및 암호 해독에 필요한 키가 표의 아랫줄에 표시된 무작위 재배열을 사용하는 방식으로 작동한다. 이와 같이 동일한 키를 사용하여 암호화와 암호 해독을 모두 수행하는 암호화 알고리즘을 대칭이라고 말한다.

처음에는 대칭인 암호화가 자연스러워 보일지도 모른다. 단순히 생각하면 키가 다르면 무슨 의미가 있나 싶기도 하다. 하나의 키를 사용하여 암호화한 원본 텍스트를 다른 키를 사용하여 어떻게 해독할 수 있다는 말일까? 그러나 물리적 잠금도 항상 대칭을 이루지는 않는다. 특히 일반적인 문에 사용되는 잠금장치나 자물쇠는 꼭 열쇠가 있어야 잠기는 것은 아니다. 이러한 잠금장치 대부분은 그냥 닫으면 자동으로 잠긴다. 그리고 열쇠는 이 잠금을 해제하는 데만 필요하다. 흥미로운 점은, 일반적인 문의 잠금장치와 자물쇠는 암호학과 공통점이 있다는 것이다. 암호화와 복호화에 서로 다른 키가 사용되는 암호화 메커니즘을 *비대칭*이라고 한다.

1970년대까지 모든 암호화 메커니즘은 대칭이었다. 율리아스 카이사르와 스코틀랜드 여왕 메리, 그리고 나폴레옹의 공통점은 무엇이었을까? 모두 대칭 암호화를 사용했다는 것이다. 제2차 세계대전 중 암호학이 맡은 중요한 역할과 가장 관련이 깊은 사람 중 하나인 앨런 튜링Alan Turing이 비대칭 암호화를 봤다면 무슨 말도 안 되는 소리냐고 할지도 모른다.[13]

오늘날 대칭 암호화는 가장 일반적인 암호화 유형 중 하나다. 노트북의 데이터를 암호화할 때 대칭 암호화를 사용한다. 블루투스에 연결할 때도 대칭 암호화를 사용한다. 와이파이, 휴대전화, 뱅킹, 인터넷 쇼핑 등 우리가 가장 좋아하는 일상적인 일을 할 때 대칭 암호화를 사용한다. 사실 문서나 스프레드시트, 웹 양식, 이메일, 음성 트래픽 등 다양한 형태의 데이터를 보호하고자 할 때마다 기밀성을 제공하기 위해 대칭 암호화를 사용한다. 대부분의 암호화는 대칭 암호화다. 작은 문제하나만 아니었으면 모든 암호화가 대칭 암호화였을 것이다. 이에 대해서는 이후에 설명하겠다.

우수한 암호화 알고리즘을 설계하고 때로는 파괴하는 방법에 대한 지식이 발전하면서 대칭 암호화를 제공하기 위해 사용하는 알고리즘은 점점 진화했다. 이러한 진보는 점진적으로 진행된 것이 아니라, 폭발적이었다.

3장. 비밀 지키기

비즈네르Vigenère 암호로 알려진 대칭 암호화 알고리즘은 16
세기 중반에 발명되어 미국 남북 전쟁에서까지 사용되었다.
그러나 이는 결국 19세기 후반 개발된 통계 분석 기술을 통해
오류가 있다는 것이 밝혀졌다.[14]

전자기기인 에니그마Enigma 기계는 일련의 회전자에 연결된
전기 접촉 핀을 기반으로 대칭 암호화 알고리즘을 구현했다.
이는 20세기 초반에 널리 사용되었으며 제2차 세계대전에도
사용되면서 이름을 알렸다.[15] 대칭 암호화 메커니즘으로서 에
니그마 기계의 효율성은 전쟁 이후 컴퓨터가 발전하면서 일어
난 통신 혁명에 휩쓸려 사라져버렸다.

1970년대 초반 이전에 대칭 암호화 알고리즘은 주요 정부
와 군사 조직과 같이 가장 높은 수준의 보안이 필요한 곳에서
사용되었다. 그러나 1970년대 상업용 컴퓨터가 등장하면서 모
든 것이 바뀌었다. 특히 금융 분야에서는 대칭 암호화가 반드
시 필요했다. 그 당시뿐 아니라 지금까지도 비밀 조직은 비밀
알고리즘을 선호했기 때문에, 상업용 암호화에는 모든 사람이
사용 가능한 새로운 개방형 대칭 암호화가 필요했다.

1977년 미국 정부는 *DES*Data Encryption Standard라고 알려진, 데
이터 암호화 표준이라는 대칭 암호화 알고리즘을 발표했다.[16]
대부분 비밀로 진행되던 사업을 대중에게 공개하는 방식으로
넘어가면서 이는 암호화 역사상 아주 특별한 순간이 되었다.

크립토그래피

표준은 전문가가 평가하고 널리 사용하도록 승인한 것이다. 암호화 표준을 확립한 전례는 없었고 미국의 상업 조직과 전 세계 많은 국가에서 DES를 사용하기 시작했다. 우리는 이제 일반 대중이 일상생활 도중 상호 작용할 수 있는 대칭 암호화 알고리즘을 갖게 된 것이다.

20세기 마지막 20년 동안 데이터의 기밀성을 제공하기 위해 대칭 암호화를 사용하는 사람은 대부분 DES를 사용하고 있었다. 음성 데이터와 같이 실시간 트래픽이 특히 빠르게 암호화되어야 하는 경우는 예외였다. 이러한 환경에서 대칭 암호화는 대개 원본 텍스트 데이터의 각 비트를 즉시 암호화하는 스트림 암호화라고 알려진 특수한 암호화 알고리즘에 의해 수행된다. 스트림 암호화는 속도와 효율성 측면에서 최적화된 대칭 암호화 알고리즘이다. 이와 반대로 DES는 한 번에 블록 단위로 비트를 처리하기 때문에 블록 암호화라고 알려진 훨씬 더 일반적인 대칭 암호화 알고리즘의 한 종류이다.

DES는 컴퓨터 성능이 꾸준히 발전하면서 더 이상 충분한 보안을 제공하지 못했기 때문에 20세기 후반부터 효과적인 암호화 알고리즘으로 간주되지 않았다. 그러나 DES는 영향력 있는 암호화 알고리즘으로 일부 시스템에서는 완전히 제거하는 것이 어려울 정도로 널리 사용되고 있다. 특히 은행 카드로 비용을 지불할 경우 지난 며칠 동안의 데이터 일부를 암호화하기 위해 DES 형식을 간접적으로 사용했을 가능성이 크다.

## ❖ 벨기에산 ❖

최근에는 대칭 암호화의 형태가 매우 다양하다. 은행 네트워크는 여전히 DES에 크게 의존하지만 DES만으로는 충분히 안전하지 않다는 것을 인지하고 DES를 세 번 사용하는 *트리플 DES*를 사용하기도 한다.[17] 그러나 점차적으로 대칭 암호화가 필요한 프로그램에서 *AES*Advanced Encryption Standard, 고급 암호화 표준이라는 블록 암호화를 사용하는 경우가 많아지고 있다.[18]

　AES는 암호학에서 또 다른 역사를 써 내려왔다. 1990년대 중반, 기밀성이 필요한 프로그램이 점점 많아졌고 더 널리 사용될 수 있는 새로운 대칭 암호화 알고리즘의 필요성이 대두되기 시작했다.

　DES가 설계된 1970년대와 1990년대 사이 암호학의 세계에서 몇 가지 중요한 변화가 일어났다. 하나는 인터넷과 웹의 부상으로, 둘 다 사이버 공간에서 비즈니스와 일상생활을 수행하려는 수요를 증가시켰다. 동시에 사이버 공간을 연결하는 기술이 다양해졌다. DES가 개발되었을 때 대칭 암호화는 대부분 은행 네트워크와 같이 전용 컴퓨터를 위한 것이었기 때문에 주로 하드웨어에서 DES를 구현하도록 설계되었다. 1990년 대에는 하드웨어의 대칭 암호화뿐 아니라 소프트웨어에서 효율적으로 구현할 수 있는 대칭 암호화가 필요하기 시작했다. 대칭 암호화가 필요한 하드웨어 플랫폼도 다양했다. 1970년대만 해도 모든 컴퓨터가 비슷한 수준이었지만, 1990년대에는 신용카드처럼 칩이 내장된 스마트카드와 같은 소형 장치든 슈퍼컴퓨터든 어디에나 적용될 수 있는 암호학이 필요했다.

또 다른 중요한 변화는 암호화의 전문성에 있었다. 1970년 대 대부분의 암호학자는 정부나 군사 조직에서 일했다. 실제로 암호학 지식은 이 부문의 직원들에게만 국한된 것이었다. 미국 정부는 DES를 설계하기 위해 1970년대 암호학에 관심을 가지던 몇 안 되는 기업 중 하나인 IBM에 눈을 돌렸다. 1990년 대가 되면서 학계와 민간, 특히 통신 회사에서 암호학 기술의 중요도가 큰 부분을 차지하는 상업이 성행하기 시작했다.

NIST National Institute of Standards and Technology(미국표준기술연구소)는 21세기에 적합한 새로운 대칭 암호화 알고리즘 표준을 정의하는 임무를 수행하는 기관이다. NIST는 새로운 AES 알고리즘 설계를 위한 공개 대회를 개최하여 민간의 암호학 커뮤니티를 활용하기로 결정했다. 이 새로운 대칭 암호화 알고리즘이 전 세계 제품에 적용될 것임을 깨닫고, AES 대회는 미국 뿐 아니라 전 세계에서 출품할 수 있도록 했다.[19]

3장. 비밀 지키기

이것은 암호화 알고리즘 설계 방식으로써 매우 새로운 접근 방식이었고 대부분의 대칭 암호화 전문가가 이 대회에 참가했다. 이 과정에서 내가 참여한 부분이라면 벨기에 사람인 사무실 동료 빈센트 라이먼Vincent Rijmen이 그의 친구 조앤 데먼Joan Daemen과 함께 설계한 알고리즘의 이름을 바꾸라고 설득한 정도다. 알고리즘 제작자의 성 라이먼과 반지의 제왕에 등장하는 가상의 계곡인 리븐델Rivendell을 합쳐 *라인달Rijndael*이라는 알고리즘 이름이 그저 애들 장난으로 들릴 것 같았기 때문이다. 결국 내 의견은 무시당했지만, 알고리즘은 그렇지 않았다. 2001년, 벨기에산 대칭 암호화 알고리즘인 라인달이 AES가 되었다.

우아하고 단순하게 설계된 AES를 효율적으로 구현할 수 있다는 점이 라인달이 대회에서 우승하는 데 중요한 역할을 했다. 당신은 현대의 암호화 알고리즘이 비전문가가 이해하지 못할 정도로 수학적으로 정교해야 한다고 생각할지도 모른다. 정확한 알고리즘 세부 사항은 이해하기 어렵고 전문 지식이 필요한 것이 사실이지만, AES를 뒷받침하는 기본 아이디어는 상당히 간단하다는 점에 놀랄 것이다. 현대 암호화를 이해하기 위해 AES 암호화가 작동하는 방식을 간단하게 설명해보려고 한다.

암호화 알고리즘은 크게 두 가지, 원본 텍스트와 키로 구성되며 이 둘을 잘 섞어 암호문을 생성하는 방법이라는 점을 기억하자. AES 알고리즘은 이 둘을 뒤섞는 작업을 다음과 같이 수행한다.

**원본 텍스트의 형식을 지정한다.** 원본 텍스트는 먼저 바이트로 변환된다. 그런 다음 처음 16바이트를 4바이트×4바이트 정사각형으로 정렬한다.[20] 암호화할 원본 텍스트가 더 있으면 두 번째, 세 번째 정사각형이 만들어지는 방식이다. 원본 텍스트가 4×4 정사각형을 완성하지 못할 경우 정사각형은 패딩 padding이라고 하는 무의미한 정보로 채워진다. 이제 원본 텍스트를 암호화할 준비가 되었다.

**모든 바이트를 변경한다.** 원본 텍스트를 뒤섞는 첫 번째 단계는 정사각형의 각 바이트를 AES 알고리즘 내에서 지정된 규칙에 의해 결정되는 새로운 바이트로 교체하는 것이다. 이 과정은 누구나 그 방법을 알 수 있다. 이 단계가 끝나면 16바이트의 새로운 정사각형이 만들어진다.

**행을 이동시킨다.** 이 두 번째 단계는 매우 간단하다. 정사각형의 각 행을 지정된 수만큼 이동시키는데, 행의 오른쪽 끝에서 떨어지는 항목은 다시 왼쪽 끝으로 삽입되는 방식이다.

**열을 변형한다.** 각 열의 4바이트는 이제 AES 알고리즘에서 지정한 다른 규칙에 의해 혼합된다. 각 결과는 4바이트로 구성된 새로운 열이 된다. 그리고 전체 결과는 16바이트의 새로운 정사각형이다.

**키를 추가한다.** 지금까지는 딜러가 카드 한 벌을 섞기 위해 다양한 방식을 사용하듯이 원본 텍스트를 뒤섞었다. 그러나 아직 키는 사용되지 않았다. 키를 사용하기 위해 AES 알고리즘은 키를 가져와서 별도로 16바이트의 4×4 정사각형을 정의하는 방법을 사용한다. 이를 하위키라고 한다. 뒤섞인 원본 텍스트 바이트의 정사각형이 이제 하위키 정사각형에 추가되어 16바이트의 또 다른 정사각형을 만들어낸다.

이 모든 작업을 다시 수행한다. 원본 텍스트와 키가 혼합된 정사각형 바이트가 생성되면 블렌더의 버튼을 다시 누를 수 있다. 최근에 만들어진 16바이트 정사각형이 '모든 바이트를 변경하는' 단계로 다시 들어가 전체 과정이 반복된다. 모든 *바이트를 변경하고, 행을 이동시키고, 열을 변형한 후, 키를 추가한다.* 그리고 AES에서 모두 충분히 뒤섞였다고 판단할 때까지 이 작업을 반복한다. AES는 키 길이가 다른 세 가지 버전이 존재하는데, 가장 기본적인 버전의 경우 이 과정이 총 10번 반복된다. 이렇게 서로 다른 종류의 혼합 작업을 거치는 것을 AES의 한 *라운드*라고 칭한다.

**암호문을 출력한다.** 마지막 4×4 정사각형 바이트가 바로 암호문이 된다.

암호문을 다시 원본으로 복호화하려면 전체 프로세스를 역순으로 수행하면 된다.

대략 이런 아이디어라고 보면 된다. 몇 가지 사소한 부분은 생략했다. AES를 뒷받침하는 핵심 아이디어를 설명하는 이유는 AES 암호화 알고리즘의 핵심이 비교적 간단한 작업으로 구성되어 있고, 그 작업을 결합한 효과가 원문의 기밀성을 유지하는 암호문을 생성할 수 있다는 것을 보여주기 위해서다. AES의 설계 방식이 단순하면서도 우아하다는 점에 동의하기를 바란다. 그러나 AES와 같은 암호화 알고리즘을 개발하는 것이 쉽다는 생각은 절대 해서는 안 된다.[21]

AES는 많은 현대 기술에서 기밀성을 제공하는 데 사용된다. 예를 들어, 웹 브라우저에서 웹사이트로 보안 연결을 할 때마다 사용한다. 물론 당신이 AES를 선택해서 사용하는 것이 아니라 웹 브라우저에서 자동으로 수행하는 것이다. AES는 충분히 연구되고 평가되었기 때문에 가까운 미래에도 행을 이동시키고 열을 변형하며 비밀을 유지할 것이다.

누가 당신에게 벨기에가 무엇으로 유명하냐고 묻는다면, 초콜릿과 와플도 물론 유명하지만, 암호학으로 더 유명한 곳이라고 대답하길 바란다.

# ∷ 유비쿼터스 블록 암호 ∷

오늘날 대칭 암호화에 사용하는 블록 암호가 AES만 있는 것은 아니다. 간발의 차로 AES에 선정되지 못한 결승 진출자를 포함하여 수년 동안 많은 블록 암호가 등장했다. 동물의 이름이나 북유럽 신, 벨기에 맥주 이름을 따거나 아무 의미 없는 암호, 예를 들어 간편 푸딩 같은 이름의 암호가 있다. 물고기 이름을 딴 블록 암호는 셀 수 없을 정도다.[22] 그러나 이러한 블록 암호 중 실제 제품에 적용된 것은 극히 일부에 불과하며 AES는 그중에서도 가장 중요하다.

대칭 암호화를 수행하는 가장 일반적인 메커니즘이 블록 암호인 이유 중 하나는 구현 방식이 매우 유연하기 때문이다. 블록 암호는 원본 텍스트의 블록, 즉 일반적으로 128비트로 구성되는 비트 그룹을 암호문의 블록으로 암호화한다. 128비트는 알파벳 16개만 나타낼 수 있기 때문에, 우리는 일반적으로 128비트 이상을 암호화하는 경우가 많다. 긴 원본 텍스트를 먼저 블록 단위로 자른 다음, 각 블록을 따로 암호화하여 합치는 것은 별로 좋은 생각이 아니다.

여기에서 가장 큰 문제는 동일한 원본 텍스트 블록이 반복될 때 항상 특정 암호화 키를 사용하여 동일한 암호문 블록을 만들어낸다는 것이다. 따라서 공격자가 암호문 블록의 발생

빈도를 분석하면 자주 발생하는 원본 텍스트 블록을 알아낼 수 있다. 설상가상으로 공격자가 특정 암호문 블록에 해당하는 원본 텍스트를 알아낸 경우 해당 암호문 블록이 이후에 또 등장하면 해당 원문이 다시 전송되었다는 것을 공격자가 바로 알게 된다.

이러한 위험에 대처하기 위해 둘 이상의 블록을 암호화할 때 더 정교하게 처리하는 방법이 있다. 블록 암호의 이러한 작동 *방식*은 개별 블록 암호화를 서로 다른 방식으로 연결한다. 그렇게 함으로써, AES와 같은 블록 암호가 기밀성뿐 아니라 다양한 특성을 가지도록 한다. 예를 들어, 어떤 작동 모드에서는 마지막 블록에 패딩을 줄 필요가 없고, 다른 모드에서는 암호문의 변경 사항을 감지할 수 있으며, 하드 드라이브 암호화와 같이 특정 프로그램에 특별히 맞춤화된 모드가 있을 수도 있다. 실제로 스트림 암호 사용이 더 적합한 프로그램에서도 효과적으로 스트림 암호로 변환할 수 있는 특수한 블록 암호 모드를 사용하기도 한다.[23]

대칭 암호화는 기밀성을 제공하는 가장 일반적인 암호화 수단이고 블록 암호는 가장 널리 배포된 대칭 암호화 메커니즘이며 AES는 가장 많이 사용되는 블록 암호이다. 결과적으로 우리는 사이버 공간의 보안을 위해 AES에 크게 의존하고 있다.

AES의 편재성이 문제가 될까? 다양한 생물이 존재하는 생태계는 건강하고, 단일 유전자 변종에 의존하는 식용 작물은 재앙과 같은 결과를 초래할지도 모른다. 더 다양한 암호 생태계가 존재해야 하지 않을까?

AES에 의존하는 것은 어떤 면에서는 도박과 같지만, 그래도 안전한 편이다. AES가 안전하다고 무조건 확신하지는 못하더라도 AES와 같이 표준화된 암호화 알고리즘은 다른 블록 암호보다 훨씬 더 정밀하게 연구된다. 결과적으로 아무도 문제를 보고하지 않고 시간이 흐를수록 AES에 대한 신뢰도가 높아지는 것이다.

파티에 어떤 옷을 입고 갈지, 방을 어떻게 꾸밀지 결정하는 등 살면서 개인의 취향을 드러내야 하는 순간이 있다. 그러나 식기 세척기와 같이 오로지 기능이 중요한 제품을 구입할 때는 최신 유행 브랜드보다는 신뢰할 수 있는 브랜드와 모델을 선택한다. 암호화 메커니즘은 여기에서 파티 룩보다는 식기 세척기에 훨씬 가깝다. 어느 날 AES에서 예상치 못한 치명적인 결함이 발견되면 이 문제를 해결하는 데 전 세계 사람의 이목이 집중될 것이다. 유명하지 않은 블록 암호를 사용하면 이러한 위험에 노출될 확률을 줄이지만, 그만큼 안전하지 않을 위험 또한 커진다.

# ✢ 키 배포 문제 ✢

대칭 암호화는 사이버 공간에서 비밀을 유지하기 위해 늘 사용되는 훌륭한 도구이다. 하지만 대칭 암호화 사용과 관련하여 분명한 문제가 있다. 원본 텍스트를 암호문으로 바꾸려는 사람은 누구나 비밀 키가 필요하다. 그러나 이 암호문을 다시 원문으로 해독하려는 사람도 동일한 키가 필요하다. 대칭 암호화는 비밀 키가 필요한 모든 사람이 키를 얻을 수 있다는 전제 아래 작동한다.

그러나 이러한 비밀 키는 어떻게 배포해야 할까? 비밀 키라고 정의했다면 그 키 자체가 비밀이기 때문에 단순히 필요할 때마다 오래된 방법을 사용해 키를 보낼 수는 없다. 인터넷과 같은 사이버 공간에서 대부분의 통신 채널은 공격자가 쉽게 접근할 수 있기 때문이다. 사이버 공간에서 누군가에게 비밀을 보내야 할 때 우리는 보통 어떻게 하는가? 물론 우리는 암호화해서 보낸다. 그리고 암호화하기 전에 우리는 키가 필요하다. 그렇다. 누군가에게 키를 보내기 위해 키가 필요하다는 말이다. 이것은 닭이나 달걀이냐 하는 딜레마의 암호학 버전이라고 할 수 있다.[24]

물리적 세계에서 열쇠를 사용할 때는 필요한 장소에 열쇠를 보내는 데 심각한 문제가 발생하는 경우는 거의 없다. 우리가 무언가를 잠갔다면 결국 우리가 그 잠금을 해제하기 때문에 열쇠는 다른 사람의 주머니로 갈 필요가 없다. 비밀 메시지를 보내겠다고 잠금 장치가 달린 상자에 넣어 보내는 경우도 잘 없기 때문에, 그러한 상자를 여는 열쇠를 다른 사람이 갖게 될지 걱정할 필요가 없다. 즉, 대칭 암호화 사용자가 직면하는 중요한 키 배포 문제를 접하지 않는 것이다.

대칭 암호화 키를 배포하기가 어렵기만 한 것은 아니다. 물리적 세계에서도 가끔 다른 사람에게 열쇠를 줘야 하는 상황이 있고, 그럴 때 우리는 일반적으로 물리적 근접성에 의존한다. 방문하려는 사람에게 현관 열쇠를 빌려주고 싶다면, 만날 때 전달하면 된다. 어떤 이유로 만나지 못할 경우에는 열쇠를 가까운 곳, 예를 들면 화분 아래 같은 장소에 둔다.

이와 비슷하게 대칭 암호화 프로그램 일부는 키를 배포하는 데 물리적 근접성에 의존한다. 집에 있는 와이파이 네트워크를 생각해보면 알 수 있다. 와이파이에 연결하는 모든 기기는 대칭 암호화로 보호되는 와이파이에 연결한다. 트래픽을 암호화하는 데 사용된 키를 생성하기 위해 필요한 핵심 정보는 와이파이 네트워크에 접근하는 데 사용된 마스터키다. 네트워크 소유자는 마스터키를 생성할 수 있어야 한다. 정작 필요할 때는 찾지도 못할 종이조각에 중요한 비밀번호를 써두기도 하지만, 대개는 와이파이 네트워크를 관리하는 공유기에 붙어 있다. 네트워크에 접속해 대칭 암호화를 사용하고자 하는 새로운 기기는 이 비밀번호를 제공해야 한다. 이 마스터키는 기기에 수기로 입력되거나 기기를 와이파이 공유기에 가까이 가지고 가면 자동으로 설치될 수도 있다. 와이파이에 연결하려는 기기는 공유기와 가까이 있어야 하기 때문에 두 가지 방법 모두 작동 가능하다.[25]

물리적 세계에서는 새로운 물리적 열쇠가 필요할 때가 있다. 우리는 주로 최소한 사업적 관계를 맺는 '신뢰할 수 있는 기관'에서 새로운 키를 받는다. 예를 들어, 새로운 집의 열쇠는 부동산 중개인에게 받는 것이 일반적이다. (그 부동산을 완전히 신뢰하는지는 논외로 하자.) 비슷하게, 우리는 자동차를 사려고 거액의 현금을 지불할 만큼 신뢰하는 자동차 판매점에서 새 자동차의 열쇠를 받는다. 실제 세계에서 비밀을 지키기 위해 대칭 암호화가 적용되는 많은 부분은 키를 배포하기 위해 신뢰할 수 있는 기관을 이용하는 것이 일반적이다. 우리는 신용 카드를 받을 때 은행에서 대칭 키를 바로 받는다. 휴대전화 SIM 카드의 대칭 키는 휴대전화 통신사에서 받거나, 공식 대리점에서 받기도 한다. 두 가지 경우 모두 우리가 키를 사용해야 하는 시점 이전에 암호화 키를 소유하게 된다.

그러나 우리가 물리적 세계에서는 거의 하지 않는 일도 사이버 공간에서는 해야 할 때가 있다. 사이버 공간에서 낯선 사람과 비밀을 공유하는 데는 잠금과 키를 사용한다. 한 번도 방문한 적 없는 온라인 스토어에서 물건 하나를 사기로 했다고 생각해보자. 당신은 결제 정보가 바깥세상에 유출되지 않고 보호되기를 원하기 때문에 당장 암호학 키가 필요하다. 하지만 스토어에서 가까운 곳에 있지 않으므로 키를 받으려고 사무실을 방문할 수도 없는 노릇이다. 이때 당신과 스토어가 이전에 키를 공유할 수 있었던 어떤 사업적 관계, 예를 들면 스토어에서 키가 있는 회원 카드를 당신에게 제공하는 등의 경험이 필요하지는 않다. 게다가 당신은 당장 물건을 사고 싶으므로 어떤 비싼 물리적 수단을 통해 키가 배달되기를 기다리고 싶지는 않을 것이다.

낯선 사람과 비밀을 공유하는 것은 처음에 해결하지 못할 문제처럼 보이기도 한다. 하지만 풀 수 없을 것처럼 보였던 다른 문제들이 그랬듯이 이 문제도 암호학을 사용해 해결할 수 있다. 그렇게 하려면 근본적으로 다른 종류의 암호화가 필요하다.

장

# 낯선 사람과의
# 비밀 메시지

CRYPTOGRAPHY

SHARING SECRETS WITH STRANGERS

1970년대 초반에는 대칭 암호화라는 종류 한 가지만 존재
했다. 그리고 1970년대 후반에는 두 종류가 되었다. 당시 비대
칭 암호화가 얼마나 혁신적이었는지는 두말할 필요가 없다.
비대칭 암호화는 이전에 비밀 대칭 키를 공유한 적 없는 두 사
람이 공격자의 눈에 잘 띄는 곳에서도 대칭 키를 배포할 수 있
는 수단을 제공하는 방식이다. 비대칭 암호화는 마치 마법처
럼 보인다. 실제로 마법일지도 모른다. 덕분에 우리는 사이버
공간에서 디지털로 서명하고, 가상 화폐로 지불하고, 투표를
하는 등 많은 일을 할 수 있게 되었다.

## ∺ 커다란 키 뭉치 ∺

비대칭 암호화가 얼마나 대단한지 몸소 느껴보기 위해 당신이
방문한 적 없는 웹사이트에서 커뮤니케이션할 때 암호 키가
필요한 상황에 놓였던 이전의 예를 다시 살펴보자. 대칭 암호
화만 사용하여 이 문제를 해결하려면 무엇이 필요할까?

물리적 수단으로 전달되는 키를 받으면 이 문제를 해결할
수 있다는 것을 앞서 살펴보았다. 당신이나 웹사이트는 암호
화 키를 생성한 다음 신속 배송 서비스를 이용해 상대방에게
직접 전달하도록 할 수 있다. 그러나 이 모든 것은 비용이 들

며, 돈보다도 시간이 든다는 것이 중요하다. 온라인으로 물건을 사는 경우 이 아이디어는 터무니없다.

대안은 당신이 웹사이트에 연결하기 전에 웹사이트와 키를 공유하는 것이다. 당신이 이 웹사이트와 공유한 키는 다른 웹사이트와 공유해서는 안 되며, 당신이 접속하고 싶은 웹사이트만큼 키가 필요하게 된다.

이 아이디어의 문제점은 범위가 너무 넓다는 것이다. 사이버 공간에는 15억 개가 넘는 웹사이트가 있다.[1] 만약 당신이 각 웹사이트마다 고유의 대칭 키를 저장하려 한다면, 15억 개가 넘는 비밀 키를 저장할 장소가 필요하다. 세계 인구 절반이 인터넷에 접근 가능하다는 점을 생각하면, 온라인 상점이 사용자가 자신의 웹사이트에서 물건을 사게 하려면 상점에 35억 개의 키를 저장할 수 있어야 한다.

하지만 흥미롭게도 저장 공간은 문제가 아니다. 만약 이 35억 개의 키가 128비트로 구성된 AES 키라면 상점은 45기가바이트 분량의 키를 보호하면 된다. USB 메모리 스틱으로 이 키를 모두 저장하는 데 드는 비용은 저렴한 식당에서 먹는 두 끼 식사 값 정도밖에 되지 않는다. 이 아이디어를 불가능하게 만드는 것은 이 키를 관리하는 방법이다. 어떻게 이 키를 배포할 것인가? 어떤 키가 어떤 웹사이트에 해당하는 것인지 어떻게 구분할 것인가? 매년, 매일, 매분 새롭게 나타나는 웹사이트에는 어떻게 대처할 것인가?

세 번째 선택지는 신뢰할 수 있는 인터넷을 사용하는 사람들의 키를 통합 관리하는 국제 센터를 만드는 것이다. 당신은 대칭 키를 이 국제 키 센터와 공유한다. 이 키는 스마트카드나 은행이 당신에게 키를 제공하는 방식처럼 사전에 키를 제공할 것이다. 그리고 당신이 키를 가지고 웹사이트와 보안 통신을 하고 싶으면, 국제 키 센터에 이 목적에 맞는 키를 생성해달라고 하면 된다. 센터에서는 당신이 센터와 사전에 공유한 키로 암호화된 키를 보내줄 것이다. 웹사이트에도 이와 비슷한 과정을 거쳐 이 키를 보내준다.

이렇게만 된다면 바랄 것이 없다.

그러나 일단 정책적인 문제가 있다. 인터넷에 어느 누가 모든 사용자로부터 신임을 얻어 국제 키 센터 서비스를 제공할 수 있을 것인가? 미국 사람은 러시아 사람을 불신하고, 러시아 사람은 영국 사람을 불신하며, 영국 사람은 프랑스 사람을, 프랑스 사람은 루리타니아 사람을 불신한다. 이 역할을 하려면 유엔 정도는 돼야 하지 않을까? 하지만 더 큰 문제는 이 구조가 중앙 집중식이라는 특성이다. 언제든 누군가 다른 사람과 통신하고 싶을 때, 가장 먼저 국제 키 센터와 상호 작용해야 한다. 이는 결국 모든 소통을 지연하게 된다. 국제 키 센터가 잠깐 작동을 멈추거나 오류가 발생한 경우 그 영향은 파국이 될지도 모른다.

키 센터를 구축하는 방법이 소규모 조직에서는 제법 완벽하게 작동한다는 사실은 주목할 필요가 있다. 예를 들어, 사기업에서 직원 간의 조직적 관계를 맺는 데 모든 직원들이 키를 사용하도록 할 수도 있다. 많은 회사들이 자체 중앙 집중식 네트워크를 가지고 있으며 중앙 키 센터에서 키를 요청할 수 있는 솔루션을 제공한다. 이 상황에서 사용자는 고용 계약에 의해 키 센터와 관계를 맺고 있으므로 진정한 '낯선 사람'은 아니다.[2] 전 세계 인터넷 사용자와 같이 광범위하고 구조화되지 않은 사람들을 대상으로는 이런 방법이 통하지 않는다.

결론은 이렇다. 낯선 사람과 비밀을 공유할 때는 대칭 암호화만으로는 충분하지 않다.

## ❖ 자물쇠 지옥 ❖

낯선 사람과 비밀을 공유하는 방법에 대한 영감을 얻으려면, 물리적 세계에서 다소 작위적인 시나리오를 생각해보자. 바보 같은 이야기일지도 모르지만, 설명이 되기를 바란다.

비밀 편지를 보내야 할 옆 동네 낯선 사람의 이름과 주소를 받았다고 생각해보자. 도대체 어떤 상황인지 상상이 안 된다면 이렇게 가정해보자. 그 낯선 사람은 당신과 전화 통화는 했으나 직접 만나보진 못한 변호사이며 그 변호사에게 당신의 유언장을 보내려는 상황이다.

이를 수행하는 방법 중 하나는 편지를 봉투에 넣고 봉인한 후 우체통에 넣는 것이다. 하지만 이렇게 훌륭한 우편 시스템에도 함정은 있으니, 호기심 많은 직원 한 명이 봉투를 몰래 열고 엿볼지도 모른다는 문제가 있다. 더 안전한 방법은 편지를 서류 가방에 넣은 후, 서류 가방을 잠금장치와 열쇠로 잠그고, 그 가방을 택배로 보내는 것이다. 하지만 변호사는 가방을 여는 열쇠를 구할 방법이 없다.

앞서 물리적 잠금장치에 두 가지 종류가 있다고 언급했다. 어떤 잠금장치는 잠그거나 열 때 같은 열쇠가 필요하지만, 자물쇠 같은 경우 누구든 잠글 수 있으며 열쇠를 가진 사람만 열수 있다.

변호사에게 보내는 편지를 자물쇠로 보호하는 버전의 시나리오를 살펴보자.[3] 먼저, 서류가방에 편지를 넣고, 당신만 열쇠를 가지고 있는 자물쇠로 가방을 잠근다. 그리고 택배 서비스를 이용하여 변호사에게 잠긴 서류가방을 보낸다. 택배원이 편지를 몰래 보고 싶어 할지도 모르기 때문에 잠글 필요가 있다. 암호학자에게 택배원은 '정직하지만 호기심 많은 사람'이다.

4장. 낯선 사람과의 비밀 메시지

서류가방을 받은 변호사는 자물쇠를 여는 열쇠가 없어 가방을 열지 못한다. 그래서 변호사도 본인만 열쇠를 가지고 있는 자물쇠를 가방에 단다. 그리고 택배원에게 서류가방을 당신에게 다시 배송하라고 한다. 이제 서류가방에는 두 개의 자물쇠가 달려 있고 아무도 열쇠를 둘 다 가지고 있지는 않기 때문에 무적의 가방이 되었다.

다시 가방을 받으면 당신의 자물쇠는 해제하고 변호사의 자물쇠는 남겨둔다. 그리고 택배원에게 다시 가방을 전달하며 다시 변호사에게 가져다주라고 한다. 택배원은 뭐 하는 짓이냐고 하겠지만, 요금을 세 배로 벌게 되었으니 만족하고 서류가방을 다시 변호사에게 가져다준다. 마침내 변호사는 본인이 달아놓은 자물쇠를 해제하고 서류가방을 열어 편지를 읽을 수 있게 되었다.

제정신이 아니라고 생각할지도 모르겠지만, 잘 작동하는 방식이다. 이렇게 왔다 갔다 하는 궁극적인 목적은 변호사만 가방을 열 수 있도록 자물쇠로 가방을 보호하는 것이다. 이러한 솔루션은 재미있긴 하지만 고작 비밀 편지를 안전하게 전달하는 수단으로는 다소 과한 느낌이다. 하지만 이를 조금만 개선하면 시간과 돈, 그리고 택배원이 자전거를 타지 않는 이상 약간의 탄소 배출량까지 절약하게 해준다. 먼저 변호사에게 전화에 자물쇠를 보내 달라고 하는 것이다. 자물쇠를 받으면 당신은 서류가방을 그 자물쇠를 이용해 잠그고 다시 변호사에게 보내면 된다.

이 자물쇠 배송 아이디어는 투박한 면이 있지만, 그래도 세 번이나 배송을 하는 것보다는 낫다. 그리고 더욱 중요한 것은, 이것이 비대칭 암호화의 기반이 되는 모델이라는 것이다.

## ⁘ 사이버 공간의 자물쇠 ⁘

안타깝게도 물리적 자물쇠는 물리적으로 배송되어야 한다. 만약 물리적 자물쇠가 기존의 물리 법칙을 물리치고 필요할 때마다 바로 순간 이동할 수 있다면 어떨까? 그렇다면 우리는 물리적 세계에서 낯선 사람과 비밀을 공유하는 방법에 따르는 문제를 효율적으로 해결할 수 있게 될지도 모른다.

사이버 공간은 일종의 순간 이동이 가능한 장소이다. 이론적으로는 이메일 등을 통해 디지털 '자물쇠'가 광속으로 전송되고, 그런 다음 디지털 서류 가방을 잠그는 데 사용된다. 이 아이디어가 가능하다면 우리는 사이버 공간에서 낯선 사람들과 비밀을 공유할 수 있다. 이전에 방문한 적 없던 웹사이트에 연결하더라도 우리는 비대칭 암호화가 제공하는 디지털 자물쇠만 가지고 있으면 된다.

자물쇠는 대개 모든 사람이 잠글 수 있지만 열쇠를 가진 사람만 열 수 있다. 디지털 자물쇠 역시 모든 사람이 암호화할 수 있지만 지정된 수신자만이 복호화할 수 있는 형태를 취해야 한다. 모든 사람이 암호화할 수 있고 암호에는 키가 포함되기 때문에, 디지털 자물쇠를 잠그는 데 사용되는 키는 모두가 아는 것이어야 한다. 즉, 키 자체는 비밀이 *아니다*. 이러한 키는 모두에게 공개되어 있기 때문에 공개키라고 부른다. 그래서 비대칭 암호화는 *공개키 암호화*라고 부르기도 한다.

반면, 지정된 수신자는 디지털 자물쇠를 해제할 수 있는 유일한 사람이어야 한다. 대칭 암호화와 동일하게 수신자는 복호화 키를 비밀로 지켜야 한다. 이때 사용되는 키는 물리적 자물쇠 열쇠와 마찬가지로 키를 가지고 있는 사람 외 다른 사람과는 공유하지 않으므로 *개인키*라고 불린다. 비대칭 암호화에서는 암호화에 사용되는 키와 복호화에 사용되는 키가 서로 다르다. 물론 암호화 키와 복호화 키가 서로 다르더라도 어떤 방식으로든 서로 연관되어 있어야 한다.

그렇다면 이제 비대칭 암호화에 무엇이 필요한지 살펴보자. 누구나 공개키를 사용해 암호화할 수 있고, 개인키를 가진 사람만 복호화할 수 있다. 그러므로 암호화는 누구나 수행할 수 있지만 암호화를 되돌리는 것은 개인키를 가진 사람 외에는 아무도 하지 못한다. 이런 과정이 어떻게 가능할까?

우리 삶을 생각해보아도 세상에는 하기는 쉽지만 되돌리기는 어려운 일들이 많다. 신선한 재료를 가지고 저녁 식사를 요리한다고 생각해보자. 처음부터 맛있는 저녁을 요리하는 것은 쉬운 반면, 요리 과정에서 사용되는 화학 작용이 재료를 변형시키고 되돌릴 수 없는 형태로 만들어버리기 때문에 접시에 담긴 요리에서 원재료를 추출해내는 것은 불가능하다.

요리가 비대칭 암호화를 설명하는 완벽한 예시가 될 수 없는 이유는 요리는 원재료를 복원하는 것이 불가능하기 때문이다. 비대칭 암호화는 거의 모든 사람들에게는 불가능할지언정 누군가는 이 재료를 복원해내기를 바란다. 여기에서 누군가는 바로 개인키를 가진 사람이다. 따라서 특별한 조건 아래에서는 복호화가 가능하다. 복호화가 불가능할 수는 없기 때문에 우리는 차선책에 안주해야 한다. 개인키를 알지 못하는 사람에게는, 복호화가 *엄청나게 어려워야만* 한다.[4]

비대칭 암호화는 컴퓨터가 수행하기는 쉽지만 되돌리기는 어려운 방식으로 만들어져야 한다. 인간을 인터넷의 노예로 만들기, SNS 중독자로 만들기, 우리를 더 바쁘게 만들어 수면 시간을 줄이기 같은 것도 이 조건에 맞을지 모르겠다. 하지만 우리는 더 정확한 것이 필요하다. 컴퓨터가 하기는 쉽지만 되돌리기는 어려운 *컴퓨팅 작업*을 찾아야 한다.

# ː 깜빡이는 커서 ː

비대칭 암호화를 구축하는 방법을 알아보기 위해서는 먼저 컴퓨터에게 *어려운* 일이란 무엇인지 아는 것부터 시작해야 한다. 일단 비용은 논외로 한다. 컴퓨터가 수행해야 하는 과제가 있다고 생각해보자. 컴퓨터를 구입해서 작업을 수행하도록 프로그램을 만든 후, 엔터키를 누른다. 컴퓨터는 몇 시간, 혹은 며칠 동안 공부한다. 몇 주, 몇 달이 지나고 컴퓨터는 점점 뜨거워진다. 결국 본체 뒷면에서 연기가 피어오르기 시작한다. 당신은 어떻게 할 것인가? 더 크고 좋은 컴퓨터를 사러 갈 것인가?

그럴 수도, 아닐 수도 있다. 컴퓨터는 매우 강력하며 놀라운 일을 할 수 있는 기계이지만, 어떤 컴퓨팅 작업은 아무리 컴퓨터 사양이 좋아도 통제를 벗어나곤 한다. 그러한 작업을 컴퓨터에게 하라고 하면 항상 연기가 피어오르는 것은 아니지만, 답을 얻을 수는 없을 것이다.

이러한 일이 어떻게 일어나는지 살펴보기 위해 인간이 약간의 노력을 곁들여야 가능한 작업을 생각해보자. 주말에 집 대청소를 한다. 시간이 얼마나 걸리는가? 반나절이면 되는가? (내가 함께 살고 있는 사람은 이 추정치가 너무 낙관적이라며 투덜댄다.) 어쨌든 이 작업은 귀찮고 힘든 일이지만 일정 시간 안에 끝낼 수 있는 작업이기도 하다. 만약 당신이 집 청소에 소질을 발견하고 직업으로 삼기로 했다고 생각해보자. 먼저 사업 홍보 전략을 세워야 한다.

확실한 홍보 전략 중 하나는 가까운 이웃에게 연락하는 것이다. 옆집에 사는 사람이 자기 집을 청소해달라고 의뢰하면, 당신은 반나절 동안 파트타임 근로자가 된다. 골목 아래 사는 가족도 청소부가 필요하고, 그 이웃도 청소부가 필요하다고 한다. 당신은 다른 집에도 벨을 눌러 결국 여섯 개 집을 더 청소하게 된다. 이제 당신은 풀타임 근로자다. 여기에서 멈출 수도 있겠지만, 알아보니 근처 지역에 청소부가 필요한 더 큰 시장이 있다. 직원을 고용하기 시작하고, 곧 당신은 몇 명의 직원과 함께 작은 사업체를 꾸리게 되었다. 당신이 창업한 벤처 기업은 큰 성공을 거두었다. 게다가 당신의 사업은 아주 관리하기 쉬운 수준으로 적절히 성장하는 중이다.

그렇다면 조금 다른 홍보 전략을 살펴보자. 이 시나리오에서 당신은 페이스북과 같은 SNS를 통해 당신의 친구들에게 서비스를 홍보한다. 100명의 페이스북 친구 중 10명이 긍정적인 답변을 한다. 당신의 주간 계획표는 금세 가득 찼다. 이후 당신은 광고의 일환으로 친구들에게 청소 서비스 정보를 그들의 페이스북 친구 모두에게 보내달라고 요청한다. 각 친구들에게도 100명 남짓한 친구가 있고, 응답률이 비슷하다고 가정하면

(어차피 가정일 뿐이니 사소한 수치에 목매지는 말자) 당신의 청소 서비스는 1만 명에게 알려졌고 1,000개의 청소 의뢰를 받게 될 것이다. 이 사업을 지속하려면 이제 당장 100명의 청소부를 고용해야 한다.

거의 하룻밤 사이에 당신의 사업은 영세 자영업에서 중요한 지역 기업으로 성장했다. 친구의 친구 1만 명이 각각 또 그들의 친구에게 청소 서비스 정보를 전달하면, 100만 명의 신규 고객에게 마케팅을 하게 되며 10만 개의 청소 의뢰를 기대할 수 있다. 눈 깜짝할 새에 사업은 감당할 수 없을 만큼 커진다. 이러한 바이럴 마케팅 과정을 두 단계만 거쳐도 10억 명의 고객이 생기며 북극의 이글루에서부터 남아프리카 칼라하리 Kalahari 사막의 초가집까지 청소를 하게 될 것이다.

이 예의 심각한 점은 일부 작업은 숫자가 증가하면서 잘 확장되는 반면, 다른 작업은 통제할 수 없는 상태가 된다는 것이다. 이러한 동작은 집 청소뿐 아니라 컴퓨팅 작업에도 적용된다. 컴퓨터에서 일어나는 어떤 작업은 아주 간단히 수행할 수 있다. 예를 들어, 컴퓨터는 두 개 숫자를 더하는 데는 선수다. 컴퓨터에게 점점 더 큰 숫자를 더하라고 입력해도, 컴퓨터는 마치 공을 물어오는 개처럼 그 의무를 충실히 수행해낼 것이다. 그러나 숫자가 커질 대로 커지면서 컴퓨터가 처리할 수 있는 한계에 다다르면 결국 답을 내놓지 못한다. 만약 엄청나게 큰 숫자를 더하고 싶으면, 당신은 더 큰 컴퓨터를 사기만 하면 된다. 하지만 어떤 컴퓨팅 작업은 이런 방식으로 작동하지 않는다. 바이럴 마케팅 예에서 살펴보았듯이, 어떤 작업은 *어떤 컴퓨터라도* 빠른 속도로 실행 불가능한 상태가 되기도 한다. 세계에서 가장 강력한 컴퓨터를 데려다 놓아도, 커서는 더 이상 깜빡이지 않을 것이다. 단 몇 시간이 아니라, 당신의 여생 동안 다시는 커서를 보지 못할지도 모른다.[5]

이러한 종류의 컴퓨팅 작업 조합은 비대칭 암호화를 달성하는 데 필요한 것이다. 암호화 알고리즘은 통제 가능한 수준의 컴퓨팅 작업이 되어야 어느 컴퓨터에서나 작동할 수 있다. 한편, 개인키를 모른 채 복호화 알고리즘을 실행하려는 모든 컴퓨터는 결국 아무것도 얻지 못하고 깜빡이는 커서만 보게 된다. 마치 내일 오후까지 1억 명의 청소부를 찾아야 하는 당신의 뇌와 같은 상태이다.


## ⁝ 소인수 ⁝


컴퓨터 시스템을 보호하는 데 암호학이 어떤 역할을 하는지 대부분의 사람들은 잘 알지 못한다. (물론 당신은 이제 몇 안 되는 예외 중 한 명이다.) 그럼에도 최근 컴퓨터 보안이 소수*prime number*

와 관련이 있다는 사실은 널리 알려지기 시작했다.[6] 암호학에서 소수는 자주 사용되는데, 비대칭 암호화 알고리즘에서의 역할 덕분에 소수는 주목을 받기 시작했다.

소수는 1과 자기 자신 외에 다른 자연수로는 나누어떨어지지 않는다는 아주 간단한 속성으로 정의되는 1보다 큰 정수이다. 가장 작은 소수는 2이며, 2는 유일한 짝수 소수이기도 하다. 왜냐하면 2 외의 모든 짝수는 2로 나누어떨어지기 때문이다. 3, 5, 7도 소수이다. 하지만 9는 3으로 나누어떨어지기 때문에 소수가 아니다. 그다음 홀수 두 개 11과 13은 소수이고, 15는 역시 3으로 나누어떨어지기 때문에 소수가 아니다. 이러한 패턴은 계속해서 반복되며 소수의 개수는 무한이다.

소수는 모든 정수를 구성하는 일종의 벽돌과 같다. 모든 정수는 소수의 곱으로 나타낼 수 있기 때문이다. 예를 들면, $4 = 2 \times 2$, $15 = 3 \times 5$, $36 = 2 \times 2 \times 3 \times 3$으로 나타낸다. 그리고 모든 숫자는 소수의 곱으로 나타낼 때 단 하나의 조합만 존재한다. 예를 들어, $100 = 2 \times 2 \times 5 \times 5$이다. 2, 2, 5, 5의 조합이 아닌 어떤 소수의 조합도 100을 만들 수 없다. 소수 2, 2, 5, 5는 100의 소인수라고 하며 이는 숫자 100 고유의 'DNA'를 형성한다.

숫자와 그 숫자의 소인수 사이 유일한 관계는 가장 유명한 비대칭 암호화 알고리즘인 RSA의 기초가 되었다. RSA는 알고리즘을 발명한 라이베스트Rivest, 샤미르Shamir와 에이들먼 Adleman의 이니셜을 딴 이름이다.[7] 숫자와 소인수 사이 관계는 비대칭 암호화를 구성하는 데 필요한 종류의 컴퓨팅 작업을 정확하게 생성한다. 한쪽 방향으로는 쉽게 연산할 수 있지만, 다른 방향으로는 메인보드에 불을 지피는 작업이다.

가능한 방향은 곱셈이다. 컴퓨터는 두 개 소수 곱셈 연산을 할 수 있다. 학교에서 배운 수학을 다 잊어버리지 않았다면 당신도 소수 곱셈 정도는 할 수 있을 것이다. 종이와 펜은 꼭 필요할 때만 가져오고, 다음 소수 곱셈을 가급적 암산으로 순서대로 해보자. $3 \times 11$, $5 \times 13$, $7 \times 23$, $11 \times 31$, $23 \times 23$, $31 \times 41$.

어떤가? 각 곱셈을 하는 데 어느 정도는 시간이 걸렸겠지만, 각 연산이 차 한 잔 우리는 시간보다는 덜 걸렸을 것이다.

펜과 종이가 있다면 더 복잡한 곱셈도 가능하다. $23,189 \times 50,021$은 얼마인가? 잠시 후 결과가 필요할 테니 진짜로 계산해보기를 바란다. 만약 당신이 곱셈을 못한다 해도 몰랐던 것이 아니라 그저 잊어버렸을 뿐일 것이다. 어쨌든 컴퓨터는 우리가 학교에서 배운 것과 매우 유사한 기술을 사용하여 아주 큰 소수의 곱셈도 해낼 수 있다. 이런 의미에서 곱셈은 아주 쉬운 컴퓨팅 작업이다. 숫자가 커지면 연산을 완료하는 데 걸리는 시간 역시 증가하겠지만, 충분히 가능한 작업이며 답을 얻

4장. 낯선 사람과의 비밀 메시지

게 될 것이다.

소수의 곱셈을 거꾸로 한다는 것은 숫자를 하나 주고 소인수분해를 하는 것이다. 두 개의 소인수의 곱으로 구성된 숫자를 하나 떠올려보자. 문제는 다음과 같다. 소인수 두 개를 구하라. 머리를 쥐어뜯을 정도로 어려운 일처럼 느껴지지는 않는다. 하지만 놀랍게도 이 계산 작업은 컴퓨터를 제어할 수 없는 상태로 만들어버린다. 숫자가 커져 어느 지점에 도달하면, 100페타플롭(초당 100,000,000,000,000,000회)의 처리 능력을 갖춘 중국의 선웨이 타이후라이트SunWay TaihuLight와 같이 세계에서 가장 강력하다고 평가되는 슈퍼컴퓨터도[8] 그저 깜빡이는 커서나 끝나지 않는 버퍼링만 보여줄 것이다.

소인수 분해가 왜 그렇게 어려운 문제인지 느끼려면 당신의 뇌라는 훌륭한 컴퓨터를 사용하여 다음 숫자 각각의 두 개 소인수를 구해보자. 21, 35, 51, 91, 187, 247, 361, 391. 이 간단한 연산을 하는 데 얼마나 걸렸는지, 그리고 머리가 얼마나 아팠는지 생각해보라.

연산을 포기했는가? 이 숫자는 우리가 흔히 보는 매우 작은 숫자다. 83,803은 어떤가? 1,159,936,969는? 만약 앞서 곱셈 연산을 할 때 사용한 종이가 근처에 있다면 1,159,936,969 = 23,189 × 50,021인 것을 알아냈을 것이다. 이 방법 외에 소인수를 구할 방법이 있었을까? 일반적으로 소인수를 구하는 방

크립토그래피

법은 가장 작은 소인수인 2부터 3, 5로 하나씩 나누어보는 방법이지만, 23,189에 도달하기 전에 2,586개의 소수를 거쳐 가야 한다.[9]

암호학이라는 범위에서 23,189와 50,021은 아주 작은 소수이다. 오늘날 RSA에 사용되는 숫자는 450자리가 넘는다.[10] 우리가 사용하는 컴퓨터는 이렇게 큰 소수의 곱셈도 쉽게 할 수 있다. 하지만 당신이 선웨이 타이후라이트를 가져와서 소인수를 구하라고 한다면 그저 깜빡이는 커서만이 남아 있을 것이다.

## ⁚ 소인수 기반의 디지털 자물쇠 ⁚

RSA 비대칭 암호화 알고리즘은 소인수를 결정하는 난해함을 기반으로 보안을 만들어낸다. 자세한 내용은 다루지 않겠지만, 기본 아이디어는 다음과 같다.

만약 디지털 자물쇠를 만들고 싶다면, 먼저 450자리 정도 되는 큰 소수 두 개를 만든다. 이 소수는 비밀이어야 하며 당신의 개인키를 만드는 본질이 된다. 사실, 당신의 개인키는 이 소수 자체가 아니라 이 소수로 하는 작업이지만, 자세한 설명은 생략한다. 어쨌든 당신만이 이 두 개 소수가 무엇인지 안다.

4장. 낯선 사람과의 비밀 메시지

이제 당신은 두 개 소수를 곱한다. 약 900자리 곱셈 결과가 당신의 공개키가 된다. 당신은 친구들에게 공개키를 알려줄 수도 있고, 웹사이트에 게시할 수도 있으며, 명함에 출력해도 괜찮다. 누군가 당신의 공개키를 본다고 해서 문제가 되지는 않는다. 두 개 소인수가 공개키에 연결이 되어 있는데도 소인수를 알아낼 만큼 강력한 컴퓨터를 가진 사람은 아무도 없다는 것이 소인수가 가진 힘이다.

RSA 암호화가 실제로 동작하는 방식에 대한 자세한 내용을 이해하기 위해서는 학부 수준의 수학 지식이 약간 필요하지만,[11] 여기에서는 일단 넘어가겠다. 중요한 것은 당신에게 암호화된 메시지를 보내고 싶은 사람이라면 누구나 먼저 당신의 공개키를 포함해야 한다. 공개키는 비밀이 아니므로 비교적 간단하다. 메시지를 암호화하기 위해 일단 일반적으로 사용되는 방법들로 메시지를 숫자로 변환하는 작업을 한다. 암호화 과정은 기본적으로 원본 텍스트와 공개키를 포함한 일련의 곱셈 연산으로 구성된다.

컴퓨터는 숫자를 곱할 수 있고 따라서 암호화가 가능하다. 암호화 텍스트를 받은 다음에는 복호화를 할 수 있다. 암호화 텍스트와 당신의 개인키를 가지고 있으면 곱셈 연산을 통해 복호화가 가능하다. 암호화 텍스트를 몰래 들여다보려는 사람은 개인키 없이 암호화 과정을 되돌리는 방법을 찾아야 한다.

크립토그래피

하지만 RSA 암호화를 되돌리는 작업은 공개키와 연관된 두 개의 소인수를 알고 있을 때만 가능하다. 현재까지는 이 연산을 정해진 시간 내에 할 수 있는 컴퓨터가 없기 때문에, RSA는 기밀성을 제공하는 강력한 메커니즘으로 신뢰를 얻고 있다.

방금 언급한 내용 중 일부를 더 파고들어 보자. 일단, 나는 어떤 컴퓨터도 *정해진 시간 내에* 소인수분해를 할 수 없다고 주장했다. 내가 소인수분해가 *불가능*하다고 말하지는 않았다. 왜냐하면 소인수분해는 가능하기 때문이다. 앞서 말했듯 2부터 시작해 모든 소수로 나눠보면 결국 소수 두 개를 찾게 될 것이다. 그러나 오늘날 사용되는 컴퓨터 성능으로 인류는 900자리 숫자의 가능한 모든 소인수를 거치기 전에 멸종하거나 다른 종으로 진화해버릴 가능성이 높다.[12] 그러나 이 주장은 오늘날 우리가 사용하는 컴퓨터에만 적용된다. 보다 정확하게 보안을 평가하려면 미래에 컴퓨터 성능이 어떻게 될지도 고려해야 한다.

아마도 더 놀라운 문제는 어떤 컴퓨터도 소인수를 효율적으로 찾을 수 없다는 사실을 모두가 *믿는다*는 것이다. 소인수를 구하기 어렵다는 주장은 우리가 알고 있는 것을 바탕으로 내린 결론이다. 이 주장에 힘을 싣기 위해서는 오늘날 알려진 최고의 기술로도 소인수를 구하는 것이 어렵다고 말할 수 있어야 한다. 그러나 미래에 어떤 천재가 나타나거나 인공 지능

4장. 낯선 사람과의 비밀 메시지

이 발전해 소인수를 구하는 새로운 방법을 제시하는 일이 일어날지도 모른다. 이러한 방법이 나타난다면 RSA에 의존하는 모든 기술은 치명적인 영향을 받는다. 오늘날 우리가 사이버 공간에서 누리는 많은 것의 보안을 지키기 위해서 이러한 가능성은 생각하기도 싫지만, 나는 이 책 안에서 답을 찾아보고자 한다.

## ⫶ 어려운 수학문제 ⫶

영수증 뒷면에다 대충 설계한 대칭 암호화 알고리즘이 AES 대회 결승까지 진출할 만큼 보안 요구사항을 만족할지 몰랐겠지만, 생각보다 훌륭했다. 결과적으로 대칭 암호화 알고리즘이 대거 등장했고, 특히 블록 암호가 많이 개발되었다. 대부분은 부족하다고 평가되었지만 그중 상당수는 설계에 심각한 결함이 발견되지 않았으며 적어도 이론상으로는 사용이 가능했다.[13]

그에 반해 비대칭 암호화 알고리즘은 진지하게 검토해볼 만한 제안이 몇 개 되지 않았다. 디지털 자물쇠를 만드는 데는 다소 직관적이지 않은 속성이 필요하다. 하기는 쉽고 되돌리기는 어려우면서, 특별한 정보를 알고 있으면 되돌릴 수 있는 컴

퓨팅 작업을 찾아내야 했다. 그러한 컴퓨팅 작업은 많이 알려져 있지 않다.[14]

비대칭 암호화의 개념은 1970년대에 처음 등장했다. 이 아이디어는 GCHQ<sub>Government Communications Headquarters</sub>(영국 정부통신본부)라는 정부 조직과 미국 스탠퍼드 대학의 학계에서 각각 독립적으로 고안했다. 1990년대 컴퓨팅 혁명을 주도하는 데 도움이 될 이 아이디어는 당분간은 조용히 묻혀 있었다. 흥미롭게도 두 경우 모두 아이디어 초기에는 제대로 된 실제 비대칭 암호화 알고리즘을 보여주지는 못했고 오직 비대칭 암호화 알고리즘 *아이디어*만을 제시했다. 실제로 두 경우 모두 초기 아이디어를 가지고 비대칭 암호화를 실현할 수 있는 방법을 고안한 것은 다른 연구원들이었다. 그리고 비대칭 암호화 알고리즘의 예를 찾는 연구원들이 결국 GCHQ와 학계 모두에서 RSA와 본질적으로 동일한 아이디어를 생각해냈다.[15]

이것은 우리에게 두 가지를 알려준다. 첫 번째, 비대칭 암호화 알고리즘의 예를 찾기는 어렵다. 두 번째, RSA는 그 과정에서 매우 '자연스러운' 해결책이었다. 역사를 통틀어 수학자들은 숫자의 소인수를 찾는 문제를 열심히 연구했기 때문에 비대칭 암호화 알고리즘을 설계하는 컴퓨팅 작업은 제법 명백했다. 또한 RSA를 충분히 신뢰할 수 있게 할 만큼 간단한 문제이기도 하다. 결과적으로 RSA는 20세기 후반과 21세기 초반 단

4장. 낯선 사람과의 비밀 메시지

연 가장 중요한 비대칭 암호화 알고리즘이었으며 비대칭 암호화가 필요한 거의 모든 프로그램에서 RSA를 채택했다.

RSA가 당신이 접할 수 있는 유일한 비대칭 암호화 알고리즘은 아니다. *타원 곡선elliptic curves*이라는 수학적 개념을 바탕으로 한 비대칭 암호화 알고리즘도 널리 사용되었으니, 적어도 하나는 더 있는 셈이다. RSA 암호화의 보안은 소인수 연산의 어려움에 의존하지만, 타원 곡선의 보안은 이산 로그discrete logarithms라고 불리는 작업의 어려움에 의존한다.[16]

특정 계산 문제와 이렇게 직접적으로 연관되어 있다는 점은 비대칭 암호화의 큰 장점이면서 잠재적인 약점이기도 하다. 블록 암호의 보안은 매우 복잡한 바리케이드를 구축하는 것과 비슷하다. 원본 텍스트를 알아내기 위해 공격자는 벽 아래로 터널을 뚫고, 철조망을 자르고, 다음 바리케이드로 넘어갈 길을 선택하고, 미끄러운 언덕을 오르고, 도랑을 헤엄치고, 높게 자란 옥수수밭을 헤엄쳐 나가며 싸운다. 블록 암호를 더 안전하게 만들기 위해 공격자가 통과할 수 없다고 생각될 때까지 바리케이드가 계속 쌓인다.

반면, 비대칭 암호화의 보안은 알고리즘이 설계된 컴퓨팅 문제와 관련되어 있다. 소인수를 찾는 것처럼 문제가 어렵다고 널리 알려진 경우 비대칭 암호화 알고리즘과 관련된 보안에 신뢰가 쌓인다. 하지만 어떤 이유로 컴퓨팅 문제가 모든 사람이 기대하는 만큼 어렵지 않다고 평가되면 그 알고리즘의 생명은 끝난다. 이 상황은 방탄이라고 믿은 소재로 만든 보호 장비를 착용하는 것과 같다. 정말 방탄이라면 괜찮다. 하지만 그렇지 않다면, 총소리에 귀를 기울이고 있어야 한다.

이러한 불확실성은 결국 소인수분해나 이산 로그 계산보다 연구가 덜 된 계산 문제를 바탕으로 만들어지는 새로운 비대칭 알고리즘을 받아들이는 데 왜 보수적이어야 하는지 설명한다. 이 책의 끝에서 나는 미래를 내다보고 우리가 가능한 한 빨리 보수주의를 극복해야 한다는 점을 설명할 것이다.

## ⁝ 자물쇠 문제 ⁝

지금까지 본 것처럼 디지털로도 자물쇠를 만들 수 있다. 비대칭 암호화는 우리 컴퓨터와 우리가 방문한 적 없는 웹사이트 사이 연결에 기밀성을 구축하게 해준다. 우리는 먼저 웹사이트의 공개키를 가져온다. 공개키는 웹사이트에 게시되어 있다. 그런 다음 공개키를 사용하여 암호화한 데이터를 웹사이트로 보낼 수 있다. 이 얼마나 아름답고 우아한 과정인가!

그런데 꼭 그렇지만은 않다. 안타깝게도 이 디지털 자물쇠 개념에는 두 가지 중요한 어려움이 있다. 파티를 중단시킬 정도는 아니지만, 홍을 깨는 사람 정도는 된다. 이를 해결하는 데 사용되는 접근 방식은 오늘날 실제 시스템에서 비대칭 암호화가 사용되는 방식을 결정한다.

첫 번째 문제는 비대칭 암호화를 설명할 때 사용한 물리적 시나리오에서 엿볼 수 있다. 변호사와 주고받았던 택배를 기억하는가? 변호사에게 비밀 편지를 부치는 효율적인 해결책으로 변호사가 먼저 자물쇠를 당신에게 부치면 된다고 이야기했다. 여기에서 사실 내가 간과한 것이 있다. 택배원이 집에 나타나 초인종을 울리고 자물쇠가 들어 있는 소포를 건네준다. 순조롭게 진행될 수도 있지만, 택배원이 만약 나쁜 사람이라면 어떻게 될까? 택배원은 변호사의 자물쇠를 버리고 자신의 자물쇠로 바꿔치기할 수도 있다. 당신은 변호사만이 그 편지를 볼 수 있다고 믿고 상자에 편지를 넣고 잠근다. 하지만 실제로는 택배원만이 그 잠금장치를 해제할 수 있다. 여기에서 문제는 당신이 받은 자물쇠가 정말 변호사의 자물쇠인지 확신할수 없다는 것이다.

이 시나리오는 웹사이트에서 공개키를 얻는 것과 유사하다. 웹사이트의 공개키로 해당 기업과 안전하게 통신할 수 있다고 확신할 수 있을까? 웹사이트가 해킹을 당했을지도 모른다. 거래를 하고 있다고 생각하는 기업의 웹사이트가 확실한가? 사이버 공간에서 사기를 비롯한 기타 범죄의 역사는 무고

한 사용자가 가짜 웹사이트와 진짜 웹사이트를 구분하지 못하는 사례에서 출발하는 경우가 대부분이다. 비대칭 암호화는 암호화하기 전에 올바른 공개키가 있다는 가정에 의존한다. 이 전제가 의심되는 순간 모두 멈추어야 한다.[17]

공개키의 유효성을 결정하는 문제를 해결한다는 것은 사람과 조직을 공개키에 안정적으로 연결하기 위한 절차를 만들어야 한다는 것을 의미한다. 이는 매우 어려운 작업이다. 다른 기술도 그렇겠지만 암호화는 인간이 개입하기 전까지는 잘 작동한다. 우리는 영리하고 혁신적이고 창의적이며 새로운 아이디어를 잘 받아들이지만 한편으로는 게으르고 이기적이며 교활하고 순진할 수도 있다. 안전한 자물쇠를 만드는 것은 하나의 공정이다. 신뢰할 수 있는 택배 서비스를 찾는 것은 또 다른 문제이다. 나중에 암호학이 어떻게 무너지는지 이야기할 때 이 문제를 다시 다루겠다.

그러나 공개키 소유권의 정확성을 어느 정도 믿을 수 있는 방법을 찾을 수 있다고 가정해도 또 다른 문제가 발생한다. 이번에는 기술적인 문제이다. 오늘날 우리가 알고 있는 모든 비대칭 암호화 알고리즘은 느리다. 느리다는 것이 '달팽이' 같다는 것을 의미하는 것은 아니다. *대칭 암호화에 비하면 비대칭 암호화가 느리다*는 뜻이다. AES를 사용해 데이터를 암호화하면 지연이 거의 없다. RSA를 사용하여 데이터를 암호화하면

4장. 낯선 사람과의 비밀 메시지

약간 지연이 발생하지만 일반적으로는 눈치채지 못한다. 예를 들어, 노트북에서 RSA 암호화를 수행하면 수천 분의 1초가 걸린다. 누가 신경이나 쓰겠는가? 그러나 이러한 지연은 보안에 연결하기 위한 요청이 수백만 건씩 쌓이는 웹사이트에서 매우 중요하다. 이 모든 1/1000 초가 모이고 모여 1초를 만들고, 사람이 인지할 수 있는 지연이 발생한다.

옛날에는 몇 초의 지연이 그렇게 중요하지 않았다. 로리 리Laurie Lee가 《로지와 함께 사과주를Cider with Rosie》에서 묘사한 1920년대의 영국에 RSA가 발명되어 이를 사용할 장치가 있었다면 로지는 즐거운 마음으로 RSA 암호화를 돌려놓고 젖소에서 젖을 짜 버터를 휘젓고 한두 시간 후에 돌아와 암호문을 확인하고 기뻐했을 것이다.[18]

오늘날 정신없이 바쁘게 돌아가는 세상에서 1초는 매우 중요하다. 주가는 눈 깜짝할 사이 오르고 내린다. 소비자는 화면이 바로 응답하지 않으면 장바구니를 버려버린다. 자동 개찰구를 빠르게 통과해 출근하는 사람들은 단체 관광객이 몰려오기 전에 1초도 할애할 시간이 없다. 모든 것은 지금 당장 일어나야 한다. 속도에 대한 이러한 요구는 특히 암호화와 같이 아무도 하고 싶어 하지는 않지만 해야만 하는 작업에 더욱 크게 적용된다. 이것은 암호화가 더욱더 빨라져야 한다는 것을 의미한다.

# ❖ 두 세계의 장점만 모아 ❖

대칭 암호화는 빠르지만, 키 배포 문제가 발목을 잡는다. 비대칭 암호화는 느리지만 웹사이트에서 암호화 키를 편리하게 다운로드할 수 있다. 각 유형의 암호화에는 서로를 보완하는 긍정적인 기능이 있다. 두 가지 암호화 유형의 장점을 활용하면서 단점을 극복하는 방법이 있지 않을까?

이제 우리가 가장 좋아하는 시나리오로 돌아가 답을 찾아보자. 택배원이 변호사에게 받은 물리적 자물쇠를 배달한다. 일단은 잠그고 열 때 똑같은 열쇠를 사용하는 일반적인 자물쇠를 사용한다. 비밀 편지를 일반적인 자물쇠로 잠그는 상자에 넣는다. 그리고 열쇠 자체를 변호사의 자물쇠로 잠그는 작은 상자에 넣는다. 이제 당신은 변호사에게 두 상자를 모두 택배로 보내고, 변호사는 먼저 작은 상자를 연 다음 들어 있는 키를 사용하여 더 큰 상자를 연다. 복잡해질수록 이 예시는 바보 같아지므로 이보다 훨씬 더 합리적인 웹사이트에 집중해보자.

흔히 하이브리드 암호화라고 불리는 아이디어가 있다. 당신은 기밀성을 보장하는 웹사이트에 접속하려 한다. 먼저 웹사이트의 공개키를 가져온다. 공개키를 사용하여 데이터를 암호화하고 싶지만 안타깝게도 비대칭 암호화는 느리다. 따라서

4장. 낯선 사람과의 비밀 메시지

대칭 키를 생성하고 이 키를 대신 사용하여 AES 암호화로 신속하게 암호화한다. 그런 다음 웹사이트 공개키를 사용하여 대칭 키를 RSA 암호화한다. 이 과정이 느리게 진행될 수도 있지만 여기에서 암호화하는 것은 작은 데이터 조각, 즉 대칭 키 하나뿐이다. 이는 웹사이트에서 보호하려는 모든 통신 데이터보다도 훨씬 작을 것이다. 마지막으로 암호화된 데이터 두 개를 웹사이트로 보낸다. 웹사이트는 먼저 느린 속도로 RSA 암호문을 해독하여 대칭 키를 복원한다. 그런 다음 웹사이트는 대칭 키를 사용하여 AES 암호문을 빠르게 해독한다. 두 세계의 장점만 가져온 것이다.

비대칭 암호화가 일상적인 기술에 사용되는 경우 대부분 하이브리드 암호화의 일종으로 배포된다. 하이브리드 암호화는 일반적으로 설명하는 대로 웹 브라우저가 웹사이트에 연결할 때와 같이 두 컴퓨터 간 연결을 보호하기 위해 사용한다. 또한 하이브리드 암호화는 이메일을 보호하는 데 사용된다. 대칭 키가 이메일을 받는 사람의 공개키를 사용하여 비대칭적으로 암호화한 다음 이메일 본문이 대칭 키를 사용하여 대칭적으로 암호화한다.[19]

# ❖ 기적 ❖

비대칭 암호화는 기적과 같다. 이보다 더 적절한 단어는 없을 것이다. 수 세기 동안 암호학자는 대칭 키 배포 문제에 시달려야 했다. 암호학자는 이 문제를 해결하는 암호학 솔루션이 나타날 것이라고 상상하지 못했다. 디지털 자물쇠 아이디어는 낯선 사람들이 다른 낯선 사람들과 안전하게 통신할 수 있도록 해준다는 점에서 매우 혁신적이다. 1990년대 후반 비대칭 암호화를 통해 점점 더 많아진 월드 와이드 웹 사용자에게 기밀성을 제공할 수 있었다. 웹의 성공은 일부는 비대칭 암호화의 기적 덕분이라 해도 과언이 아니다.

그러나 비대칭 암호화 사용과 관련하여 앞서 언급한 두 가지 문제를 과소평가해서는 안 된다. 사용자를 공개키에 안정적으로 연결하는 것은 복잡한 과정이다. 그리고 비대칭 암호화는 느리다. 2000년 전후 비대칭 암호화는 유명한 가트너 하이프 사이클Gartner Hype Cycle[20]에서 '기대 정점의 단계'에서 '환멸의 단계'로 급격히 하락하기 시작했고 결국 무너졌으며, 인터넷 사업을 하던 기업들은 비대칭 암호화가 꼬리에 독침이 있는 기적의 짐승이라는 것을 깨달았다. 그리고 그들이 깨닫지 못한 것은 꼭 필요한 경우가 아니라면 하이브리드 형태라 하더라도 비대칭 암호화를 사용해서는 안 된다는 것이었다.

중요한 문제는 다음과 같다. 디지털 자물쇠를 꼭 사용해야 하는 경우는 상대적으로 개방된 환경에서 넓은 시스템을(기본 네트워크와 사용자 포함) 완전히 제어할 수 없는 경우이다. 우리가 웹을 검색하거나 지구 반대편으로 이메일을 보내는 경우 등이 포함된다. 반면 시스템을 제어할 수 있는 폐쇄된 환경에 있다면 비대칭 암호화가 전혀 필요하지 않다.

암호화 기술을 사용하는 서비스 중 가장 좋아하는 것을 선택해보자. 은행, 휴대전화 회사, 스마트키를 사용하는 자동차 회사, 교통카드 발급하는 곳, 와이파이 네트워크 관리자. 이 모든 예에는 시스템 사용자, 사용하는 네트워크, 그리고 대칭 키를 배포하는 관리 프로세스를 제어하는 요소가 있다. 사용자를 제어하고 키를 배포하는 것이 쉽다면 비대칭 암호화가 전혀 필요하지 않다. 대칭 암호화만 사용하여 빠르고 즐겁게 암호화할 수 있다면 그렇게 해야 한다.

비대칭 암호화는 낯선 사람과 비밀을 공유하는 방법이라는 아주 구체적인 문제를 해결하는 도구라고 생각해야 한다. 불가능하리라 생각했던 이 해결책에는 당연히 단점이 존재하겠지만, 중요한 것은 우리가 필요하다면 언제라도 그것을 사용할 수 있다는 것이다.

장

# 디지털 카나리아

CRYPTOGRAPHY

DIGITAL CANARIES

기밀성 다음으로 알아볼 보안의 핵심 구성 요소 두 번째는 정보가 변경되지 않았다고 증명하는 *데이터 무결성*이다. 물리적 세계에서 평범한 하루를 살 때 봉투 봉인이나 지폐 홀로그램과 같은 몇 가지 무결정 메커니즘에 의존했다. 그러나 처방된 약이 진짜 약과 비슷하고 약사처럼 보이는 사람이 당신에게 처방했기 때문에 그것을 믿는 것과 같이 맥락에 의존하여 무결성을 판단하기도 했다. 사이버 공간에서 보안을 평가할 때 맥락은 그다지 신뢰할 수 없는 정보다. 사이버 공간에서 무결성을 보장하려면 몇 가지 도구가 필요하다.

## ⁝ 데이터의 비신뢰성 ⁝

데이터 보안의 의미를 생각할 때 사람들은 대개 기밀성을 떠올린다. 우리 모두에게는 비밀이 있기 때문에 기밀성을 제공하는 것은 일반적으로 암호학에서 가장 먼저 다루어야 할 요소 중 하나다. 하지만 꼭 그래야 할까?

당신의 은행 계좌를 떠올려보자. 거기에 아무리 많은, 혹은 적은 금액이 있어도 모든 사람이 당신의 잔액을 알기를 원하지는 않을 것이다. 잔액이 많으면 쓸데없는 사치품을 사라, 잔액이 적으면 대출을 하라고 권유하는 사람이 접근할까 봐 우려되기도 한다. 또 다른 사람들이 당신의 생활 방식을 마음대로 추측하는 것이 걱정될 수도 있다. 따라서 은행 잔고를 기밀로 유지하려는 것은 매우 합리적인 일이다.

그러나 잔액을 비밀로 유지하는 것과 잔액을 올바르게 유지하는 것 중 하나를 선택해야 한다면 무엇을 선택하겠는가? 당신이 그런 어리석은 선택에 직면해야 하는 상황이 오지 않기를 바라지만, 그래도 그런 상황이 온다면 어떻게 할 것인가? 실수로 잔액이 올라간다면야 좋겠지만, 잔액이 줄어들어도 괜찮은가?[1]

종이에 쓰인 단어와 달리 컴퓨터에 저장된 데이터는 손상되기 쉽다. 이런 일은 언제든지 발생할 수 있다. 데이터는 메모리에 쓰거나 읽어올 때 실수로 변경될 수 있다. 프로그램에서 데이터를 처리하면서 손상될 수도 있고, 네트워크, 특히 무선 네트워크를 통해 전송할 때 손상되기도 한다. 그저 가만히 앉아 세월이 흐르기만 기다렸는데도 보관 도중에 변하는 경우도 있다.

그러나 훨씬 더 걱정되는 것은 고의적인 조작이다. 데이터는 변경하기가 매우 쉽다. '데이터 파괴자'가 무단으로 접근해 단 몇 초 만에 회사의 연간 수익 자료를 파괴하거나 소설가가 작업한 내용의 결말을 바꾸어버릴 수도 있다. 은행 잔고에 0을 조심스럽게 추가하면 재정적 안정을 얻을 수 있고, 0을 하나

삭제해 파산시킬 수도 있다.

데이터 무결성은 데이터가 생성된 시점 이후로 데이터가 변경되지 않았다는 것을 보장한다. 결정적으로 데이터 무결성 메커니즘은 데이터 손상을 방지할 수 없다. 데이터 무결성 메커니즘이 할 수 있는 일은 데이터가 어떤 식으로든 변경되었을 가능성이 있는지를 나타내는 것이다.[2] 데이터 무결성 메커니즘은 빅토리아 시대 탄광에서 카나리아가 떨어지는 것처럼 경고 역할을 할 수 있다.[3]

## ː 무결성의 정도 ː

데이터 무결성의 개념은 미묘한 점이 있기 때문에 기밀성만큼 명확하지는 않다. 그래서 다양한 보안 메커니즘을 통해 데이터 무결성을 제공한다.

미묘한 한 가지는 무결성의 위협을 인지했는지 여부이다. 일부 보안 메커니즘은 데이터에 대한 우발적인 변경은 인식하지만 고의적 변경은 인식하지 못한다.

또 다른 점은 데이터 무결성에 데이터 원본, 즉 데이터를 처음 생성한 사람을 식별할 수 있는 정보가 포함되어야 하는지 여부이다. 우리는 일상에서 데이터를 사용할 때 이를 확신할

5장. 디지털 카나리아

수 있기를 바란다. 예를 들어, 송금할 때는 받는 사람이 본인이 송금했다는 것을 알기를 바란다. *아무나* 데이터를 생성하고 그 시점 이후 데이터가 변경되지 않았다고 보증하는 것이 아니라, *믿을 수 있는 출처에 의해 정식으로 생성된 이후* 데이터가 변경되지 않았다는 사실을 확신하는 것이 더 강력하다. 이러한 이유로 데이터 무결성에 대해 보다 강력한 개념을 우리는 *데이터 원본 인증*이라고 한다.

세 번째 미묘한 점은 데이터 무결성이 입증되어야 하는 데이터 요소에 관한 것이다. 한 사람이 다른 사람에게 파일을 보낼 때와 같이 받은 사람만 받은 데이터의 무결성을 확인할 수 있는 기능이 필요한 경우가 대부분이다. 그러나 디지털 계약의 경우에는 미래 분쟁을 해결하는 기준이 될 수도 있으므로 다른 사람에게도 데이터 무결성을 입증하는 것이 매우 중요하다.

이제 이렇게 다양한 수준의 데이터 무결성을 제공하는 데 적합한 데이터 무결성 메커니즘의 예를 살펴보자.

## ⁝ 가짜 뉴스 ⁝

데이터 무결성은 정보가 변경되지 않는다는 의미에서 진실성을 확인하는 것이지 정보 그 자체가 사실인지 여부와는 다르다.

차이점을 이해하기 위해 잘못된 정보를 사실인 것처럼 떠드는 가짜 뉴스의 개념을 생각해보자.[4] 기자가 가짜 뉴스를 조작하여 온라인 미디어라는 거친 야생에 퍼뜨리기는 쉽다. 물리적 맥락이 부족하면 사람들이 진실을 판단하기가 더 어렵기 때문에, 가짜 뉴스는 사이버 공간에 매우 적합하다.[5] 가짜 뉴스 기사는 사실이 아닐지도 모르지만 기자가 작성하는 가짜 뉴스를 독자가 수신하면 데이터 무결성은 유지된다. 데이터 무결성 메커니즘을 통해 독자는 이야기가 만들어진 이후 변경 사항이 있는지 여부를 감지한다. 이런 의미에서 가짜 뉴스는 비록 사실이 아닐지라도 쓰인 내용 그대로라고 보일 수 있다. 다시 말해 독자는 그 이야기가 가짜더라도 이야기가 작성된 날과 오늘의 진실성이 동일하다고 확신할 수 있다.

진실과 정확성 사이의 이러한 혼동은 무결성이라는 전통적인 개념에 여러 가지 의미가 있기 때문에 발생한다.[6] 그중 한 가지는 '정직함과 강력한 도덕적 원칙을 세우는 것'인데, 둘 다 가짜 뉴스의 세계에서는 다소 부족해 보인다. 정직과 도덕은 기계보다 인간이 가장 잘 평가하는 자질이다. 즉, 암호학의 데이터 무결성 메커니즘은 이를 판단하는 데 거의 도움이 되지 않는다. 하지만 무결성이라는 용어는 '온전하고 분할되지 않은 상태'를 의미하기도 한다. 이것이 내가 여기에서 말하고자 하

5장. 디지털 카나리아

는 데이터 무결성의 개념이다. 암호학은 데이터가 생성된 이후로 온전한 상태로 남아 있고, 분할되지 않았는지 여부를 감지하는 데 사용할 수 있다. 아이러니하게도 암호학이 가짜 뉴스를 보호할 수 있지만 방지하지는 못한다는 뜻이다.

## ⁑ 무결하냐, 무결하지 않냐, 그것이 문제로다 ⁑

데이터가 온전하고 분할되지 않았다는 특성을 확인하려면 먼저 데이터가 어떤 상태여야 하는지 '진실'의 출처가 필요하다. 데이터 무결성이 있는가? 우리는 어디에서 답을 찾아야 할까?

가장 확실한 방법은 무결성 기준점 역할을 할 만큼 충분히 믿을 수 있는 특정 출처를 정의하는 것이다. 친구가 어떤 것이 사실이라고 말할 때 당신이 친구를 신뢰한다면 친구가 당신에게 말하는 내용이 무결하다고 믿을 확률이 높다.[7] 또 다른 일반적인 접근 방식은 더 높은 권위자에게 맡기는 것이다. 예를 들어 단어의 철자를 잘 모르는 경우, 사전과 같이 권위 있는 출처를 참조할 수 있다.

신뢰라는 문제는 실제로 명확하게 떨어지지 않는 경우가 많다. 예를 들어, 웹사이트에서 소프트웨어를 다운로드할 때 *MD5 해시*라는 데이터가 웹사이트에 표시되는 경우가 많다.[8]

이 값을 사용하면 다운로드한 소프트웨어가 웹사이트에서 만들어 제공하는 소프트웨어가 맞는지 확인할 수 있다. 이 확인 과정은 웹사이트에 나쁜 의도가 없을 뿐 아니라 적절한 사이버 보안 프로세스를 구축하고 있으며 해킹을 당했을 가능성이 없다고 웹사이트를 '신뢰'하는 경우에만 발생한다. 웹사이트는 자체적으로 무결성을 제공하고 신뢰를 얻고자 한다. 믿거나, 믿지 않거나, 그것은 당신의 선택이다.

데이터 무결성을 지원하기 위한 대부분의 암호화 메커니즘은 신뢰의 출처를 바탕으로 한다. 이러한 출처는 일반적으로 키에 연결된다. 몇 가지 다른 암호학 데이터 무결성 도구에서 이것이 어떻게 작동하는지 간단히 설명할 예정이다. 그러나 데이터 무결성에는 또 다른 가능한 기준점이 있다. 특정 출처에 의존하기보다 모든 사람이 옳다고 말하면 우리는 그것을 옳다고 생각하기도 한다.

2016년, 비교적 낮은 순위였던 영국 축구팀 레스터 시티 Leicester City가 잉글랜드 프리미어 리그에서 우승하면서 전문가를 비롯해 많은 축구 팬들을 놀라게 했다. 그러나 레스터 시티가 트로피를 받는 그 장소에 직접 가지 않는다면 이런 일이 일어났다는 것을 어떻게 믿을 수 있을까? 신문에서 읽었기 때문에 그것이 사실이라고 믿는가? 텔레비전에서 보았기 때문인가? 아니면 당신이 신뢰하는 삼촌이 당신에게 말했기 때문인가? 프리미어 리그에 직접 연락을 해서 사실 확인을 서면으로 받아야 할까? 그렇지 않다. 많은 사람들이 여기저기에서 하는 이야기를 들었기 때문에 레스터 시티가 트로피를 차지했다는 것을 받아들인다. 이 정보의 무결성을 위해 특정 출처에 의존하는 것이 아니라 모든 출처가 동의한다는 사실에 의존하는 것이다. 레스터 시티는 전 세계가 동의했기 때문에 승리한 팀이었다.

오늘날 전 세계적인 출처를 참조하는 무결성 메커니즘에 대한 관심이 여러 가지 이유로 증가하고 있다. 여기에는 신뢰할 수 있는 하나의 은행 없이도 디지털 통화의 무결성을 가능하게 하는 비트코인과 같은 기술이 포함된다.

## ❖ 무결성 검사 ❖

정보의 정확성을 확인하는 한 가지 방법은 확실한 증거를 찾는 것이다. 법원 소송 중 정보의 무결성을 결정하는 것은 일반적으로 여러 출처에서 정보를 찾은 다음 이 정보의 어떤 측면이 합의되었는지 확인하는 것을 의미한다. 과학자는 과거 실험을 다시 실행하여 실험 결과의 무결성을 결정한다. 이상적으로는 다양한 출처에서 받은 증거를 평가하여 정보의 무결성을 확신한다.

그러나 우리는 증거를 찾는 여유를 부릴 수 없는 경우가 많다. 우리가 사용하는 웹 브라우저가 온라인 상점과 통신할 때 교환되는 데이터의 무결성에 관해 자문을 구할만한 출처가 없다. 데이터 무결성은 현재 통신 세션을 기반으로 즉시 결정되어야 하며, 지체 없이 효율적으로 해결되어야 한다.

물리적 세계에서는 우리가 이 문제에 어떻게 접근할지 한번 생각해보자. 무결성 확인이 필요한 중요 서류의 예로 지원자의 학업 내역을 증명하는 성적표가 있다. 극단적으로 고용주가 직접 지원자의 교사에게 전화를 걸어 성적 증명서의 유효성을 확인할 수도 있겠지만, 이는 무결성을 확인하기에는 비효율적인 방법이다.

더 일반적으로는 성적표에 공식 인장이나 도장이 찍혀 있다.[9] 인장의 진정한 목적은 이 종이에 있는 정보의 무결성을 이 인장의 주인이 보장한다는 점을 간접적으로 표시하는 것이다. 인장 자체는 작고 성적표보다 훨씬 적은 정보를 가지고 있지만 전체 문서의 무결성을 보증해준다. 고용주는 인장을 자세히 살펴보기만 하면 되며 인장에 문제가 없다면 서류의 나머지 부분에 있는 정보가 정확한 것이라고 가정할 수 있다.

작은 정보가 더 큰 정보의 무결성을 검증하는 수단으로 사용되는 다른 경우도 많다. 무결성을 보장하기 위해 가장 널리

5장. 디지털 카나리아

사용되는 수단은 아마도 손으로 쓴 서명일 것이다. 흥미롭게도 서명은 여러 보안 맥락에서 사용되지만 아마도 가장 일반적인 경우는 긴 문서의 정확성을 보증하기 위해 하는 서명일 것이다. 서류나 계약서에 서명을 한다면 그 안에 포함된 정보의 무결성에 만족한다는 점을 확인하는 것이다. 서명된 문서의 내용에 의존하는 사람은 서명이 유효한지 확인할 때 서명 당시 문서의 무결성에는 만족했다고 가정한다.

인장과 손으로 쓴 서명은 서면 문서의 무결성을 확인하는 간단한 수단이다. 그러나 그 효과는 문서 자체의 중요성에 따라 달라진다. 양심이 없는 지원자는 성적표의 성적을 수정하고서는 고용주가 그 사실을 알아차리지 않기를 바랄지도 모른다. 마찬가지로 사기꾼은 서류에 서명한 다음 내용을 수정할지도 모른다. 이러한 범죄에 대처하는 유일한 수단은 변호사 사무실에 계약서 사본을 보관하는 것과 같이 번거로운 법적 절차일 것이다.

인장이나 서명과 같은 간단한 무결성 보증 방법의 가장 큰 문제는 정적인 형식이라는 것이다. 이들은 사용할 때마다 변경되지 않는다. 성적표의 인장은 원본 성적표와 사기꾼이 수정한 성적표 모두에서 완전히 동일하다. 편지의 자필 서명은 이후 내용을 몇 번이나 수정하더라도 그대로 유지된다. 실제로 물리적 세계에서는 무결성을 어떻게 보장하는지 상상하기

크립토그래피

가 어렵다. 이것이 맥락이 물리적 세계에서 무결성을 제공하는 데 매우 중요한 이유 중 하나다.

디지털 세계는 훨씬 더 나은 형편이다. 디지털 세계의 정보는 숫자로 표현된다. 숫자를 결합하고 계산할 수 있기 때문에 물리적 세계에서는 생각할 수 없는 일이 디지털 세계에서는 가능하기도 하다. 우리는 간단하고 확인하기 쉬울 뿐 아니라 데이터 그 자체에 의존하는 데이터 무결성을 보장하는 수단을 만들 수도 있다. 즉, 성적표가 변경되면 더 이상 유효하지 않다는 디지털 인장을 생성하는 것이다. 우리가 사이버 공간에서 물리적, 맥락적 무결성을 상실할 때, 물리적 세계보다 더 정교한 데이터 무결성 메커니즘을 사용할 수 있다.

## ❖ 나쁜 사서 ❖

숫자로 구성된 정보를 위해 설계된 간단한 데이터 무결성 메커니즘을 살펴보자. 국제 표준 도서 번호ISBN는 출판된 책을 고유하게 식별하는 수단이다. 이 책에도 물론 인쇄되어 있다.[10] 예를 들어 2007년 출간된 이브 아담슨Eve Adamson의 필독 도서 《Dachshunds for Dummies(닥스훈트의 모든 것)》의 ISBN은 978-0-470-22968-2이다. ISBN은 이 책을 정확하게 식별한다. 다른

5장. 디지털 카나리아

사람이 동일한 제목의 책을 출간할 경우 다른 ISBN을 갖게 된다. 원하는 책에 정확하게 접근할 수 있게 도와주는 이점 때문에 ISBN은 도서관과 서점에서 특히 유용하다.

《Dachshunds for Dummies》라고 입으로 말하거나 키보드로 입력하는 것은 '978-0-470-22968-2'이라고 하는 것보다 훨씬 더 쉽다. 닥스훈트의 철자가 틀리더라도 컴퓨터 맞춤법 검사기가 대부분 자동으로 오류를 수정해준다. 하지만 978-0-470-22968-2라는 숫자 중 하나를 잘못 입력하면 상당히 곤란해진다. 이런 이유로 각 ISBN은 자체적으로 무결성 검증을 통해 오류를 감지할 수 있다. ISBN의 첫 번째 열두 자리 숫자는 고유한 시리얼 번호이며, 그다음 숫자는 앞의 열두 자리의 무결성을 검증하는 숫자이다. 이 *검사 숫자*는 숫자를 사용한 간단한 계산을 통해 얻을 수 있다. 1, 3, 5, 7, 9, 11번에 위치한 숫자 합계와 2, 4, 6, 8, 10, 12번에 위치한 숫자 합계의 3배를 더한다. 그렇게 얻은 숫자의 마지막 자리를 10에서 뺀다. 이 숫자가 ISBN의 13번째 숫자다. 예를 살펴보면, (9 + 8 + 4 + 0 + 2 + 6 = 29)이고 여기에 3 × (7 + 0 + 7 + 2 + 9 + 8 = 33)을 계산해 더하면 128이 되고, 마지막 자리는 8이므로 10에서 8을 빼면 2이다.

ISBN이 컴퓨터에 입력될 때마다 열세 번째 숫자는 자동으로 계산된다. 처음 열두 자리 숫자 중 하나라도 오류가 발생하면 계산 결과는 정상적인 ISBN 열세 자리 숫자가 아닐 확률이

크립토그래피

높다. 예를 들어 이 예에서 네 번째 숫자를 0이 아닌 1로 입력할 경우 978-1-470-22968-2가 되고, 검사 숫자를 계산해보면 9가 나온다. 열세 번째 숫자는 2이므로, 무언가 잘못되었다는 사실을 알 수 있다. 하지만 978-1-470-22968-9로 두 자리를 실수로 잘못 입력하는 경우 등 이 방법으로도 오타를 감지하지 못하는 상황도 있다. 그러나 대부분은 오류가 표시된다.

중요한 것은 ISBN은 고의적인 오류에 대처하도록 설계되지는 않았다는 사실이다. 나쁜 사서가 ISBN을 의도적으로 변경하는 경우에 이 메커니즘은 전혀 보호 기능을 제공하지 않는다. 예를 들어, 사서가 이 예에서 ISBN의 열두 번째 숫자를 8에서 7로 변경한다고 가정하자. 이 자리만 바꾼다면 978-0-470-22967-2는 잘못된 ISBN이라고 오류를 표시할 것이다. 그러나 누구나 열세 번째 숫자를 계산할 수 있으므로 나쁜 사서는 열두 자리 978-0-470-22967에 올바른 검사 숫자만 계산하면 된다. 29에 3 × 32를 더하면 125이고 마지막 자리는 5이므로 10 - 5 = 5가 검사 숫자가 된다. 오류 탐지를 피하기 위해서는 마지막 자리를 5로 변경하여 978-0-470-22967-5라는 유효한 ISBN으로 만들어야 한다. 이 책은《Chihuahuas for Dummies(치와와의 모든 것)》이라는 제목이 된다. 이러한 끔찍한 범죄는 감히 상상하지도 말자.

물론 알고 있듯이 도서관 사서는 이렇게 나쁜 사람은 아니다. 단 ISBN 무결성 검사 메커니즘은 매우 가볍고 우발적인 오류에만 대처하도록 설계되었다. 그런데도 우리 삶의 여러 분야에서 ISBN과 같은 숫자에 의존하고 있으므로, 이 숫자에 무결성 검사가 전혀 없는 것보다는 가벼운 검사라도 포함하는 편이 훨씬 낫다. 이와 유사한 계산을 사용한 무결성 검사는 신용 카드 번호나 사회 보장 번호 및 유럽의 열차 번호 시스템에 적용된다.[11]

## ⁝ 더 강력한 무결성 검사를 위해 ⁝

ISBN의 일부로 포함된 검사 숫자는 아주 기본적이다. 그러나 무결성 검사 숫자는 더 강력한 암호학 무결성 메커니즘의 중요한 기능 몇 가지와 공통점이 있으며 이를 짚고 넘어가려 한다.

가장 기본적으로 물리적인 서류의 인장과 달리 검사 숫자는 *데이터 자체*에서 계산되기 때문에 보호하려는 데이터를 압축한 대표 역할을 한다. 책 번호와 같이 특정한 데이터 항목의 경우, 올바른 검사 숫자는 하나만 있다. 이 경우 확인용으로 사용되는 숫자는 10개뿐이므로 같은 검사 숫자를 가지는 ISBN이 많을 수밖에 없다. 이 자체로 문제가 되는 것은 아니지만, 번호가 잘못되어도 검사 숫자가 우연의 일치로 올바르게 나올 가능성도 있기 때문에 잘못된 ISBN이 감지되지 않는 경우도 있다. 검사 숫자를 추가하면 정확도를 높일 수 있지만, 그만큼 ISBN이 더 길어져야 하므로 효율성이 저하된다. 마찬가지로, 암호학 무결성 메커니즘은 보안과 효율성 사이 줄다리기가 필요하다.

검사 숫자가 무조건 오류를 탐지하지는 못한다는 점을 다시 강조할 필요가 있다. 오히려 성공 확률을 가지고 오류를 감지한다. 현실적으로 데이터 계산만을 가지고 수행하는 메커니즘은 모두 그렇겠지만 오류가 발생하는 것을 방지하거나, 발생한 오류를 수정하지 못한다. 이러한 특성은 암호학 무결성 메커니즘에 쉽게 적용된다.

안타깝지만 검사 숫자는 더 강력한 암호학 무결성 메커니즘에서 기피하는 속성이 있다. ISBN 검사 숫자는 단순히 처음 열두 자리 숫자를 곱하고 더하여 계산되기 때문에 ISBN의 처음 열두 자리를 변경하면 검사 숫자가 어떻게 되는지 쉽게 예측할 수 있다. 즉, 예를 들어 ISBN의 한 자리를 변경하거나 두 개 ISBN을 함께 더하는 경우 검사 숫자가 어떻게 변경되는지 쉽게 알 수 있다. 또한 어떤 경우에 두 개의 ISBN의 검사 숫자가 동일한지도 쉽게 예측할 수 있다.

즉, 서점 직원과 도서관 사서는 검사 숫자의 예측 가능성을 신경 쓰지 않는다. 또한 아무도 두 개의 서로 다른 사회 보안

번호를 더하고 싶어 하지 않는다. 이러한 경우에는 검사 숫자가 제대로 작동한다.

## ⁑ 암호학계의 맥가이버 칼 ⁑

무결성 검사 숫자는 '자체 브랜드' 데이터 무결성 도구이다. 구현 복잡성과 계산 시간이라는 비용을 조금 더 지불할 의향이 있다면 *암호화 해시 함수*라는 무결성 메커니즘을 사용할 수 있다.[12]

해시 함수는 길이와 관계없이 데이터를 입력하면 그에 해당하는 짧은 무결성 검사 결과인 해시hash 혹은 다이제스트digest를 출력한다. 이 과정에는 키가 필요하지 않으며 이는 암호학 도구에서는 매우 드문 일이다. 검사 숫자와 마찬가지로 해시는 원본 데이터로 직접 계산하며 원본 데이터보다 훨씬 작다. 예를 들어 파일이 네트워크를 통해 전송되는 동안 변경되었는지 여부를 확인하기 위해 파일을 보낸 사람이 먼저 파일의 해시를 계산한다. 보내는 사람은 파일과 해당 해시를 모두 받는 사람에게 전송한다. 도착한 파일의 무결성을 확인하기 위해 받은 사람은 받은 파일의 해시를 계산하여 전송받은 해시와 비교한다. 해시가 일치하면 파일이 도중에 변경되지 않았다고 결론 내린다.

해시가 검사 숫자와 다른 점은 해시를 계산하는 데 사용되는 프로세스이다. 검사 숫자는 데이터를 사용해 아주 간단한 방법으로 계산되지만, 해시는 암호화 알고리즘으로 계산한다. 앞서 암호화 알고리즘을 블렌더와 비교했던 것을 기억하는가? 암호화 알고리즘은 재료를 모아 손실 없이 혼합한다는 점에서 이 비유는 암호화에 매우 적합하다. 즉, 암호문은 원본 텍스트를 무작위로 섞은 것이지만 원본 텍스트와 크기가 거의 동일하다. 해시 함수도 원본 데이터를 혼합하지만 데이터 자체보다 훨씬 작은 결과물을 만든다. 해시 함수는 과즙을 짜는 기계와 비슷하다. 재료의 과육을 제거하여 입력된 양보다 훨씬 작은 결과물을 만들어낸다.

검사 숫자와 비교해 해시의 주요 이점은 해시를 계산하는 데 사용하는 암호학 프로세스가 데이터와 해시 간 연결을 모호하게 한다는 것이다. 검사 숫자와 달리 해시는 원본 데이터가 변경되었을 때 해시가 예측할 수 없는 방향으로 변경된다. 예를 들어 파일에서 단 1비트의 정보만 변경하더라도, 해시 결과물은 원본 파일의 해시와 아무 관계가 없다. 또한 검사 숫자와 달리 두 개의 서로 다른 파일이 동일한 해시를 가질 확률은 매우 낮다. 해시 함수는 암호학자들이 발명한 가장 유용한 도구 중 하나로 평가된다.[13] 암호화와 달리 해시 함수는 그 자체

5장. 디지털 카나리아

만 가지고 많이 사용되지는 않는다. 그러나 더 복잡한 암호화 작업을 수행하기 위해 여러 가지 종류의 방법으로 사용된다. 이 때문에 해시 암호화는 암호화 도구를 모아놓은 '맥가이버 칼'과 비슷하다.

처음에는 서로 다른 데이터 요소를 한데 묶는 '접착제'와 같은 역할을 할 수 있다. 데이터의 해시는 기본적으로 예측 불가능하기 때문에, 해시 함수는 임의의 숫자를 만들어내는 데 사용되기도 한다. 해시 함수는 데이터를 압축하므로 디지털 서명과 같은 기타 암호학 메커니즘에서도 효율성을 높이기 위해 중요한 역할을 맡는다. 해시 함수는 비밀번호를 보호하는 데도 사용된다. 비트코인 암호 화폐 체계는 해시 함수 여러 개로 만들어졌고, 이는 곧 해시 함수가 다크 웹Dark Web의 경제를 이끌고 있는 셈이 되었다. 이 세 가지 해시 함수 사용 사례는 이후에 다시 다룰 예정이다.

## ⁘ 악의가 있을 때의 무결성 ⁘

안타깝게도 의도적으로 데이터를 변경하려는 공격자가 있는 상황에서는 해시 함수 그 자체가 무결성을 제공해주지는 않는다. 나쁜 사서가 ISBN 검사 숫자를 조작해서 얻는 것은 별로 없지만, 인터넷을 통해 전송되는 파일과 그 해시를 지켜보는 공격자는 그렇지 않다. 만약 공격자가 감지를 피하면서 파일을 변경하고 싶다면, 그저 파일을 변경한 다음 새로운 해시를 계산해내기만 하면 된다. 수정된 파일을 받은 사람도 해시는 올바르다고 확인할 것이다. 이와 같은 상황은 누구나 ISBN의 검사 숫자를 계산할 수 있듯이 누구나 데이터의 해시를 계산할 수 있기 때문에 발생한다.

이 문제에 대응하는 방법은 두 가지가 있다. 첫 번째는 공격자가 조작할 수 없는 방식으로 받는 사람에게 파일이 전달되었다는 것을 확인하는 것이다. 친구에게 파일을 보낸다고 생각해보자. 먼저, 파일을 이메일로 보낸다. 그러면 친구가 당신에게 전화를 걸어 파일의 해시가 무엇이냐고 묻는다. 해시는 짧은 데이터이기 때문에 전화로도 충분히 알려줄 수 있다. 그런 다음 친구는 이메일로 받은 파일의 해시와 당신이 전화로 알려준 해시를 비교하여 확인한다.

그러나 해시를 보호하고자 별도의 수단을 사용하는 것은 불가능하거나 불편한 상황이 많다. 이런 경우 해시 함수 아이디어는 모든 사람이 해시를 계산하지는 못하도록 수정될 필요가 있다. 다행히 이렇게 하는 명확한 방법이 있다. 해시 함수는 *키를 사용하지 않고* 데이터를 더 작은 해시로 압축하는 암호화 알고리즘이다. 따라서 모든 사람이 해시를 계산하지는 못하게

5장. 디지털 카나리아

하려면 해시를 계산하는 과정에 키를 포함하면 된다.

## ✷ 데이터의 기원 ✷

데이터 무결성을 업그레이드하는 다음 방법은 바로 *키 해시 함수*이다. 당신과 친구가 서로 비밀 암호 키에 동의한다고 가정해보자. 이 키를 파일에 추가한 다음 파일과 키가 결합된 파일의 해시를 계산한다. 이제 키를 제외한 파일과 이 해시를 친구에게 보내면 친구는 비밀 키를 받은 파일에 추가하고 해시를 다시 계산한다. 다시 계산한 해시가 전송된 해시와 일치하면 친구는 파일이 수정되지 않았다고 결론을 내린다.

이 과정은 의도적으로 파일을 변경하는 공격자로부터 파일을 보호할 수 있다. 공격자는 전송 중 파일을 가로채 원하는 대로 변경할 수 있지만, 수정된 파일에 유효한 새로운 해시를 계산하지는 못한다. 수정된 파일은 가지고 있지만 비밀 키를 모르기 때문에 수정된 파일에 키를 추가하여 해시를 계산할 수 없기 때문이다. 따라서 파일이 변경되었다는 것을 감지할 수 있다.

이는 아주 훌륭한 아이디어처럼 보인다. 하지만 여러 가지 기술적 이유 때문에 제대로 동작하지 않는데, 여기에서는 설명을 생략하겠다.[14] 실제로 데이터에 비밀 키를 추가하는 단순한 방법보다는 더 정교한 방식으로 비밀 키를 사용하는 특수한 해시 함수가 사용된다. 이러한 해시 함수는 일반적으로 메시지 인증 코드MAC, Message Authentication Codes라 불린다. 가장 널리 사용되는 MAC 알고리즘 중 하나는 HMAC[15]이며 해시 함수에서 바로 만들어진다. 그 외에도 블록 암호로 구축된 CMAC[16] 등 다양한 방식으로 구축된다.

실제로 MAC는 사이버 공간에서 일상적으로 사용하는 프로그램을 보호하는 데 사용하는 가장 중요한 암호화 메커니즘 중 하나이다. MAC는 키를 도입했을 때 의도적으로 데이터를 조작하려는 공격자로부터 보호할 수 있을 뿐 아니라 앞서 소개한 데이터 출처 인증이 가능하도록 무결성 보호 수준을 강화하기 때문에 매우 유용하다. 파일을 받는 사람이 파일의 MAC를 제대로 확인하면 키는 파일 자체의 출처에 대한 증거도 제공한다. 파일에서 MAC를 계산한 사람은 키를 알아야 하며 받는 사람은 보낸 사람이 이 키를 아는 유일한 사람이라는 것을 안다. 따라서 파일은 정해진 발신인에게서 온 것임을 확인할 수 있다.

당신은 MAC를 수도 없이 사용했지만 그 존재를 알지는 못했을 것이다. 은행 거래, 카드 결제, 와이파이 통신, 보안 웹 연결 및 기타 여러 프로그램에서 데이터 출처를 인증하고 데이터 무결성을 검증하는 데 사용했다. 실제로 대칭 암호화에서 MAC를 추가하지 않고 암호화를 수행하는 것은 드문 일이다. 기밀성을 제공하고 데이터의 출처를 인증하는 것은 함께 필요한 경우가 많기 때문에 한 번에 MAC를 암호화하고 계산하기 위해 블록 암호를 다루는 특수한 *인증 암호화*가 여럿 등장했다. 이러한 인증 암호화는 점점 더 대중화되고 있으며 가까운 미래에 표준이 될 가능성이 상당히 높다.[17]

## ✻ 네가 하면, 나도 한다 ✻

데이터 출처를 인증하는 형태로 강력한 데이터 무결성을 제공하는 MAC를 완벽한 도구라고 생각할지도 모른다. MAC는 우발적이든 고의적이든 데이터가 조금만 변해도 감지할 수 있고, 데이터 출처를 확인하는 데 사용될 수 있으며, 암호학이 중요한 많은 프로그램에 사용되고 있다. MAC의 문제는 무엇일까?

MAC는 파일을 받는 사람에게 파일이 수정되지 않았다는 것을 보장한다. 이는 실제로 우리가 사용하는 대부분 프로그램에는 충분하다. 그러나 이것이 우리가 필요한 가장 강력한 데이터 출처 인증을 제공하지는 않는다. 그 이유가 궁금하다면, 다음과 같이 자문해보자. 파일이 수정되지 않았으며 약속된 사람이 보낸 것인지 MAC로 *누구나* 확인할 수 있는가?

인터넷으로 전송되는 디지털 계약을 보호하기 위해 MAC 사용을 고려해볼 수 있다. MAC를 통해 받는 사람은 약속된 사람이 계약서를 보냈다고 확신한다. 그러나 받는 사람과 보낸 사람이 나중에 계약을 가지고 다투게 되면 어떻게 될까? 분쟁을 해결하기 위해 제삼자를 데려온다면, 계약서를 받은 사람은 계약서를 보낸 사람이 MAC를 보냈다는 사실이 계약에 동의했다는 증거가 된다고 말한다. 반면 보낸 사람은 그런 일은 없었고 받은 사람이 임의로 계약서와 MAC를 생성했다고 주장한다. 이 문제는 발신자와 수신자 모두의 대칭적인 기능 때문에 발생한다. 제삼자가 볼 때 MAC 키를 가진 사람이 그 파일을 생성했다는 사실은 확실하다. 하지만 MAC를 생성한 사람이 파일을 보낸 사람일까, 받은 사람일까? 둘 다 키를 가지고 있기 때문에 둘 다 만들어낼 수 있다.[18]

이 예를 통해 데이터 출처를 인증하는 데 대칭 암호화를 사용할 때 발생하는 문제점을 살펴보았다. 대칭 키는 발신자와 수신자 사이에 공유되기 때문에 한쪽이 할 수 있는 일이라면 다른 쪽도 더도 말고 덜도 말고 그만큼은 할 수 있다. 따라서 MAC를 사용하면 받는 사람 입장에서는 보내는 사람이 파일을 보냈다는 것을 확신할 수 있지만, 다른 사람은 그런 확신을

5장. 디지털 카나리아

할 수 없다.

따라서 MAC는 다른 사람에게 인증을 증명할 필요가 없을 때는 데이터 출처를 인증하기에 훌륭한 암호학 메커니즘이다. 제삼자에게도 데이터 출처를 인증해야 하는 더욱 강력한 기능이 필요한 경우에는 MAC의 키 배열에 약간의 비대칭성을 도입하여 한 사람만 MAC를 생성할 수 있도록 해야 한다. 다행히 우리는 이미 비대칭 키에 관한 모든 것을 알고 있다.

## ⁝ 디지털 항-자물쇠 ⁝

물리적 무결성 메커니즘 대부분은 검사 숫자, 해시 함수, MAC 등에서 제공하지 않는 한 가지 속성이 있다. 서류에 공식적인 인장을 찍어 봉인하거나 계약서에 서명을 한다고 해서 누군가 내용을 수정하는 것까지 막을 수는 없겠지만, 이러한 무결성 보장 메커니즘은 모두 문서를 만든 사람에 대한 부인할 수 없는 증거를 제공한다. 성적 증명서의 인장은 성적 증명서와 발급 기관의 신뢰할 수 있는 연결이다. 계약서에 손으로 쓴 서명은 기본적으로 '서명자가 여기에 있었음'을 의미한다. 그러나 해시를 계산할 수 있고 대칭 키를 가진 사람이라면 누구나 MAC를 계산할 수 있다.

무결성 검사를 유일한 출처와 연결하는 기능은 무결성 검사를 만든 사람은 이를 부인하지 못하도록 하기 때문에 *부인봉쇄*라고도 불린다. 부인봉쇄는 데이터 무결성의 상위 버전이며 공격자가 데이터를 조작할 수 있거나 데이터 출처를 제삼자에게 증명할 필요가 있는 곳이라면 어디에나 필요하다. 여기에는 강력한 암호학 도구가 필요하다.

부인봉쇄에는 누구나 이 서류의 작성자가 누구인지 검증할 수 있는 무결성 검사를 만들어내는 암호화 메커니즘이 필요하다. 잘 생각해보면, 이것은 자물쇠가 하는 일과 거의 반대된다. 자물쇠를 사용하면 아무나 잠글 수 있지만 열쇠를 가지고 있는 사람만 잠금을 해제할 수 있었다는 것을 기억하는가? 여기에서는 키를 가지고 있는 사람은 누구나 무결성을 확인할 수 있는 일종의 '항-자물쇠'가 필요하다.

디지털 자물쇠를 만드는 방법에 관한 지식을 사용하여 디지털 항-자물쇠를 만들 수 있을까? 물론 그렇다. 비대칭 암호화로 가능해진 디지털 자물쇠의 개념은 부인봉쇄를 제공하기 위한 암호학 메커니즘을 생성하는 데 적용할 수 있다. 이 메커니즘은 손으로 쓴 서명과 거의 같은 방식으로 데이터를 고유한 출처와 연결하므로 *디지털 서명*이라고 불린다.

# ⁑ 디지털 서명 ⁑

디지털 서명의 원리는 비대칭 암호화 체계를 역으로 활용하는 것이다. 역으로 활용한다는 말은 공개키와 개인키의 역할을 바꾸는 것을 의미한다. 비대칭 암호화에서는 보내는 사람이 받는 사람의 공개키를 사용하여 원본 데이터를 암호화하며, 받는 사람은 자신만 접근할 수 있는 개인키를 사용하여 암호문을 해독한다. 디지털 서명을 생성하기 위해서는 발신자가 개인키를 사용하여 데이터를 암호화하고 수신자는 발신자의 공개키를 사용하여 암호를 해독함으로써 데이터 무결성을 확인한다. 서명은 보낸 사람의 개인키에 의존하기 때문에 오직 보낸 사람만 이 디지털 서명을 만들 수 있다. 그리고 서명을 검증하는 데는 발신자의 공개키가 필요하기 때문에 누구나 비밀이 아닌 공개키를 가지고 이 디지털 서명에 접근할 수 있다. 개념은 이렇다.

그러나 실제로는 이렇게 간단하게 작동하지는 않는다. 일단 비대칭 암호화 알고리즘 대부분은 이런 방식으로 사용되기 위해 약간은 리모델링이 필요하다. 그러나 더 근본적으로 디지털 서명은 기밀성을 제공하는 수단이 아니라 무결성 검사다. 데이터는 비밀이 아니므로 디지털 서명을 확인해야 하는 사람이 데이터 자체도 받았을 것이다. 따라서 서류에 손으로 쓴 서명이 추가되는 것처럼 무결성 검사는 기본적인 데이터와 함께 해야 한다. 디지털 서명을 생성하기 위해 데이터를 단순히 '암호화'하면 서명은 데이터만큼 큰 '암호문'이 된다. 검사 숫자나 해시 함수, MAC의 간결함과 비교하면 디지털 서명은 다소 지저분하고 비효율적이다.[19]

서류 전체를 뒤덮을 정도로 크게 서명을 하지는 않듯이, 디지털 서명을 만들겠다고 전체 데이터를 '암호화'할 필요는 없다. 데이터의 모든 비트에 의해 만들어진 작고 간결한 표현에 서명하는 것만으로 충분하다. 지금까지 집중해서 따라왔다면 이를 위한 훌륭한 암호화 도구가 있다는 것을 떠올렸을 것이다. 디지털 서명은 보통 해시 함수를 사용하여 데이터의 해시를 생성하는 것으로 시작한다. 그런 다음 보낸 사람의 개인키를 사용하여 해시에 서명이 이루어진다. 그러면 누구나 일단 데이터의 해시를 계산한 다음 디지털 서명의 '복호화', 여기에서는 검증이라고 부르는 것이 동일한 해시를 생성하는지 여부를 확인하여 이 서명의 진위를 확인한다. 만약 동일하다면, 누구든 이 디지털 서명을 검증하는 사람은 몇 가지 사실을 알게 된다. 하나씩 살펴보자.

일단 검증하는 사람은 데이터 무결성을 확인할 수 있다. 공격자가 전송 중 파일을 수정한 경우에는 수정된 파일의 해시가 달라진다. 공격자는 이 수정된 해시를 계산할 수 있지만 원래 발신자의 개인키에 접근할 수 없기 때문에 수정된 해시에 새로운 디지털 서명을 생성할 수 없다.

두 번째로, 데이터 출처를 인증할 수 있다. 디지털 서명이 보낸 사람의 공개키를 사용해 올바른 해시를 얻어 '복호화'될 수 있는 유일한 상황은 보낸 사람의 개인키가 디지털 서명을 만드는 데 사용되었을 때뿐이다. 따라서 검증하는 사람은 데이터가 발신자로부터 시작되었음을 알 수 있다.

세 번째로 우리에게는 부인봉쇄가 있다. 발신자의 공개키만 알고 있으면 누구나 이 디지털 서명을 확인할 수 있다. 보낸 사람만이 서명을 확인하는 데 사용된 공개키와 연결된 개인키를 알고 있기 때문에 서명 사실을 부인할 수 없다.

게임은 끝났다.

디지털 서명은 데이터 무결성 메커니즘의 우승자다. 제공하는 데이터 무결성이 너무 강력하기 때문에 이길 수가 없다. 그러나 비용을 지불하지 않고는 최고가 될 수 없다. 디지털 서명이 비대칭 암호화와 동일한 비용이 발생한다는 것은 이미 눈치 챘을 것이다. 일단 우리는 여기에서 확인용 키로 사용되는 공개키의 유효성을 결정하는 문제가 있다. 그리고 디지털 서명은 비대칭 암호화와 비슷한 계산 시간이 필요하기 때문에 다른 데이터 무결성 메커니즘보다 속도가 더 느리다.

비대칭 암호화와 마찬가지로 디지털 서명이 제공하는 강력한 무결성이 꼭 필요하지 않은 경우라면 디지털 서명을 사용하지 않는 것이 현명할 것이다. 앞서 언급했듯이 MAC는 우리가 일상적으로 사용하는 암호화 수준으로 충분하다. 비대칭 암호화가 기밀성을 위한 것이라면 디지털 서명은 무결성을 위한 것이다. 비대칭 암호화가 필요한 개방형 환경에서는 디지털 서명도 필요한 경우가 많다. 예를 들어, 보안 이메일 시스템 대부분은 사용자에게 하이브리드 암호화를 사용한 이메일 암호화 및 디지털 서명 기능을 제공한다. 반면 와이파이는 간단한 키를 공유하는 폐쇄형 환경이기 때문에 대칭 암호화와 MAC을 사용한다.

그러나 아이러니하게도 디지털 서명의 가장 중요한 용도 중 하나는 처음부터 디지털 서명을 사용함으로써 발생하는 주요 문제를 해결하는 것이다. 디지털 서명은 비대칭 암호화나 디지털 서명을 지원하는 공개키인지 여부와 상관없이 공개키를 검증하는 가장 일반적인 방법의 주요 구성요소가 된다. 이와 관련한 내용은 추후에 더 자세히 설명할 예정이다.

## ⁖ 디지털 서명은 서명이 아니다 ⁖

디지털 서명이라는 용어는 손으로 쓰는 미래형 사이버 디지털 데이터처럼 느껴진다. 따라서 디지털 서명이 그저 사이버 공간에서 손으로 쓴 서명과 동일하다고 이야기하고 싶을 것이다. 그러나 이러한 비유는 위험하다. 실제로 이와 유사한 기능을 하지만 디지털 서명은 매우 다른 종류이다. 아마 *부인봉쇄 메커니즘*이라고 설명하는 것이 가장 적절하겠지만, 정확히 같다고는 할 수 없다.

디지털 서명은 손으로 쓴 서명보다 다양한 측면에서 더 우수하다. 디지털 서명의 가장 큰 장점은 원본 데이터를 가지고 직접 계산한다는 점이다. 데이터가 조금이라도 변경되면 디지털 서명도 변경된다. 따라서 문서는 버전마다 다른 디지털 서명이 생긴다. 물론 당신도 배달원에게 하는 '나는 바쁘고 당신이 굳이 이 서명을 알아볼 필요는 없다'는 식의 서명이나, 여권 신청서에 쓰는 '나는 필요할 때 이렇게 글씨를 예쁘게 쓴다'는 식의 서명을 가지고 있겠지만, 일반적으로 손으로 쓴 서명은 거의 비슷하면서도 조금씩 다른 모양새다.

디지털 서명의 또 다른 장점은 정밀하게 복제할 수 있다는 것이다. 동일한 서명키를 사용하여 동일한 데이터에 두 번 서명을 하면 동일한 디지털 서명이 생성된다. 이 기능은 법정 소송에서도 강력한 증거로 채택된다. 손으로 쓴 서명은 그렇게까지 정확하지 않을 수 있고 때로는 두 개의 서명이 동일한지 확인하는 데 전문가가 필요하다.

크립토그래피

그러나 디지털 서명에도 몇 가지 단점이 있다. 가장 중요한 것은 디지털 서명이 키 관리 방식이 우수하고 안정적인 기술을 보유한 암호학 인프라에 의존한다는 것이다. 잠재적으로 많은 비용이 드는 인프라에 약점이 있는 경우 디지털 서명은 비효율적일 수밖에 없다. 예를 들어, 누군가 다른 사람의 서명 키를 훔쳐 서명 주인이 보낸 것처럼 보이는 디지털 서명을 만들 수도 있다. 손으로 쓴 서명에는 그러한 인프라가 필요하지 않으며 휴대가 가능하다.[20]

## ⁑ 군중의 지혜 ⁑

데이터 무결성을 결정하기 위해 우리가 누구, 혹은 무엇에 의존하는지 다시 생각해보아야 한다. 이 데이터가 옳은가, 옳지 않은가? 이를 결정하는 데 무엇이 도움이 되는가? 일단 다운로드한 파일의 MD5 해시를 웹사이트에 표시된 것과 대조하여 확인할 수 있다. 이 검증 방식은 우리가 웹사이트를 신뢰하는 한 제대로 작동한다. 그리고 받은 파일을 개인적으로 다시 계산하여 MAC를 검증할 수도 있다. 이 검증 방식은 발신자가 MAC 계산에 사용된 키 사본을 가진 유일한 사람이라고 신뢰하는 한 제대로 작동한다. 또한 서명에 적절한 확인용 공개키를 적용하여 이메일 메시지의 디지털 서명을 검증할 수도 있다. 이 검증 방식은 확인용 공개키가 이메일 발신자가 가진 키라고 확신할 때 의미가 있다.

이러한 모든 예는 매우 특정한 신뢰 아래에서 작동한다. MD5 해시가 효율적이 되려면 웹사이트 구현 및 관리에 신뢰가 필요하다. MAC는 MAC 키의 배포와 기밀성에 대한 신뢰를 바탕으로 한다. 디지털 서명은 개인 서명키의 배포 및 기밀성에 대한 신뢰, 그리고 검증용 공개키에 대한 신뢰를 바탕으로 한다. 여기에서 신뢰가 부족할 때 우리는 어떻게 해야 하는가?

앞서 레스터 시티가 우승한 해에서 소개했던 한 가지 선택지는 모든 사람이 옳다고 말할 때 그 정보의 무결성을 신뢰하는 것이다. 그러나 우리는 이러한 주장을 주의해야 한다. 왜냐하면 '모든 사람'이 결국 누구인지에 따라 다르기 때문이다.

예를 들어, 북한의 주민은 매우 엄격하게 정보를 통제받는다. 외부 세계와 소통할 수단이 거의 없으며 언론 통제, 감시, 여행 제한 등으로 인해 서로 자유롭게 정보를 교환할 수 있는 환경이 아니다. 북한 주민들은 또한 정부의 일일 라디오 방송을 청취해야 한다. 이렇게 함으로써 북한 주민들은 우리 대부분이 믿지 않는 많은 것을 믿고 있다. 모든 사람이 동의하는 정보는 정치적 지도자가 엄격하게 관리한 정보 통제 작업의 일환이기 때문이다.[21]

북한의 국영 방송이 항상 정확한 정보를 전달하지는 않을 것이며, 정부가 국경 내 정보를 통제하기 때문에 북한 주민들이 받는 정치적 메시지는 의도한 정보에서 변하지 않았다는 점에서 무결성이 있다고 말할 수 있다. 모든 사람이 같은 정보를 받고 대부분이 이를 믿는다는 사실은 무결성을 강화하는 데 도움이 된다. 그러나 앞서 가짜 뉴스를 다룰 때도 언급했지만, *진실*은 완전히 다른 문제다.

북한보다 민주적이라고 해서 정확성 평가에 항상 더 적합한 것은 아니다. 전통적인 미디어를 포함해 소셜 네트워크, 검색 엔진은 모두 *필터 버블*filter bubble*을 생성하며 여러 출처에서 동일한 메시지를 경험함으로써 사용자의 믿음에 영향을 미친다.[22] '모든 사람'이 그것이 옳다고 말하는 것처럼 보이기 때문에 사용자는 그 정보의 무결성을 신뢰하게 된다. 그러나 이러한 예에서 '모든 사람'은 사용자가 이해할 수 없는 방식으로 제한되는 경우가 많다. 특정 신문의 독자는 정치적 신념을 공유하고, 소셜 네트워크는 우리 대부분이 자신의 관심사를 공유하는 친구를 선택하기 때문에 스스로 선택한 정보를 접하는 셈이며, 검색 엔진은 사용자의 검색 기록이나 웹 페이지 방문 등 이전 행동에 크게 영향을 받는 알고리즘으로 구동된다. 이

---

* 인터넷이 자신의 관심사에 맞는 정보만 제공하여 사용자가 자신만의 거품에 가둬지는 현상을 일컫는 말이다.-옮긴이

러한 경우 '모든 사람'이라고 생각했던 집단이 사실은 얼마 되지 않으며 전체 인구를 대표할 수 없을 가능성이 크다.

웹 백과사전 위키피디아Wikipedia는 또 다른 흥미로운 예가 된다. 위키피디아에서 봤으니 맞는 말이지 않을까? 어떤 사람들은 위키피디아를 신뢰한다는 그 생각을 비웃고, 다른 사람들은 위키피디아를 신뢰할 수 있는 정보의 출처로 간주한다. 중요한 사실은 거의 모든 사람이 위키피디아 페이지를 만들고 편집할 수 있다는 것이다. 위키피디아에 나타나는 정보는 사용자가 항목을 읽고, 경쟁하고, 수정하는 과정을 통해 시간이 지나면서 점점 발전한다. 따라서 위키피디아 페이지는 결국 '모든 사람'이 말하는 것에 대한 합의점이라고 말할 수 있다. 그러나 위키피디아 페이지 중 몇몇은 많은 사람들이 달려들어 열심히 조사하는 한편 일부 페이지는 거의 아무도 방문하지 않는다. 따라서 각 페이지마다 '모든 사람'이라는 개념은 서로 다르다. 결과적으로 위키피디아의 정보 품질은 매우 다양하다.[23]

앞서 보았듯이 대중이 인식하는 지혜에는 위험이 따른다. 정보의 정확성은 어떤 군중이 사용하느냐에 따라 크게 달라진다. 그럼에도 특히 무결성의 바탕이 되는 신뢰의 중심점이 없는 경우에는 더 넓은 범위를 참조한다는 아이디어 자체는 설득력이 있다. 파리가 프랑스의 수도라는 사실을 의심하는 사람이 있는가?

그렇다고 우리가 '모든 사람'에게 항상 의존할 수는 없다. 또한 우리는 위키피디아 페이지와 같은 방식으로 몇 달, 몇 년에 걸쳐 무결성이 성장하기만을 기다릴 수도 없다. 그렇다면 얼마나 많은 비트코인을 소유하고 있는지와 같이 매일 변화하는 정보의 무결성을 지원하기 위해 이 아이디어를 어떻게 사용해야 할까? 보편적으로 의지할 수 있는 지혜를 가진 군중을 어떻게 찾을 수 있을까?

## ❖ 당신은 당신의 은행이다 ❖

당신의 은행 계좌에는 돈이 얼마나 있는가? 대답하지 않아도 된다. 그러나 이 숫자가 양수이든 음수이든 무결성을 어떻게 지킬지 고민해보자. 정확한 은행 잔고를 어떻게 알 수 있을까? 좋든 싫든 결국 은행을 신뢰해야 한다는 것이 정답이 될 것이다. 은행은 당신의 잔액에 대한 신뢰할 수 있는 출처다. 가끔 이의를 제기할 일도 생길지 모르지만, 사실 은행을 신뢰하지 못한다면 돈을 다른 곳으로 옮겨야 한다.[24]

그러나 어떤 정보는 신뢰할 수 있는 하나의 기관이 없는 경우도 있다. 또는 그렇게 중앙화된 신뢰 지점이 존재하는 것을 애초에 원하지 않을 수도 있다. 비트코인 디지털 화폐가 그 예다.[25] 비트코인의 주요 목적은 현금의 자유화를 표방하는 것이다. 여기에는 은행과의 관계가 필요 없고 거래 익명성 등이 포함된다. 디지털 현금도 단일화된 은행에서 관리할 수 있지만 모든 사용자가 이 은행을 신뢰해야 한다.[26] 비트코인이 사용하는 대안은 실제로 은행을 보유하지 않고도 은행의 역할을 흉내 내는 것이다.

은행은 무슨 일을 하는가? 통화 관리 측면에서 은행의 가장 중요한 역할은 당신의 계좌로 들어오고 나가는 거래에 신뢰할 수 있는 증인 역할을 하는 것이다. 그렇게 함으로써 은행은 당신의 계좌 잔고의 무결성을 확신할 수 있게 해준다. 신뢰할 수 있는 은행이 되기가 결코 쉬운 일은 아니다. 은행은 돈을 맡길 만한 신뢰를 구축하기 위해 열심히 노력해야 한다. 이를 위해 은행은 브랜드 관리, 금융 규정 준수, 재무 감사, 인력 관리, 암호학 마니아라 해도 과언이 아닐 정도로 수많은 물리적 및 사이버 보안 메커니즘 사용 등을 포함하여 여러 작업을 수행해야 한다.[27] 이 모든 노력이 결국 은행이 관리하는 금융 정보를 보호한다. 이 정보는 은행이 담당하는 모든 고객의 재무 데이터를 중앙 시스템에 기록한 것이라고 생각할 수 있다.

거래를 지켜보는 은행이 없다면 누가 할 수 있을까? 정답은 '모든 사람'이다. *분산원장*이라는 아이디어는 모든 금융 거래

크립토그래피

에서 공식처럼 사용된 중앙 집중식 버전에 대한 필요성을 없애고 모든 사람이 사본을 보관할 수 있는 완전히 공개된 시스템으로 대체하는 것이다. 다시 말해, 당신을 포함해 돈을 가진 다른 사람들이 곧 은행이기 때문에 은행이 필요하지 않다.

얼핏 보기에 이것은 상당히 놀라운 아이디어처럼 보인다. 모든 비트코인 사용자는 비트코인 재정의 실제 상태를 나타내는 모든 거래 내역의 고유 버전을 유지 관리한다. 분산원장을 제안하기는 쉽지만, 실질적인 문제도 분명 존재한다. 이 개념은 모든 사람이 거래 내용에 동의하는 경우에만 가능하기 때문이다.

모든 비트코인 사용자가 매일 밤 자리에 앉아 큰 잔에 와인을 가득 따라놓고 그날의 비트코인 영수증을 살펴보며 어떤 비트코인이 어디로 갔는지 확인하기 위해 각 거래의 유효성을 확인하는 것은 당연히 불가능하다. 다행히 컴퓨터는 이러한 작업을 더 잘 수행할 수 있다. 그러나 합의되고 배포된 비트코인 장부의 버전을 개발하고 관리하는 것은 여전히 어려운 일이다. 비트코인이 배포하는 독창적인 솔루션은 전적으로 암호학을 바탕으로 구축되었다 해도 과언이 아니다.

# ⁝ 비트코인 블록체인 ⁝

비트코인은 *블록체인*이라는 아이디어를 사용하여 분산원장을 구현한다. 분산원장과 블록체인을 동의어라고 생각하는 사람도 많지만 단순히 비트코인의 유명세 때문이며 블록체인을 사용하여 분산원장을 만들 수 있지만 분산원장을 반드시 블록체인을 기반으로 만들 필요는 없다.

비트코인 사용자는 비트코인 네트워크를 형성한다. 그리고 원하는 만큼 비트코인 '계좌'를 관리한다. 각 계좌는 디지털 서명을 확인하는 데 사용할 수 있는 암호학 공개키인 비트코인 주소로 식별한다. 중요한 것은 비트코인 주소가 소유자에게는 고유하지만 소유자를 명시적으로 식별하지는 못한다는 것이다. 이는 비트코인의 익명성을 제공한다. 비트코인 거래는 지불하는 사람의 비트코인 주소에서 받는 사람의 비트코인 주소로 일정량의 비트코인을 전송해야 한다는 내용에 지불하는 사람의 개인 서명키로 디지털 서명을 함으로써 이루어진다.

비트코인 거래가 이루어질 때마다 비트코인 네트워크의 다른 모든 사람들도 세부 정보를 볼 수 있다. 따라서 비트코인은 비트코인 네트워크 주위를 날아다니는 개별 거래 명세서의 묶음이라고 생각할 수 있다. 새로운 거래가 몇 초에 한 번씩 계속해서 이루어지기 때문에 모든 사용자가 무슨 일이 일어나고 있는지 동의할 수 있도록 조직화된 방식으로 이 모든 정보를 관리해야 한다.

블록은 비트코인 거래의 집합이며, 대략 10분 동안의 비트코인 결제에 해당한다. 새로운 블록이 만들어지고 승인될 때마다 이전 블록에 '접착'되면서 계속 성장하는 블록체인을 형성한다. 서로 연결되어 있는 이 블록 모음은 모두가 동의해야 하는 비트코인 원장이 된다. 각 블록은 데이터로 구성되어 있으므로 블록을 결합하려면 디지털 접착제가 필요하다. 디지털 접착제? 지금까지 잘 따라왔다면, 데이터를 함께 묶는 것은 암호학에서 위대한 맥가이버 칼인 해시 함수의 중요한 용도 중 하나라는 사실을 기억할 수 있을 것이다.

비트코인 네트워크의 모든 사용자가 지속적으로 새로운 블록을 형성하고 블록체인에 동시에 접착하려 하면 무정부 상태나 마찬가지가 될 것이다. 합의된 단일 버전의 블록체인은 어떻게 만들어질 수 있을까? 이 문제에 대한 해결책은 새로운 블록을 형성하는 것을 불가능하지는 않지만 다소 어려운 수준으로 만드는 것이다. 이렇게 하면 약 10분에 새로운 블록 하나가 형성될 정도로 느려진다.[28] 이 속도는 거래가 진행된 후 비트코인 원장에 충분히 빨리 들어갈 수 있는 속도이다. 그러나 새 블록이 비트코인 네트워크를 통해 전파되고 다음 블록이 생성되기 전에 대다수의 비트코인 사용자가 승인할 시간이 있을 만큼 충분히 느리기도 하다.

비트코인의 핵심인 새로운 블록을 생성하는 과정을 채굴이라고 한다. 이 용어에는 새로운 블록을 형성하는 데 상당한 노력이 필요하다는 사실이 녹아 있다. 채굴 작업은 현재 블록체인의 블록에 아직 포함되지 않은 일부 유동 비트코인 거래를 수집하고 올바른 형식인지 확인한 다음 암호학을 사용해 함께 묶는 것이다. 이 과정의 일부로 채굴자는 새 블록의 시작 부분에 *헤더*라고 하는 데이터를 첨부해야 한다. 이 헤더에는 채굴자가 현재 블록체인 네트워크의 마지막인, 즉 이 새로운 블록이 붙어야 한다고 생각하는 블록과 새 블록의 모든 거래에 대한 암호학적 '요약'이 포함된다. 그러나 헤더에는 다른 정보도 포함되며, 이것이 새로운 블록을 채굴하기 어렵게 만든다.

해시 함수는 입력된 데이터를 더 작은 숫자인 해시로 압축하는 암호학적 '착즙기'라는 사실을 떠올려보자. 일부 데이터의 해시를 계산한 다음 데이터를 조금이라도 변경하면 수정된 데이터의 해시는 원본 데이터의 해시와 아무 관련이 없게 된다. 즉, 일부 데이터의 해시는 무작위로 생성된 것처럼 보인다. 따라서 특정 해시 값을 가진 데이터를 찾으려면 계속해서 다른 데이터의 해시를 계산해야 하며 운이 따라줄 때까지 이 작업은 계속된다.

이것이 바로 비트코인 채굴자에게 주어지는 과제다. 채굴자는 특정 속성을 갖는 전체 블록 헤더의 해시를 만들어내는 블록 헤더에 무작위로 생성된 숫자를 포함한다. 채굴자가 블록을 형성하기에 충분한 수의 거래 내역을 수집하자마자, 그들은 그중 하나가 올바른 해시를 갖는 새 블록의 헤더를 생성할 것이라는 희망으로 다른 임의의 숫자로 시도한다. 이것은 비트코인 네트워크 전체에서 채굴 경쟁자들도 새로운 블록을 만들기를 시도하기 때문에 다소 정신없이 이루어진다. 가장 먼저 블록을 만드는 사람이 '승자'다. 그렇다면 포상은 무엇일까?

그저 재미를 위해 새 블록을 채굴하겠다고 그 많은 자원을 낭비하는 사람은 제정신이 아닐 것이다. 채굴은 단순히 한두 개의 난수를 시도하는 것이 아니라 수백 수천만 개를 시도해야 한다. 실제로 비트코인을 채굴하기 위해서는 상당한 컴퓨터 성능이 필요하다.[29] 따라서 새 블록을 성공적으로 만들어낸 채굴자는 금전적 보상을 받는다. 물론 비트코인으로.

새로운 블록이 만들어지면 비트코인 네트워크의 모든 사용자에게 알림이 전송되고 각 사용자는 현재 자신이 옳다고 믿는 블록체인 버전에 그 블록을 추가한다. 각 사용자는 이 새 블록의 유효성을 확인할 수 있으며 자신의 블록체인 버전이 다른 모든 사람의 버전과 동일하다는 것을 제법 확신할 수 있다. 그러나 네트워크 내 다른 사용자가 거의 동시에 두 개의 다른 블록을 찾을 가능성도 있기 때문에 완전히 확신하기는 어렵

5장. 디지털 카나리아

다. 이 경우 블록체인의 두 가지 다른 버전이 만들어지고 각각 다른 블록에 의해 확장되기 시작한다.[30]

이 문제를 피할 수는 없지만 해결할 수는 있다. 다음 블록이 발견되는 즉시 이 두 가지 버전의 블록체인 중 하나가 더 확장된다. 비트코인 사용자가 두 가지 가능한 다른 버전의 블록체인을 만날 때마다 만약 하나가 다른 버전보다 길다면 사용자는 더 짧은 버전을 무시한다. 실제로 모든 비트코인 사용자는 수행된 지 30분 이내에 대부분의 트랜잭션이 보편적인 블록체인 버전에 포함된다는 것을 거의 확신할 수 있다. 블록체인의 가장 끝부분만 조금씩 다를 수 있지만 그 차이도 곧 정리될 것이다.

## ∴ 이 블록체인, 저 블록체인 ∴

비트코인은 매우 훌륭한 암호학 구조이다. 계좌는 암호학 키와 연결되고, 거래는 디지털 서명된 문서이며, 새로운 블록을 형성하려면 암호학 과제를 해결해야 하고, 비트코인 블록체인은 해시 함수로 암호화되어 결합된다. 이것이 바로 현재 유통되는 수백 가지 유사한 디지털 현금 기술과 함께 비트코인이 암호 *화폐*라고 불리는 이유이다.[31] 그러나 우리가 왜 비트코인

크립토그래피

이야기를 하는지 기억해야 한다. 비트코인 블록체인은 무엇보다 비트코인 거래의 무결성, 즉 데이터 무결성을 제공하기 위한 보안 메커니즘이기 때문이다.

비트코인 블록체인에 결함이 없는 것은 아니다. 우선은 새로운 비트코인 블록을 만드는 데 필요한 컴퓨팅 작업 시간과 에너지의 양은 비트코인이 정말 지속 가능한 통화인지에 대한 심각한 의문을 제기했다. 비트코인 블록을 채굴하는 비용이 새로 생성된 통화의 가치를 초과하는 일도 많다. 그러나 앞서 언급했듯이 비트코인의 방식으로 블록체인을 사용하는 것이 분산원장을 구축하는 유일한 방법은 아니다.

분산원장은 디지털 현금보다 훨씬 더 광범위한 프로그램을 가지고 있다. 이론상으로는 기밀이 아니지만 강력한 무결성이 필요한 데이터를 보호하는 데 사용된다. 분산원장에서 보호되는 데이터는 비트코인 거래 외에도 법적 계약, 공급망 세부 정보, 정부 서류 등 모든 형식의 공식적인 기록이 될 수 있다.

앞서 보았듯 분산원장은 중앙 집중식 신뢰 지점 없이도 데이터 무결성을 제공한다는 뚜렷한 이점이 있다. 그러나 우리는 모든 정보를 블록체인이나 다른 형태의 분산원장에 저장하는 것에는 신중해야 한다. 블록체인이나 분산원장의 구조는 중앙 집중식으로 보호되는 데이터베이스에서 관리하는 데이터에 의해 무결성이 제공되는 기존 구조와 매우 다르다. 분산원장은 오늘날 대부분의 데이터가 보호되는 방식에 중요한 변화를 일으켰다. 분산원장은 매력적인 아이디어이지만 데이터 무결성 메커니즘으로서 비트코인 이상의 궁극적인 효과는 아직 밝혀지지 않았다.

## ⁘ 무결성의 무결성 ⁘

무결성이 일상생활에 얼마나 중요한 역할을 하는지 우리는 종종 잊어버리곤 한다. 물리적 세계에서 무결성은 암시적으로 제공된다. 그러나 상대적으로 데이터를 조작하기 쉬운 사이버 공간에서는 데이터 무결성을 명시적으로 제공하는 것이 중요하다.

데이터 무결성 메커니즘은 데이터가 변경되는 것을 막을 수는 없지만, 수정이 발생할 때 알려줄 수는 있다. 어떤 데이터 무결성 메커니즘을 선택하느냐는 현실적으로 무엇이 잘못될 수 있는지에 따라 달라진다. 공공 도서관의 도서 목록과 같은 친숙한 환경에는 가벼운 데이터 무결성 메커니즘만 있으면 된다. 그러나 인터넷과 같이 서로 물고 뜯는 전쟁 지역에는 MAC나 디지털 서명과 같이 강력한 데이터 무결성 메커니즘이 필요하다. 데이터 무결성을 제공하는 데 필요한 신뢰를 구축할 수 있는 공간이 없는 경우에는 분산원장을 고려해보아야 한다.

데이터 무결성 메커니즘은 잘 작동한다. 그렇기 때문에 데이터 무결성 메커니즘이 적절하게 사용되는 한 범죄자들은 은행 송금을 할 때 은행 송금 금액을 조작하거나, 웹 메일 서비스 제공 업체에서 이메일을 다운로드할 때 이메일 문구를 변경하거나, 비트코인의 이전 블록 거래를 삭제하지 못한다. 들키지 않고는 이런 일을 할 수 *없기* 때문에 이런 일을 *하지 않는* 것이다.

그러나 데이터 무결성 메커니즘은 MAC 키 사용자나 서명 키 소유자, 혹은 비트코인 주소 개인키 소유자 등에 의해 데이터가 생성된 시점 이후로 변경되지 않았다는 것만을 알려줄 수 있다.

훌륭한 사이버 범죄자는 무결성이 보장되는 데이터를 조작하는 데 시간을 낭비하지 않는다. 훨씬 더 나은 전략은 그들이 아닌 다른 사람처럼 보이는 것이다. 사이버 공간에서 대화하고 있는 사람이 신원을 속인 것을 알게 되었다면, 그 이후에 그들이 보내는 모든 데이터 무결성은 아무 가치가 없다. 동전을 던져 앞면이 나올지 뒷면이 나올지 보려 하는데 비트코인을 가져오는 격이다.

5장. 디지털 카나리아

장

# 거기 누구세요?

CRYPTOGRAPHY

WHO'S OUT THERE?

비밀을 지키고, 데이터 변경을 감지하는 것도 중요하다. 하지만 이러한 기능이 완벽하여도 사이버 공간에서 가장 큰 위험은 해결하지 못한다. 매일 수천 명의 사람들이 사이버 공간에서 사칭하는 사람들에게 속고 있다. 암호학만으로 이 문제를 해결할 수는 없지만, 도움이 되는 방법이 있다.

## ⠿ 멍멍 ⠿

인터넷의 익명성 문제를 설명할 때 1993년 〈뉴요커New Yorker〉의 유명한 만화가 자주 인용된다.[1] 이 만화에는 두 마리 개가 등장한다. 그중 한 마리는 컴퓨터 앞에 앉아 키보드를 발로 밟고 동료를 내려다보며 다음과 같이 짖는다. "인터넷에서는 아무도 네가 개인 걸 몰라." 개가 우리도 모르게 인터넷을 사용할 수도 있다니, 정말 웃기는 소리다. 하지만 이 만화가 본의 아니게 성공을 거둔 것은 아무렇지 않은 척 불길한 진실을 포착했기 때문이다.

개는 소파 아래에서 소시지 조각을 찾아내는 데는 영리하지만 키보드와 씨름하는 능력은 매우 부족하다. 아무리 개가 좋다 해도 개는 인터넷에 없다. 그럼 누가 있는가?

다음과 같은 이야기를 생각해보자. 12살 클로이Chloe는 사용자가 자신의 휴대전화로 짧은 동영상을 촬영해 공유하는 소셜 미디어 플랫폼의 열렬한 사용자이며 좋아하는 아티스트를 따라서 춤추는 동영상을 촬영하기도 한다. 친구들도 모두 계정이 있고, 거의 매일 게시물을 올린다. 다행히 클로이는 똑똑하며 클로이의 부모는 소셜 미디어와 인터넷의 잠재적 위험에 경각심을 갖고 있다. 클로이의 부모는 클로이에게 현실에서 친구인 사람들에게만 동영상을 공유하라고 조언했다. 클로이는 '친구의 친구'도 자신의 게시물을 보는 것을 허용하지 않는다. 왜냐하면 친구들이 영상을 볼 수 있는 사람을 그렇게 예민하게 관리하지 않을 수도 있다는 생각이 들기 때문이었다. 클로이의 계정은 모든 것이 완벽해 보였다. 부모님이 그 계정을 보기 전까지는.

부모님이 묻는다. "친구들과만 공유하고 있는 거지?"

클로이가 대답한다. "네."

"이 사람들이 전부 현실에서 실제로 아는 친구들이니?"

"네. 그러니까, 대부분은요." 클로이가 말한다. "이런 개가 있는데, 너무 웃긴 계정이라서 팔로우하고 있어요. 영상 보실래요? 정말 재미있는데."

조사관이, 아니 부모님이 대답한다. "잠깐만, 그래서 이 개랑 친구라는 거니?"

클로이가 대답한다. "글쎄요. 개를 팔로우하고 있었는데, 개가 또 나를 팔로우하겠다 해서, 수락했어요. 그러니까 제 말은, 그건 개고, 영상이 진짜 진짜 재밌거든요. 제가 제일 좋아하는 영상은 여기에서…"

이것이 바로 〈뉴요커〉 만화가 말하는 진실이다. 인터넷을 사용하는 모든 사람이 *당신이 개가 아니라는* 사실의 의미를 충분히 주의 깊게 생각하지는 않는다.

## ∴ 누구인지 알아야 할 필요성 ∴

사이버 공간에서 매일 하는 일을 생각해보자. 수많은 작업을 수행하기 전, 명시적이든 암시적이든 다음과 같은 질문에 답 해야 한다. *기존 계정이 있습니까? 혹은, 등록하셨습니까?* 사이버 공간에 처음 접근하는 경우에도 대개는 이러한 질문에 대답해야 한다. 왜 그럴까?

우선 사이버 공간에서 우리가 하는 대부분의 작업은 상용 서비스와 관련되어 있다. 사이버 공간은 무형의 추상적인 개 념일지 모르지만 인간이 운영하는 장비나 네트워크, 서비스를 통해 존재하며 여기에는 비용이 든다. 이러한 구성요소를 상 업적으로 제공하는 사람은 청구서를 어디로 보내야 할지 알 수 있도록 사용자가 누구인지 알아야 하는 경우가 많다.

사이버 공간에서 무료라고 하는 서비스도 결국 비용을 지불해야 한다. 우리는 대부분 무료 서비스에 가입하면서 개인 정보를 제출하고 상업 광고에 노출되는 것으로 비용을 지불한다. 이러한 서비스 제공 업체는 누가 왔는지 알아야 그들이 어떤 정보를 수집하고 어떤 광고를 보는지를 사용자 프로필과 연관시킬 수 있다.[2]

누구인지 확인하는 다른 이유는 사이버 공간의 많은 정보가 일부 사람들을 대상으로 하기 때문이다. 모든 사람이 항상 모든 것을 알고 있는 직장이 제대로 굴러갈까? 정부와 군대 등 민감한 정보가 있는 기관에서는 정보 접근을 엄격하게 통제하는 것이 특히 중요하다. 소셜 미디어 계정의 개인 정보 설정에서는 누가 무엇을 볼 수 있는지 선택해야 한다. 사이버 공간에서 데이터를 현명하게 소유하려면 데이터 공개 여부를 결정하기 전에 문밖에 누가 있는지 먼저 알아야 한다.

## ❖ 인간 대 기계 ❖

*개체* 인증은 문밖에 누가 있는지 확인하는 과정이다. *개체*라는 추상적인 단어를 사용한 데는 이유가 있다. 개체를 인증하는 방법은 개체가 심장 박동으로 제어되는지, 아니면 마이크로칩을

구동하는 장치로 제어되는지에 따라 달라지기 때문이다.

실제 세계에서 개체 인증을 수행하는 한 가지 방법을 생각해보자. 여행자가 국경 통제 지점에 도착한다. 입국 심사관은 여행자의 입국 허가 여부를 결정해야 한다. 여행자는 여권을 보여준다.

여권은 다양한 물리적 보안 메커니즘을 가지고 있는 문서다. 요즘 여권에는 홀로그램이나 특수 잉크, 컴퓨터 칩 등이 포함되어 있으며 발급된 사람의 생체 정보 또한 포함된다.[3] 이러한 메커니즘은 여권을 위조하기 어렵게 만들고 여권 소지자만 여권을 사용할 수 있도록 하는 역할을 한다. 여권은 엉뚱한 사람에게 부적절하게 발급되는 일을 방지하기 위해 고안된 복잡한 행정절차를 거쳐 탄생한 일종의 토큰이다. 입국 심사관은 여권이 유효하고 여행자가 여권의 주인이라고 판단되면 여행자를 들여보낼 것이다. 여기에서 심사관이 중요하게 생각하는 것은 사람과 여권의 조합이다. 국경을 통제하는 직원들은 유효한 여권을 제시하더라도 머리에 종이봉투를 뒤집어쓴 사람을 들여보내지 않듯이, 흔쾌히 이름을 말해주어도 여권이 없는 여행자를 들여보내지 않는다.

사이버 공간에서는 여권과 유사한 역할을 하는 토큰을 만드는 것이 쉽다. 우리는 사이버 공간에서 서비스에 접근하기 위해 비밀번호, 은행 카드 번호, 또는 다른 비밀 토큰을 제시하는 데 매우 익숙하다. 이는 특정 서비스에 연결하도록 설계된 관리 프로세스를 거치면서 권한을 얻게 되며, 이는 그저 이메일 주소를 묻는 정도로 간단할 수도 있다. 사이버 공간에서 토큰을 제시하는 것은 비교적 쉽지만 토큰을 발급받은 사람의 존재를 입증하는 것은 훨씬 어렵다. 우리는 모두 사이버 공간에서 머리에 종이봉투를 쓰고 있는 셈이다.

물론 개체 인증이 매번 그렇게 중요하지는 않다. 국경 통제는 온갖 종류의 실제 인간들의 입국 절차를 관리한다. 그렇기 때문에 그들이 누구인지 중요하다. 사이버 공간에서 우리가 하는 대부분의 일은 그렇게 중요하지 않다. 인터넷 쇼핑몰은 방문자의 기록을 프로파일링 하기 위해 웹사이트를 사용하는 사람이 누구인지 알고 싶어 할 수도 있지만, 웹페이지를 보는 모든 사람을 정확하게 식별하지 않아도 방문자 데이터에서 가치 있는 정보를 얻을 수 있다.

사이버 공간에서는 어떤 개체가 중요한지 정확히 인식하지 못한다는 점을 기억하자. 휴대전화 통신사는 청구서를 어디로 보낼지 알아야 한다. 따라서 통신사가 인증하려는 개체는 계정 소유자이며, 부모가 자녀를 위해 휴대전화를 구입하는 경우처럼 반드시 전화를 사용하는 사람일 필요는 없다. 반면 휴대전화 소유자는 기차에서 실수로 떨어트린 휴대전화를 발견한 사람이 얌체처럼 그 휴대전화를 사용하기를 원하지는 않을

것이다. 따라서 소유자가 더 걱정하는 개체는 전화를 사용하는 사람이다.[4]

더 혼란스러운 것은 문밖에 와 있는 사람에 대한 우리 스스로의 관점이다. 컴퓨터는 조력자 역할밖에 하지 못하는 사이버 공간에서 인간은 서로 직접 의사소통한다는 느낌을 받는다. 그러나 이것은 대부분 착각이다.

사이버 공간에서 일어나는 모든 일은 실제로 컴퓨터와 관련된 상호 작용이며, 대부분은 한 컴퓨터가 다른 컴퓨터와 통신한다. 사이버 공간에서 인간이 상호 작용의 끝에 위치한다는 생각은 그렇지 않은 경우도 있다는 사실을 생각하면 다소 위험한 발상이다. 휴대전화를 들고 있어도 주인에게 묻지도 않고 많은 일들이 일어난다. 업데이트를 확인하거나 서버에서 메시지를 검색하는 등 제법 바람직한 작업들이다. 그러나 조심하지 않는다면 휴대전화에 저장된 은행 계좌를 삭제하고 잔고를 모르는 사람에게 보내버리는 잠재적인 기능이 분명 존재한다.[5]

인간이 디지털 통신에 깊이 관여하더라도 적어도 현재는 인간이 컴퓨터가 아니고 컴퓨터가 인간이 아니라는 사실에서 문제가 발생한다.[6] 엄밀히 말하면 당신이 사이버 공간과 상호 작용할 때 그 커뮤니케이션의 끝에 당신이 서 있는 것이 아니다. 컴퓨터가 서 있다.

6장. 거기 누구세요?

이를 이해하기 위해 사이버 공간과의 가장 간단한 상호 작용을 생각해보자. 당신은 이메일을 입력하는 컴퓨터 앞에 앉아 있다. 생각을 단어로 바꾼 다음 키보드의 문자를 눌러 단어를 컴퓨터로 전송한다. 당신은 확실히 이 상호 작용에 참여하고 있으며 자신의 컴퓨터와 직접 통신하고 있다. 여기서 무엇이 잘못될 수 있단 말인가? 당신은 여기에 있다.

대부분의 경우 모두 순조롭게 진행되지만, 잘못될지도 모르는 경우 또한 많다. 키보드 기호를 누르면 컴퓨터가 그 일을 대신한다. 인간인 당신은 더 이상 그 과정에 참여할 수 없다. 이 데이터가 장치에서 실행되는 프로그램을 처리하려고 제출되기 전에 키보드 문자를 디지털 코드와 일치시키는 것부터 보이지 않는 일련의 작업이 시작된다. 컴퓨터가 제대로 작동한다면 우리 앞에는 장밋빛 미래가 펼쳐진다. 그러나 컴퓨터가 바이러스 등 악성 코드에 감염된 경우 컴퓨터가 의도하지 않은 작업을 수행할지도 모른다. 예를 들어, 당신의 컴퓨터는 당신이 입력한 내용을 저장해 당신을 감시하고자 하는 사람에게 정보를 보낼 수도 있다.[7] 또한 당신이 입력하는 정보를 가로채거나 변경하여 완전히 다른 이메일이 발송될 수도 있다. 당신은 그곳에 있었지만 중요한 것은 당신의 컴퓨터가 하는 일이다.

컴퓨터가 인간이 예상하는 방식과 다르게 동작하거나 실

제로 인간이 인식하지 못하는 작업을 수행할 수 있다는 사실은 공격자가 종종 악용하는 컴퓨터의 특성이다. 사람과 기기의 간극을 없앨 수는 없으니 어떻게든 이를 관리해야 한다. 그 방법으로 가장 먼저 떠오르는 것은 아마 *캡챠*Captcha일 것이다. 캡챠는 '컴퓨터와 사람을 구분하는 완전히 자동화된 공개 튜링 테스트completely automated public Turing test to tell computers and humans apart'라는 문구에서 나온 용어다. 캡챠는 구불구불한 문자로 나타나는 알파벳을 맞추거나, 몇 장의 사진 중 어느 것이 상점이 포함된 건물의 사진인지 선택하는 등 현재 기계가 잘하지 못하는 작업을 설정하여 인간의 존재를 확인하는 데 사용한다.[8]

캡챠가 좋든 싫든(싫어한다는 데 걸겠다) 그 필요성은 인간과 기계의 차이를 나타낸다. 우리는 누가 문 앞에 와 있는지 궁금할 때마다 이 차이를 염두에 두어야 한다.


## ❖ 반대편에서 건네는 인사 ❖

사이버 공간에 대고 '여보세요? 거기 누구세요?'라고 소리쳐보자. 희미하게 '저예요'라는 대답이 들려온다 해도 허공에 울리는 대답에 무슨 가치가 있을까?

모든 답변에는 두 가지 중요한 구성 요소가 있다. 첫 번째는 정체성, 두 번째는 시간과 관련된 것이다.

물리적 보안 메커니즘에서 이야기한 바와 같이 사이버 공간에서 한 개체를 다른 개체와 구별하는 유일한 방법은 개체를 다른 개체들과 구별할 수 있는 특별한 능력을 갖추도록 하는 것이다. 이 작업을 수행하는 방법은 여러 가지가 있으며, 구별하고자 하는 개체가 사람인지 컴퓨터인지에 따라 다르다.

인간에게는 명백한 물건이 주어질 수 있다. 존재를 확인하기 위해 인간에게 이러한 물건을 보여 달라고 하면 된다. 사이버 공간에서 물건은 스마트카드나 토큰, 전화와 같은 것이 될 수 있으며, 이들을 소지하여 인간이 존재한다는 것을 증명한다. 물건을 소유하는 것만으로 개체를 인증할 경우 가장 큰 문제는 물건을 잃어버리거나 도난당할 가능성이 있다는 것이다.

인간은 그 자체로 물건이다. 생체 인식[9] 분야는 인간의 특성을 추출하는 기술을 바탕으로 개체 인증을 제공한다. 생체 인식의 효과는 다양하지만 일부는 잘 정립되었다. 비행기를 타고 여행을 가봤거나 범죄 유죄 판결을 받은 적이 있다면 지문 채취나 자동 얼굴 인식에 익숙할 텐데, 둘 다 사이버 공간에도 적용이 가능하다. 생체 인식은 최소한 그 정보가 쉽게 분실되거나 도난당하지 않는다.[10] 그러나 생체 인식은 단순히 물리적으로 측정한 값을 디지털로 변환한 것이다. 정보를 저장하는 데이터베이스가 도난당하는 것과 같이 디지털 가치가 어떤 식으로든 훼손된 경우 심각한 문제가 발생한다. 비밀번호를 변경하라는 요청은 수도 없이 받았겠지만, 누군가 당신의 지문을 변경하라고 할 리는 없다.

지금까지 사이버 공간에서 개체 인증을 다루는 가장 일반적인 접근 방식은 다른 사람들이 알지 못하는 것을 아는 특별한 능력을 기반으로 하는 것이다. 이 기술은 사람이나 컴퓨터를 인증하는 데 사용할 수 있다. 사람보다 컴퓨터에게 유리한 점은 컴퓨터가 복잡한 암호나 암호 키를 기억하는 데 문제가 없다는 것이다. 개체 인증을 지원하기 위해 암호화를 사용하는 방법 대부분은 다른 개체와 구별되는 비밀 정보를 바탕으로 한다.

이렇게 다양한 개체 인증 접근 방식은 각자 장점과 단점을 가지고 있기 때문에 사이버 공간에서는 여러 기술을 함께 적용하는 경우가 많다. 이중 요소 개체 인증의 전형적인 예는 실제 물건인 은행 카드와 비밀 정보인 비밀번호를 모두 ATM 기기에 제시하는 것이다. 이 경우 카드에는 거래를 보호하는 데 사용되는 암호 키를 저장하는 칩이 내장되어 있기 때문에 은행 카드의 존재 여부를 확인할 수 있다. 여기에 비밀 정보인 비밀번호를 알고 있다는 사실을 보여줌으로써 추가 인증을 제공한다. 따라서 이중 요소 인증은 카드와 소유자라는 두 가지 다른 개체를 한 번에 인증하는 것이다. 하지만 우리가 온라인으로 물건을 구입하려는 경우에는 은행이 이렇게 철저한 인증을 제공하지 않는다.[11] 따라서 카드 없이 이루어지는 거래에서 대부분의 사기 범죄가 발생한다.[12]

개체 인증이 항상 밖에 있는 사람을 명확하게 인식하는 것은 아니다. 어떤 프로그램은 밖에 있는 사람이 어떤 작업을 수행할 권한[13]이 있는지 확인하는 것만으로 충분하다. 예를 들어, 많은 도시에서 '선불' 스마트카드를 사용하여 금액을 미리 충전해 대중교통을 이용할 수 있다. 지하철 검표기는 카드에 충분한 금액이 있는지 확인해서 차단기를 열어주기만 하면 된다. 일부 시스템에서는 이용자 통계를 내는 등 다른 이유로 이용자를 식별할 수도 있지만, 대개는 굳이 이용자가 누구인지 식별할 필요가 없다.

우리가 사이버 공간에서 소리쳤을 때 응답하는 두 번째 구성 요소는 시간과 관련이 있다. 아주 깊고 어두운 구렁 속으로 '여보세요? 거기 누구세요?'라고 소리쳤을 때 들리는 '저예요'의 '저'는 살아 숨 쉬는 인간일까? 아니면 녹음된 음성일까? 납치 사건을 담당한 수사관이 직면하는 과제 중 하나는 인질 동영상을 받았을 때 인질의 생존 여부를 확인하는 것이다. 이 문제는 납치범들에게도 중요하기 때문에 동영상에 신문을 들고 있는 인질이 등장하는 경우도 많았다. 동영상이 신문에 표시된 날짜 이후에 녹화되었음을 증명하기 위해서였다.[14]

이와 같은 *생존 증거*는 사이버 공간에서도 중요하다. 이러한 측면에서 생체 인식은 비밀번호 이상의 이점이 있다. 피해자에게 강제로 비밀번호를 말하게 한 후 우물에 던져버릴 수 있지만, 우수한 생체 인식 기술을 사용하면 '누구세요?'라는 질문에 살아 있는 몸에서 나오는 응답이 필요하다.

그러나 앞서 이야기했듯이 개체 인증은 사람보다 기기에 더 자주 필요하다. 과거의 정보는 사이버 공간에 쉽게 기록되고 *다시 불러올 수 있기* 때문에, '누구세요?'라는 질문에 대한 답변은 그 답변이 새롭게 생긴 것이라는 증거를 포함할 필요가 있다. 이는 생존 증거라기보다는 *신규성 증거*라고 한다. 곧 자세히 다루겠지만 흥미로운 점은 암호학이 시계 기반의 시간을 명시적으로 사용하지 않고도 신규성 증거를 제공할 수 있다는 것이다.

따라서 강력한 개체 인증 메커니즘은 정체성이나 권한, 혹은 둘 다 설정하여 신규성을 나타내야 한다. 그러나 비밀번호와 같이 사이버 공간에서 일상적으로 사용하는 개체 인증 메커니즘은 그렇지 않다. 이는 누구인지 확인하는 수단으로서 결함이 되는 수많은 특성 중 하나이다.

# ⁑ 고통스러운 비밀번호 ⁑

사이버 공간에서 비밀번호 없이는 아무것도 할 수 없는 것처럼 보인다. 비밀번호는 거기에 누가 있는지 증거를 제공하는 기본적인 수단이 되었다. 웹사이트나 컴퓨터, 앱에 로그인할 때 일반적으로 사용자 이름과 비밀번호를 제공해야 한다. 비밀번호의 장점은 개체 인증을 제공하는 쉬운 수단이라는 점이다. 그러나 결코 쉽지만은 않기 때문에 선호되지 않기도 한다. 우리 모두 엘리자베스 스토버트Elizabeth Stobert가 언급한 *비밀번호의 고통의* 의미를 본능적으로 알고 있다.[15]

비밀번호를 사용할 때 주의해야 하는 진짜 이유는 비밀번호가 매우 약한 개체 인증 메커니즘이기 때문이다. 비밀번호 회의론자들의 이야기를 들어본 적 있는지 모르겠지만, 비밀번호의 가장 중요한 두 가지 함정을 알아볼 필요가 있다.

첫 번째로 비밀번호는 다른 사람이 비교적 쉽게 획득한다. 공격자는 다양한 방법으로 당신의 비밀번호를 알아낼 수 있다. 물리적으로 가까운 거리에 있는 공격자는 사용자가 비밀번호를 입력하는 것을 지켜보는 *숄더 서핑*shoulder surfing을 하거나, 사무실 벽에 붙어 있는 메모에서 비밀번호를 알아낼 수 있다. 그러나 공격자가 가까이 있지 않더라도 다양한 가능성이 존재한다. 때때로 비밀번호는 암호화되지 않은 상태로 인터넷과 같은 네트워크를 통해 전달되기도 한다. 따라서 공격자는 비밀번호를 알아내기 위해 통신을 감시하기만 하면 된다.

비밀번호를 잘 선택하지 않으면 공격자는 비밀번호를 추측하기 쉬워진다. 대다수의 비밀번호는 쉽게 획득한 개인 정보이거나 사전에 나오는 단어를 간단히 수정한 정도다. 설상가상으로 많은 기술에는 사용자가 가능한 한 빨리 변경해야 하는 기본 비밀번호가 제공되지만 실제로는 변경 방법을 모르거나 신경 쓰지 않거나 귀찮아하는 경우가 많다.

두 번째로 비밀번호에는 수명이 있다. 비밀번호를 설정하는 것은 다소 번거롭기 때문에 한 가지 비밀번호를 장기간 사용하는 경향이 있다. 실제로 대다수의 프로그램에서 비밀번호를 변경한 적이 없을 것이다. 비밀번호는 신규성 개념을 포함하지 않기 때문에 다른 사람이 당신의 비밀번호를 도용하면 잠재적으로 다양한 사이버 문제가 발생할 수 있다.[16]

비밀번호 하나는 공격자에게 유용한 정도이지만, 여러 개의 비밀번호는 마치 보물 상자와 같다. 비밀번호가 많이 존재하는 한 가지 장소는 바로 비밀번호를 묻는 컴퓨터다. 예를 들어, 온라인 쇼핑몰에서 구매를 완료하기 전 당신에게 비밀번호를 물어볼 수 있다. 이러한 과정은 당신의 개인 정보와 결제 관련 데이터를 저장하여 재방문으로 이어지게 할 수 있기 때문에 쇼핑몰 측에게는 편리하다. 그러나 이는 업체 시스템 어딘가에 다수의 비밀번호가 저장되어 있다는 것을 의미한다. 이렇게 비밀번호가 저장되어 있는 데이터베이스는 공격자의 표적이 된다. 그리고 그 공격은 때때로 성공한다.[17]

다행히도 어느 정도 규모가 있는 업체에서는 비밀번호로 고객을 인증하더라도 암호학 덕분에 데이터베이스에 비밀번호를 저장하고 관리하지 않는다.[18] 업체에서 필요한 정보는 로그인하는 사람이 비밀번호를 알고 있다는 증거뿐이다. 업체는 암호학을 사용해 비밀번호 자체를 알지 못하더라도 이를 확인할 수 있다. 그렇게 하려면 제공된 비밀번호가 올바른지 확인하는 몇 가지 수단을 포함하여 비밀번호 무결성을 검사하는 데이터베이스가 필요하다.

해시 함수가 그 수단 중 하나가 될 수 있다. 아이디어는 다음과 같다. 처음 계정을 만들 때 당신은 업체에 사용자 이름과 비밀번호를 제공한다. 업체에서 이 비밀번호의 해시를 만들어 데이터베이스 내에 사용자 이름 옆에 해시를 저장한다. 로그인할 때마다 사용자 이름과 비밀번호를 입력한다. 업체에서는 당신이 입력한 비밀번호의 해시를 구한 다음 데이터베이스를 확인하여 이 해시가 사용자 이름 옆에 있는 것과 일치하는지 확인한다. 일치한다면, 당신이 맞다.

이러한 목적에는 비밀번호만큼이나 비밀번호의 해시도 잘 작동한다. 입력된 비밀번호가 올바르지 않으면 해당 해시가 데이터베이스에 저장된 해시와 일치하지 않는다. 여기에서 중요한 것은 데이터베이스에 접근할 수 있는 모든 사람이 저장된 해시에서 비밀번호를 알아낼 수 없다는 것이다. 이러한 방식으로 비밀번호를 관리하면 비밀번호 시스템 관리자를 포함해 *아무도* 당신의 비밀번호를 알 수 없다. 비밀번호를 잊어버리면 비밀번호를 알려줄 사람도 없으며 강제로 재설정하는 수밖에 없다. 해시로 보호된 암호는 마치 우리에게 주어지는 하루하루의 시간과 같다. 항상 새롭게 시작할 수 있지만, 잃어버린 것은 절대 되돌리지 못한다.

## ⁞ 사전의 복수 ⁞

사용자 이름 : 쉽다. 비밀번호 : 글쎄…. 이것은 사이버 공간에 존재하는 계정 중 하나에 로그인을 시도하는 당신일 수도 있지만, 공격자가 직면한 난제이기도 하다. 더 나은 것이 없다면 이 시점에서 공격자는 추측할 수밖에 없다.

비밀번호를 기억할 수 있다는 점은 양날의 검과 같다. 당신의 두뇌가 비밀번호를 쉽게 기억해야 하기 때문에 비밀번호를 무작정 복잡하게만 만들지는 못한다. 앞서 언급했듯이 영어 사전에는 30만 개 미만의 단어가 수록되어 있다. 다른 키보드

문자로 일부 문자를 대체하는 영리한 변형을 하더라도 암호학 세계에서는 공격자가 시도할 수 있는 비밀번호가 별로 많지도 않다.

실제로 공격에 사용되는 비밀번호를 보자. 공격자는 후보 비밀번호를 설정한다. *password, test, abc123, justinbieber*와 같은 평범한 항목을 먼저 구성하고, 그다음에는 사전에 등재된 단어 30만 개, 그리고 다음에는 *justinbieber* 대신 *ju5t1n81e8er*와 같은 친척들이 올 수 있다. 추측밖에 할 게 없는 공격자는 이제 총을 마구 쏘기 시작한다. 그러나 비밀번호 해시가 포함된 데이터베이스에 접근할 수 있는 공격자는 해시를 시작한다. 이렇게 더 강력한 공격자는 권력을 쥐고 있다. 목록에 있는 후보 비밀번호 중 하나의 해시가 데이터베이스에 저장된 해시 중 하나와 동일하면 성공이다. 공격자는 이 즉시 시스템에 로그인할 수 있는 사용자 이름과 비밀번호를 알게 된다. 사용된 목록은 일종의 비밀번호 사전이기 때문에 이러한 공격을 *사전 공격*이라고 한다.

사전 공격은 막을 수 없다. 비밀번호 대신 비밀구절*을 사용하면 어느 정도 공격을 어렵게 만들 수 있겠지만, 당신은 비밀구절을 사용하는가? 그렇다고 대답한다면 칭찬한다. 비밀구

---

* 여러 단어의 나열로 만들어진 비밀번호의 일종을 뜻한다.─옮긴이

크립토그래피

절은 기억하기 어렵고 입력하는 데도 더 오래 걸리며, 비밀번호보다 오타를 낼 확률도 훨씬 높다. 더 복잡한 비밀번호를 만들게 하기 위한 독창적인 방법이 많이 제안되었지만,[19] 비밀번호를 사용하는 사람 대부분은 아무리 보안이 뛰어나다 해도 삶을 더 머리 아프게 만드는 조언은 따르지 않는다. 어떤 일이 일어나는 것을 막지 못한다면, 차선책은 그것을 저지하는 것이다. 여기에서 당신이 매일 사용하는 암호학의 가장 놀라운 용도 중 하나가 등장한다.

컴퓨터 시스템 엔지니어라면 누구나 암호학을 완전히 골칫거리라고 말할 것이다. 물론 그 사람들이 골칫거리라는 단어를 사용하지는 않는다.[20] 암호학 작업을 수행하는 데는 시간과 에너지가 소요된다. 시스템 엔지니어가 암호학을 사용하지 않을 수만 있다면 그렇게 할 것이다. 보안은 성능의 적이라고 그들은 말한다. 암호학은 시스템 속도를 저하시킨다. 여기에 아이디어가 있다.

암호화 알고리즘 대부분은 가능한 한 빨리 수행되도록 설계되었다. 그러나 사전 공격으로부터 보호하려면 페라리 스포츠카보다 암호학 트랙터를 사용하는 것이 더 유리하다. 일반적인 해시 함수를 사용하여 비밀번호의 해시를 저장하는 대신, 대개 1초 미만에 끝나는 작은 작업을 일반적인 해시 함수보다 의도적으로 1초 더 소요되도록 설계한 '느린' 해시 함수를 사용한다.

6장. 거기 누구세요?

로그인이 1초 느려지는 것은 시스템 사용자에게는 거의 느껴지지 않는다. 그러나 공격자가 6,400만 개 비밀번호가 수록된 비밀번호 사전을 가지고 있는 경우(이 크기의 사전은 인터넷에서 구입이 가능하다), 의도적으로 각 해시 계산을 1초씩 지연했을 때 사전 검색은 6,400만 초가 걸리며 이는 약 2년의 시간이다. 공격자가 어지간히 인내심이 있지 않은 이상은 버티기 어렵다.

느린 해시 함수처럼 작동하도록 설계된 암호화 알고리즘을 *키 확장 알고리즘*이라고 부르기도 한다.[21] 업체 측에서는 다양한 키 확장 알고리즘을 여러 계층으로 배포하여 비밀번호를 보호함으로써 사전 공격을 일삼는 공격자의 삶을 고단하게 만든다. 이러한 알고리즘을 사용한다고 해서 비밀번호가 개체 인증을 지원하는 능력이 강해지는 것은 아니지만, 키 확장은 비밀번호를 무력화하는 가장 위험한 방법 중 하나를 방지하는 데 도움이 된다.


## ː 너무 많은 비밀번호 ː

여기도 비밀번호, 저기도 비밀번호다. 비밀번호는 8자 이상이어야 하며 대문자와 소문자, 하나 이상의 숫자 또는 기호를 포함해야 한다. 정말 성가신 일이다. 설상가상으로 일반적인 인터넷 안전 '십계명' 중 하나는 사용하는 모든 비밀번호가 *완전히 다른지* 확인하라는 것이다.

로그인하는 여러 웹사이트와 프로그램마다 비밀번호를 다르게 사용하는 데는 이유가 있다. 만약 모든 비밀번호가 동일하다고 생각해보자. 이 비밀번호가 아무리 훌륭하다 해도 하나뿐인 비밀번호의 보안은 보안이 가장 취약한 시스템이 어떻게 관리하느냐에 달려 있다. 당신의 주거래 은행은 비밀번호 관리를 훌륭하게 수행해내지만 작년에 온라인으로 예약한 작은 캠핑장 웹사이트의 보안도 과연 그럴까?

당신은 비밀번호를 모두 다르게 잘 만들었는가? 그렇다고? 진심으로? 자신의 비밀번호가 완벽하다고 생각하는 경우 자기 자신을 속이고 있거나 암호학이 당신을 돕고 있는 것이다.

비밀번호가 급증하면서 어려움을 겪는 사람에게는 *비밀번호 관리자*를 배포하여 해결할 수 있다. 비밀번호 관리자는 하드웨어나 소프트웨어 버전을 포함하여 다양한 형태로 사용할 수 있지만 기본 개념은 동일하다. 비밀번호 관리자는 사용하는 각 프로그램에 서로 다른 강력한 비밀번호를 선택하고 이후 그것을 기억하는 데 세 가지 중요한 과정을 거친다. 훌륭한 비밀번호 관리자는 사용자를 대신하여 강력한 비밀번호를 생성하고 안전하게 저장한 다음 필요할 때마다 자동으로 호출한다.

컴퓨터는 인지편향에서 자유롭고 기억력에 거의 결함이 없기 때문에 강력한 암호를 생성하고 호출하는 것을 사람보다 훨씬 쉽게 수행할 수 있다. 비밀번호 관리자는 이러한 모든 강력한 비밀번호를 로컬 데이터베이스에 안전하게 저장한 다음 키를 사용해 데이터베이스를 암호화한다. 여기까지는 좋다.

이제 두 가지 문제를 해결해야 한다. 첫째, 비밀번호 중 하나를 불러와야 할 때마다 데이터베이스를 복호화하는 키가 필요하다. 이 키는 어디에 있는가? 둘째, 이 모든 비밀번호의 목적은 인간 사용자인 당신의 개체 인증을 제공하는 것이다. 비밀번호 관리자는 당신의 컴퓨터에서 돌아가는 소프트웨어 형태, 혹은 하드웨어 조각의 형태로 존재한다. 이렇게 저장된 비밀번호는 어떻게 당신과 연결되는가?

이 두 가지 질문을 다양한 방식으로 처리하는 비밀번호 관리자가 있겠지만, 두 가지 모두에 대한 가장 일반적인 대답은 바로 비밀번호를 사용하는 것이다. 비밀번호를 입력하여 비밀번호 관리자를 활성화하면 데이터베이스의 키가 이 비밀번호로 계산된다. 비밀번호를 보호하기 위해 비밀번호를 사용하는 것이 이점이 있을까?

어느 정도는 있다. 일단 많은 비밀번호를 관리해야 하는 어려움이 하나의 비밀번호만 관리하면 되도록 축소되어 훨씬 다루기 쉬운 문제가 되었다. 그렇다. 비밀번호 관리자의 비밀번호는 강력해야 하고 기억할 수 있어야 하며 안전하게 보호되어야 한다. 그러나 그것 또한 *하나의* 비밀번호일 뿐이다.

물론 이것은 단일 장애 지점이기도 하다. 비밀번호 관리자가 뚫리는 순간 모든 것을 잃게 된다. 따라서 비밀번호 관리자는 생체 인식이나 이중 인증 사용 등을 포함하여 사용자를 비밀번호에 연결하는 더 강력한 개체 인증 기술을 제공한다. 어떻게 작동하든 비밀번호 관리자는 암호화를 사용하여 비밀번호를 관리하기 쉽게 만들지만 비밀번호의 근본적인 문제를 해결하지는 못한다. 비밀번호 관리자는 증상을 치료할 수는 있어도 원인을 치료하지는 못한다.[22]

## ⁑ 가면무도회의 가면 ⁑

좋든 싫든 우리는 개체 인증을 제공하는 수단으로 당분간은 비밀번호와 함께 살아가야 한다. 비밀번호는 보안 메커니즘으로 자리 잡았지만 약하기 때문에 사이버 공간에서 수많은 사기 범죄에 의해 악용되는 취약점이 있다.[23]

최첨단 비밀번호 관리자를 사용하지 않으면 공격자가 비밀번호를 여러 가지 방법으로 획득할 수 있다고 앞서 언급한 것을 떠올려 보자. 훨씬 더 간단한 기술로, 공격자가 그저 당신에게 물어볼 수도 있다.

이 전략이 성공하지 못할 것이라고 생각하겠지만, 피싱 공격이 정확히 이런 방식으로 작동한다. 피싱 공격은 은행이나 시스템 관리자인 척 공식 이메일을 위장하여 시작되는 경우가 많다. 이들은 보안상의 이유로 비밀번호 재설정과 같은 조치를 취하도록 요청한다. 계속 진행하면 대부분의 경우 사기꾼이 운영하는 가짜 웹사이트로 이동하는 링크를 따라간다. 이 웹사이트는 먼저 비밀번호 재설정을 시작하기 위한 일반적인 요구사항인 현재 비밀번호를 묻는다. 암호를 입력하면, 비밀번호, 신용카드 정보를 포함해 범죄자가 찾고 있는 기타 중요한 보안 정보 모두에게 작별을 고하면 된다.[24]

개체 인증을 위해 당신의 비밀번호에 의존하는 모든 웹사이트나 프로그램의 관점에서는 *당신이 곧 당신의 비밀번호이기 때문에*, 비밀번호를 획득하는 것은 사이버 공간 내에서 끝없는 나쁜 짓의 시작이 될 수 있다. 당신이 비밀번호로 할 수 있는 모든 일을 사기꾼도 이제 할 수 있게 되었다.

비밀번호 관리자에서 사용하는 비밀번호에 피싱 공격을 받으면 문제가 더욱 심각해진다. 우리는 모두 비밀번호 관리자를 사용하는 데 정통한 사람이 그러한 속임수에 넘어가지 않을 것이라고 생각하고 싶어 한다. 하지만 비밀번호 관리자 기술을 판매한 회사로 사칭하여 비밀번호 관리자 소프트웨어 업그레이드를 진행하기 위해 비밀번호를 입력하도록 요청하는 이메일을 받았다고 생각해보자. 정말 입력하지 않을 자신이 있는가? 이러한 재앙이 시작되면 피싱 공격의 배후가 누구든지 이제 당신이 사이버 공간에서 잠재적으로 할 수 있는 모든 일을 할 수 있게 된다.

이러한 사기 유형은 근본적인 구조를 생각해볼 필요가 있다. 공격자는 당신이라는 가면을 쓰기 위해 다른 가면, 예를 들어 주거래 은행인 척을 한다. 핵심 문제는 피싱 이메일 혹은 다른 웹사이트의 출처를 인증하지 못하면서 발생한다. 피싱 이메일을 진짜처럼 보이게 하는 약한 데이터 무결성 메커니즘, 예를 들면 로고나 적절한 언어 사용, 요청의 타당성 등에 속아 넘어갈 수 있다. 암호학적 입장에서는 데이터 무결성이 개체 인증을 충분히 지원하기 부족하다는 것이 문제다. 당신이 피싱 공격이 이루어지는 동안 '거기 누구세요?'라고 묻지 못했기 때문에, 다음에 방문하는 웹사이트 중 하나가 '거기 누구세요?'라고 물었을 때, 당신이 아니어도 당신이라고 대답할지도 모른다.

내 친구 하나는 1990년대 미국에서 은행 계좌를 개설하면서 비밀번호를 무엇으로 할 것인지 질문을 받았다. 놀랍게도 은행원은 친구의 대답을 노트에 받아 적었다. 솔직히 이제 아무도 이런 식으로 비밀번호를 관리하지 않으며, 그렇게 해서도 안 된다. 암호학 덕분에 이제 다른 사람들은 당신의 비밀번호를 알 수 없다. 사이버 공간에서 합법적인 서비스와 소통하고 있다고 절대적으로 확신할 때만 비밀번호를 입력해야 한다.

## ⁑ 완벽한 비밀번호 ⁑

나는 그동안 비밀번호를 만들어내느라 고단한 삶을 살아왔다. 그러나 이제 완전히 다른 방식으로 접근해보자. 우리가 세상을 다시 창조할 수 있다면, 완벽한 비밀번호는 어떤 형태일까?

완벽한 비밀번호는 추측이나 사전 공격을 최대한 방어하기 위해 예측할 수 없어야 한다. 즉, 무작위로 생성되어야 한다. 완벽한 비밀번호는 하나의 시스템에 로그인할 때만 사용해야 하며 여러 프로그램에서 같은 비밀번호를 사용해서는 안 된다. 괜찮은 비밀번호 관리자라면 이 두 가지 요구 사항을 모두 충족할 수 있다. 그러나 완벽한 비밀번호는 어떤 수단, 예를 들어 숄더 서핑이나 키 로거 사용, 비밀번호가 전송되는 네트워크를 감시하는 등의 활동을 통해 비밀번호를 획득한 공격자도 사용할 수 없어야 한다. 글쎄, 이렇게 완벽한 비밀번호를 고안해낼 수 있을까?

한 발자국 내딛는 것은 가능하다. 아마 가끔, 아니 너무 자주 비밀번호를 변경하라는 요청을 받은 적이 있을 것이다. 이것은 비밀번호 관리를 번거롭게 하는 측면이다. 재미있는 문자의 조합으로 만든 복잡한 암호를 외우는 데 드디어 성공했는데, 보안 전문가가 갑자기 나타나서는 비밀번호를 바꾸라고 한다? 귀찮은 일이긴 하지만 정기적으로 비밀번호를 변경해주면 사전 공격과 같은 일부 위협에서 보호해줄 뿐 아니라 이미 노출되었지만 노출된 줄도 몰랐던 비밀번호의 영향도 잠재적으로 제한할 수 있다.[25] 비밀번호 관리자는 정기적인 비밀번호 변경을 덜 고통스럽게 만들 수 있지만 그 과정에 아무 고통이 따르지 않는 것은 아니다. 비밀번호를 도난당하면 다음 변경 시까지 공격자에게는 여전히 유용하기 때문에 완벽한 비밀번호란 없다.

공격자가 비밀번호를 관찰한다고 생각해보자. 이 정보가 공격자에게 아무 쓸모없도록 만드는 유일한 방법은 이 비밀번호가 두 번 다시는 사용되지 않도록 하는 것이다. 따라서 완벽한 암호는 하나의 시스템에만 인증하는 데 사용될 뿐 아니라 단 한 *번만* 사용되어야 한다. 완벽한 암호는 사용할 때마다 변경해야 한다.

다행히 암호학을 통해 완벽한 비밀번호를 사용할 수 있다. 실제로 온라인 은행에 인증할 때마다 완벽한 비밀번호를 사용하고 있을 가능성이 높다. 이 아이디어가 실제로 어떻게 작동하는지 알아보자.

완벽한 비밀번호의 가장 중요한 특성은 무작위로 생성되어야 한다는 것이다. 진정한 무작위성은 실제로 동전을 던지거나 주사위를 굴리는 등의 물리적 과정이 필요하기 때문에 달성하기가 쉽지 않다. 현실적으로 컴퓨터는 트랜지스터의 진동에 의해 생성된 백색 소음에서 무작위성을 추출한다. 그러나 이전에 살펴보았듯 우수한 암호화 알고리즘의 기본 속성 중 하나는 출력이 무작위로 생성된 것처럼 *보여야* 한다는 것이다. 암호화 알고리즘의 결과물은 예측 가능한 부분이 있기 때문에 진정한 무작위성을 생성해내지 못한다. 동일한 키, 동일한 암호화 알고리즘을 사용하여 동일한 원본 텍스트를 암호화하면 항상 동일한 암호문을 얻게 된다. 마찬가지로 동일한 해시 함수를 사용하여 동일한 데이터를 해시하면 항상 동일한 해시 출력 값을 얻는다. 반면 동전을 던질 때는 결과를 예측할 수 없다.

그러나 암호학 계산의 이러한 예측 가능성은 암호화 알고리즘에 입력되는 데이터가 매번 다르다면 문제되지 않는다. 암호화 알고리즘에 다른 입력이 들어가면 다른 출력이 나온다. 알고리즘을 계산할 때마다 다른 입력을 보장한다는 것은 암호화 알고리즘의 출력 결과가 완벽한 비밀번호로 사용될 수 있다는 것을 의미한다.

완벽한 비밀번호를 사용하여 온라인 은행을 인증하는 아이디어는 은행에서 사용하는 다양한 기술에 기반한다. 일반적인 접근 방식 중 하나는 고객에게 토큰이라는 작은 장치를 발행하는 것이다.[26] 어떤 토큰은 화면만 있는 반면, 어떤 토큰은 작은 계산기처럼 생겼다. 어떤 형태의 장치를 사용하든 은행은 토큰을 통해 암호화 알고리즘과 키를 제공한다. 알고리즘은 은행의 모든 고객에게 똑같이 주어지지만 키는 고유하다. 은행은 고객에게 발급된 모든 키의 데이터베이스를 관리한다.

은행에 인증하면 토큰은 알고리즘과 키를 사용하여 완벽한 비밀번호를 계산한다. 토큰 기기는 화면에 비밀번호를 표시한다. 이 비밀번호를 은행에 보내면 은행은 자체 키 사본을 사용하여 다시 계산한다. 두 출력 값이 일치하면 은행은 당신이 거기에 있다고 확신한다. 더 정확하게 말하자면, 은행은 누구든지 간에 당신에게 전송된 암호학 키에 접근할 수 있으면 된다고 생각한다. 다른 사람이 당신의 토큰을 훔쳐 갔다면 문제가 될 수 있겠지만, 다른 형태의 인증 계층과 함께 사용하는 은행이 많다. 예를 들어, 어떤 토큰은 입력하기 전에 먼저 PIN 번호를 입력하도록 하여 '거기 누구세요?'라고 묻는 역할을 한다.

토큰에 의해 생성된 비밀번호는 암호학적으로 생성되므로 무작위성이 충분하다. 알고리즘은 일반적으로 무작위 비밀번호를 생성하도록 특별히 설계되었지만 적어도 이론상으로는 암호화 또는 MAC 알고리즘으로 하지 못할 이유도 없다. 가장 중요한 것은 알고리즘에 제공되는 입력이 하나의 비밀번호 계산에만 사용된다는 것이다. 다음에 은행에서 인증을 요청할 때는 알고리즘에 다른 입력을 넣어야 한다. 이런 식으로 은행에는 로그인할 때마다 비밀번호가 달라진다.

토큰의 알고리즘에 들어가는 입력이 꼭 비밀일 필요는 없다. 이 시스템에서는 은행과 공유하는 키만 비밀이면 된다. 당신과 은행 모두 입력을 알고 있어야 하며 그 입력은 은행이 누구인지 물어볼 때마다 달라져야 한다는 사실이 중요하다. 인증을 요청할 때마다 변경되며 *매번* 변경된다는 사실을 당신과 은행 모두가 알고 있는 것은 무엇일까?

토큰에는 시계가 포함되어 현재 시간을 암호화 알고리즘에 입력으로 사용하여 작동하는 경우가 많다. 키패드가 없는 토큰 기술은 일반적으로 약 30초마다 완벽한 비밀번호를 계산한 다음 화면에 표시하는 기술을 사용한다. 고객은 현재 키, 즉 토큰을 자신이 소유하고 있다는 증거로 현재 표시된 비밀번호를 은행에 전송한다. 물론 시계는 시간이 지나면서 달라지지만 개별 토큰이 지연되면 은행에서 모니터링하여 맞추는 작업을 할 수 있다.[27]

시간은 사이버 공간의 양 끝에 있는 두 개체가 동시에 알 수 있는 비밀이 아닌 데이터의 한 예일 뿐이다. 시계를 사용할 수 없다면 카운터를 사용하여 인공적으로 시간 개념을 유지하는 것도 한 가지 대안이 된다. 이 경우 은행과 토큰은 각각 카운터를 사용하여 토큰을 사용한 인증이 발생한 횟수를 추적한다. 최신 카운트는 알고리즘에 비밀이 아닌 입력 값으로 사용된다. 인증을 시도할 때마다 은행과 토큰은 모두 카운터를 증가시켜 비밀이 아닌 새로운 값을 공유하게 된다.

이것은 열쇠 없이 자동차 문을 여는 키리스 엔트리 시스템이 작동하는 방법과 같다. 이 경우 '은행'은 자동차이고 '토큰'은 자동차 열쇠고리다. 자동차와 열쇠고리는 모두 암호화 알고리즘과 비밀 키를 공유한다. 그들은 또한 각각 카운터를 유지한다. 버튼을 눌러 차 문을 열 때마다 자동차 열쇠고리가 자동차에 완벽한 암호를 무선으로 전송한다. 차는 문을 열기 전에 비밀번호의 정확성을 확인한다.[28]

시계를 동기화하거나 동기화된 카운터를 관리할 필요 없이 완벽한 비밀번호를 사용할 수 있는 또 다른 방법이 있다. 동기화할 필요가 없다는 데서 오는 유연성은 이러한 방식이 완벽한 비밀번호 토큰뿐만 아니라 와이파이에 접근하거나 보안 웹사이트를 방문하는 등 여러 가지 작업을 수행할 때 개체 인증이 수행되는 방법까지 가능하게 한다.

6장. 거기 누구세요?

# ∴ 디지털 부메랑 ∴

토착 사냥꾼이 호주 동부 해안 늪의 가장자리로 몰래 기어 올라간다. 멀리 오리들은 이를 알지 못한 채 첨벙거리고 있다. 사냥꾼은 뒤로 손을 뻗어 부메랑을 던진다. 부메랑은 습지의 먼 해안선을 따라 곡선을 그리며 물 위로 회전해 날아간다. 오리가 달아나는 동안 부메랑은 사냥꾼의 손으로 되돌아간다.[29] 이 장면이 우리가 이야기하는 주제와 무슨 상관이냐고 생각할지도 모르겠지만, 사이버 공간은 디지털 부메랑으로 끊임없이 윙윙거리고 있다. 실제로 우리가 사이버 공간에서 하는 일의 절반은 이 디지털 부메랑 없이는 안정적으로 할 수 없다.

그 이유를 이해하기 위해 사냥꾼을 다시 떠올리고, 이 사냥꾼이 앞을 보지 못한다고 가정해보자. 부메랑이 훨씬 더 위험한 스포츠가 되었다. 또한 사냥꾼이 저녁 식사거리를 찾는 것이 아니라 부메랑을 사용해 주변 환경을 조사하고 싶어 한다고 가정해보겠다. 이것이 바로 우리가 디지털 부메랑을 사이버 공간에 던지는 이유다.

사냥꾼이 날아가는 부메랑을 보지는 못하더라도 한 가지는 확신할 수 있어야 한다. 바로 그에게 되돌아오는 부메랑이 그가 던진 것과 같은 부메랑이어야 한다는 것이다. (우리 중 이런 장난을 치는 사람은 없길 바란다.) 그러나 사이버 공간에 데이터를 던지고 나중에 다시 받는 경우 이것이 *정확히* 같은 데이터인지 확신할 수 없다. 예를 들어 반환된 데이터는 과거에 보낸 데이터의 복사본일지도 모른다. 이러한 이유로 일반적으로는 새로 생성된 난수만 사이버 공간에 던진다. 이 숫자는 새롭게 무작위로 선택된 것이기 때문에 이전에 사이버 공간으로 사본이 전송된 적이 없을 확률이 매우 높다. 사냥꾼과 마찬가지로 우리는 이 난수가 되돌아오면 우리가 최근에 보낸 난수임이 틀림없다고 확신한다.

앞을 보지 못하는 사냥꾼이더라도 부메랑이 돌아왔을 때 환경에 관한 정보를 추론할 수 있을지 모른다. 독특한 향이 있는 멜라루카Melaleuca 나무가 먼 해안을 둘러싸고 있다고 가정해보자.[30] 부메랑은 이 덤불 위로 낮게 날아가며 냄새의 흔적을 포착한다. 앞을 보지 못하는 사냥꾼은 이제 돌아온 부메랑의 냄새를 맡고 부메랑이 어디에 다녀왔는지 정보를 얻을 수 있을 것이다. 결정적으로 사냥꾼은 돌아온 부메랑이 던지던 순간의 부메랑에서 아주 약간이라도 변화가 있었기 때문에 이러한 추론을 할 수 있었다는 점을 주목해야 한다.

우리는 사이버 공간에서 사냥꾼과 마찬가지로 완전히 장님이다. 임의의 숫자를 사이버 공간으로 던지고 다시 돌아올 때 우리는 그 숫자가 어디에 다녀왔는지 전혀 알지 못한다. 그러나 부메랑보다 데이터가 나은 점 한 가지는 수정이 용이하다

6장. 거기 누구세요?

는 것이다. 난수를 수정할 때 수정하는 사람을 표시할 수 있는 경우 이 정보를 사용하면 반환된 난수가 방금 어디에 있었는지 정확하게 알아낼 수 있다. 다시 말해, 디지털 부메랑을 이용해 우리는 외부에 누가 있는지 알아낼 수 있다.[31]

챌린지-응답이라 불리는 이 원칙은 암호학을 사용하면 쉽게 구현할 수 있다. 온라인 뱅킹 토큰으로 돌아가서 토큰에 키패드가 있으면 시스템 시계에 의존하는 대신 챌린지-응답을 사용할 수 있다. 이 경우 은행은 새로운 난수를 생성하여 고객에게 보낸다. 이것이 챌린지다. 은행이 실제로 시도하는 것은 '무작위로 새롭게 생성된 이 숫자로 무엇을 할 수 있는지 보여주세요' 하는 것이다. 고객은 토큰에 이 숫자를 입력한 다음 토큰 화면에 표시되는 응답을 계산하기 위해 키와 암호화 알고리즘을 사용한다. 고객은 응답을 다시 은행에 전송하고, 은행은 알고리즘과 고객의 키 사본을 사용하여 은행이 처리한 것과 동일한 결과를 얻었는지 확인한다. 은행은 임의의 숫자를 사이버 공간에 던지고 정해진 고객만 할 수 있는 방식으로 변형된 숫자를 돌려받는다. 디지털 부메랑은 제자리로 돌아왔고, 은행은 부메랑이 어디에 있었는지 알게 된 것이다.

크립토그래피

# ⁝ 챌린지-응답의 중요성 ⁝

챌린지 응답의 원칙은 사이버 공간의 보안에 매우 중요하다. 암호학과 관련된 실제 프로세스 대부분은 디지털 부메랑을 던지는 것과 같은 과정을 포함한다.

지금까지 나는 주로 기밀성, 데이터 무결성 및 개체 인증과 같은 기능을 제공하는 일종의 도구로써 암호학을 다루었다. 실제로 암호학을 사용할 때는 대부분 둘 이상의 관계자와 둘 이상의 도구가 필요하다. 챌린지 응답이 바로 좋은 예다. 은행은 암호학 난수 생성기를 사용하여 챌린지를 생성하고 사용자에게 보낸다. 사용자는 이를 토큰에 입력한다. 그런 다음 토큰은 응답을 계산하기 위해 암호 알고리즘을 챌린지에 적용한다. 응답은 다시 은행으로 전송된다. 은행은 응답을 로컬에서 다시 계산한 다음 토큰에서 받은 응답이 은행에서 직접 계산한 응답과 일치하는지 확인한다.

암호화 대부분은 이것을 보내고, 저것을 하고, 이것을 확인하고, 저것을 암호화하고, 다시 보내는 등 한바탕 소동이 일어나며 진행된다. 이 모든 것을 일반적으로 암호화 프로토콜이라고 하며, 원하는 수준의 보안을 제공하기 위해 모든 사람이 따라야 하는 정확한 절차를 명시한다. 사실, 암호화 프로토콜은 본질적으로 그 작업이 여러 다른 개체에 의해 수행되는 암호화 알고리즘이다.

챌린지 응답은 우리가 자주 사용하는 암호화 프로토콜 중 하나다. 예를 들어, 웹 브라우저를 사용하여 온라인 구매를 하거나 웹 메일 접근, 또는 온라인 뱅킹 수행과 같이 민감한 데이터를 처리하려는 원격 웹사이트에 연결할 때마다 웹 브라우저와 웹 서버(컴퓨터를 호스팅하는 웹 페이지)는 서로 통신하기 위해 TLS*Transport Layer Security(전송 계층 보안)*라고 알려진 암호화 프로토콜을 사용해야 한다.[32] TLS의 첫 번째 단계 중 하나는 웹 브라우저와 웹사이트가 서로 난수를 주고받는 것이다.

나머지 암호화 프로토콜이 아무리 복잡하더라도 많은 프로토콜이 응답을 이끌어내기 위해 무작위로 생성된 챌린지를 보내는 것으로 시작하는 이유는 외부에 누가 왔는지 확인하는 것이 사이버 공간의 보안 프로세스에서 가장 기본적인 부분이기 때문이다. TLS 프로토콜은 암호화 알고리즘을 선택하고 웹 브라우저와 방문하는 웹사이트 간의 통신을 암호화하고 무결성을 보호하는 데 사용하는 키를 설정한다. 안전하게 연결하려는 웹사이트의 신원을 확인하겠다고 왜 귀찮게 이런 일을 하는 것일까?

와이파이에서 사용하는 보안 프로토콜도 장치와 네트워크 사이의 데이터 흐름을 보호하기 위해 키를 만들지만 장치가 와이파이 네트워크에 접근할 권한이 없거나 와이파이 공유기가 정품이 아닌 경우에는 의미가 없다. 암호화 프로토콜 대부분은 개체 인증으로 시작하며, 대부분 개체 인증은 챌린지 응답의 일종으로 시작된다.


## ⚡ 아무도 씨 ⚡

똑 똑. 누구세요? *접니다! 저 누구요? 아무개요!* 학창시절에 즐겨 하던 놀이 대부분과 마찬가지로 이 안에는 숨겨진 진실이 있다. 가끔 우리는 사이버 공간에서 '누구세요?'라는 질문에 '그건 왜요? 당신 일이나 신경 쓰세요!'라고 대답하고 싶을 때가 있다.

개체 인증의 반대는 익명성이다. 사람들은 여러 가지 이유로 사이버 공간에서 익명성을 원한다. 범죄 행위나 간첩 행위와 같이 부정적인 목적이 있을 때 익명성을 요구하는 것은 자연스럽다. 그러나 그 외에도 익명이 바람직한 경우가 많다. 독재 정권 시민들은 정부를 비판할 때 익명성을 원할 수 있다. 기자도 익명성을 원할지 모른다. 더 일반적으로, 웹사이트를 탐색하는 누군가는 웹사이트가 개인정보를 기록하지 못하도록 하거나 사이트 소유자가 사용자를 분석하고 맞춤 광고를 수행할 능력을 제한하기 위해 익명을 유지하고 싶어 할 수도 있다.

실제로 익명성 개념은 개인 프라이버시뿐 아니라 더 광범위하고 기본적인 권리를 지지하는 일종의 인권이라고 주장하는 사람도 있다.[33]

사이버 공간에서는 익명성이 기본 상태라고 생각할 수도 있다. 결국 지금까지 설명한 개체 인증 메커니즘은 모두 사이버 공간에서는 쉽게 가면무도회가 가능하다는 점에서 비롯되었다. 거기에 누가 있는지 볼 수 없기 때문에 알아내기 위해 완벽한 비밀번호를 구현해야 할까? 사이버 공간에서 *익명성의 일종*을 갖추기가 쉽다는 것은 진실이다. 하지만 진정한 익명성은 달성하기가 훨씬 더 어렵다.

사이버 공간에 있을 때는 익명성을 느낄 수 있다. 당신과 당신이 사용하는 장치, 그리고 그 너머 모든 것이 알 수 없는 공허한 것처럼 느껴진다. 당신 옆에는 아무도 없고, 아무도 당신을 볼 수 없으며, 아무도 당신이 누구인지 알지 못한다. 그리고 당신은 쉽게 다른 사람인 척할 수 있다. 티켓팅 웹사이트에서 자꾸 등록하라고 귀찮게 군다면 '미키 마우스'라고 입력하고 만화 속 설치류인 척할 수도 있다. 자동차 운전석에 앉았을 때의 익명성도 이와 똑같다. 정신없이 복잡한 기술 상자 안에 앉은 당신과 열린 고속도로뿐이다.

익명성의 인식에는 부정적인 측면 또한 존재한다. 익명성에 기대 자제력을 잃거나 행동 규범에 순응하지 않으려는 욕구를 경험하는 사람들도 많다. 익명성은 사람이 억누르고 있던 나쁜 면모를 드러내는 것처럼 보인다.[34] 이런 현상을 차를 운전하면서 겪어본 적이 있을 것이다. 도시의 번잡한 거리에서 보행자와는 일어나지 않는 갈등이 차를 운전할 때는 익명성으로 인해 다른 운전자와 충돌하기도 한다. 보행자는 사과하는 상황에 운전자는 경적을 울린다. 극단적인 경우 자동차 운전자의 나쁜 행동으로 인해 사고가 일어나기도 한다.

명백한 익명성은 사이버 공간에서 일종의 악마를 소환한다. 사이버 공간을 일상적인 소통의 창구로 사용하면서 광범위한 사회 문제가 수면 위로 드러나기 시작했다. 언어폭력, 사이버 따돌림, 사이버 스토킹을 통한 괴롭힘이 증가하고 있으며 사이버 공간의 익명성도 이 사태에 한몫한다.[35] 이러한 행위는 주로 피해자가 아는 사람 중 사이버 공간에서 자제력을 상실한 사람들이 일으킨다. 그러나 사이버 공간에서 의식적으로 익명을 사용하는 사람들은 매우 나쁜 범죄를 저지르기도 했다. 온라인 신문과 잡지의 기사에 달리는 댓글을 보면, 어떤 댓글은 익명성 뒤에 숨어 감히 입에 담기 어려운 악성 댓글을 쏟아내기도 한다.

한 자동차 운전자가 다른 운전자를 심하게 괴롭히는 경우, 예를 들어 뒤에 바짝 붙어 달리거나 위협 운전을 하는 경우 익명성이 자신을 보호해 처벌받지 않으리라 생각할지 모르겠지

6장. 거기 누구세요?

만 반드시 그렇지는 않다. 결국 자동차에는 신고와 추적이 가능한 번호가 있고, 도로에는 감시하는 CCTV가 많기 때문에 수사가 가능하다. 사이버 공간도 이와 똑같다.

사실 익명성의 관점에서 사이버 공간은 훨씬 더 열악한 환경이다. 각 기기는 기기 자체나 연결의 고유한 식별자 역할을 하는 주소를 사용해 인터넷에 접근한다. 통신사나 인터넷 서비스 제공 업체와 같은 인프라 회사는 네트워크 활동을 기록한다. 컴퓨팅 장치에는 일반적으로 특정 하드웨어나 소프트웨어를 바탕으로 식별 가능한 다양한 기능이 있다. 사이버 공간에서 수행하는 거의 모든 행동은 흔적을 남기며, 이들 중 다수는 익명으로 남으려는 시도를 무력화하는 데 사용될 수도 있다.[36]

사이버 공간에서 진정한 익명성을 원한다면 노력을 해야 한다. 암호학이 사이버 공간에서 익명이 되지 않는 가장 강력한 메커니즘을 제공하는 것처럼 익명을 지원하는 가장 좋은 방법도 만들어낼 수 있다.

## ❖ 양파 까기 ❖

토어Tor는 사이버 공간에서 익명성을 지원하는 가장 널리 알려진 기술이다. 이 도구는 어떤 의미에서도 완벽한 익명성을 제공하지는 않지만 반정부 인사나 온라인 암시장 상인뿐 아니라 사이버 공간에서 프라이버시가 필요한 일반 사용자들에게까지 선택할 수 있는 기술로서는 충분한 익명성을 제공한다.[37]

토어는 배송 센터 역할을 하는 특수한 웹 브라우저와 전용 *라우터* 네트워크로 구성된다. 라우터는 인터넷의 표준 구성 요소이다. 토어를 사용하지 않는 일반 트래픽에는 데이터 발신자와 수신자 모두의 고유한 인터넷 주소가 포함되며 데이터는 목적지에 도달할 때까지 한 라우터에서 다른 라우터로 전달되며 발신자에서 수신자로 이동한다. 이러한 주소 정보는 비밀이 아니므로 중간에 거치는 모든 라우터는 누가 데이터를 보냈고 어디로 가는지 쉽게 알 수 있다. 여기에서 요점은 라우터가 주소 정보를 볼 수 있다는 것이다. 그렇지 않으면 이동 중간에 데이터를 어디로 보내야 할지 모른다.

익명성을 제공할 때는 누가 무엇을 누구에게 보내는지 전체 정보를 공개하지 않고도 데이터를 목적지로 계속 전달할 수 있도록 라우터에 충분한 정보를 제공하는 방법을 찾는 것이 중요하다. 암호화 작업이 아니냐고 생각할지도 모르겠지만, 주소 정보를 암호화하면 정보가 어디로 가야 하는지 아무도 알지 못하게 된다. 토어 솔루션은 간단하면서도 독창적이다.

비유하자면 다음과 같다. 당신은 기자에게 문서를 보내려는 내부 고발자다. 이 작업을 익명으로 긴급하게 수행하려 한다.

기자의 주소가 적힌 봉투에 문서를 봉인하고 택배사에 전화를 걸 수도 있겠지만, 택배원은 발신자와 수신자 모두의 주소를 알고 있기 때문에 '비익명화'될 가능성이 있다. 이 비익명화 문제를 해결하기 위해 토어는 '은신처' 네트워크를 구축한다.

토어를 사용하여 문서를 전달하려면 먼저 토어 네트워크에서 세 개의 은신처를 무작위로 선택한다. 기자의 주소가 적힌 봉투에 문서를 넣고 봉인한다. 그리고 이 봉투를 세 번째 은신처 주소가 적힌 봉투에 봉인하고, 이를 두 번째 은신처 주소가 적힌 봉투에 봉인한 다음 첫 번째 은신처 주소가 적힌 봉투에 마지막으로 봉인한다. 그리고 택배원을 부른다. 택배원은 잘 봉인된 이 봉투를 첫 번째 은신처로 배달한다. 여기에서는 첫 번째 봉투가 제거되어 두 번째 은신처의 주소가 표시된다. 첫 번째 은신처는 이제 봉투를 가져갈 새로운 택배원을 부른다. 비슷한 과정이 두 번째 은신처와 세 번째 은신처에서도 이루어진다. 세 번째 은신처에서는 목적지의 주소가 공개되고, 마지막 택배원은 남은 봉투를 기자에게 전달한다.

억지스럽게 들릴지도 모르지만 이는 제법 효과적이다. 은신처나 택배원은 누가 봉투를 보냈고 누가 받는지 둘 다 알지 못한다. 첫 번째 은신처와 택배원은 봉투가 어디에서 왔는지 알고, 세 번째 은신처와 택배원은 봉투가 어디로 가야 하는지 알지만 이 둘을 모두 아는 사람은 아무도 없다. 토어에서 은신처

크립토그래피

는 라우터고 봉투는 암호화 계층이다. 토어를 사용하여 전송된 데이터는 3개 계층으로 암호화되며, 각 라우터는 전달하기 전에 한 계층의 암호화를 제거한다. 이 과정은 요리사가 양파 껍질을 벗겨내는 것과 유사하기 때문에 *양파 라우팅*이라고도 불린다.

익명성은 앞서 살펴보았듯이 사이버 공간의 매력적인 요소 중 하나다. 그러나 사이버 공간의 익명성에 대한 양극화된 견해가 많이 있다. 익명성의 부정적인 측면[38]으로 인해 일부에서는 익명성을 사이버 공간의 가장 큰 재앙 중 하나라고 평가한다. 그러나 익명성을 사이버 공간의 자유를 정의하는 특징으로 보는 사람들도 있다.[39] 이후 더 자세히 다루겠지만, 암호학은 사이버 공간에서 익명성을 용이하게 하는 가장 좋은 수단이기 때문에 암호학 자체는 천사가 되기도, 악마가 되기도 한다.

## ⁖ 누구가 누구? ⁖

누가 거기에 있는지에 대한 나의 분석은 단순했다. 인간과 컴퓨터를 분리해 다룬다고 이야기했지만 현실은 훨씬 더 복잡하다.

사이버 공간에서 인간이란 무엇인가? 사람들 대부분은 사이버 공간에서 서로 다른 페르소나 여럿을 가지고 있다. 당신

6장. 거기 누구세요?

은 인간이고 사이버 공간에서 사용하는 다양한 서비스에 다양한 닉네임과 계정으로 존재한다. 어떤 사람들은 같은 서비스에도 다른 계정을 가지고 있기도 하다. 이 중 '진짜' 당신은 누구인가? 그들 모두인가? 아니면 그들 중 일부인가?

사이버 공간에 인간 말고 누가 있을 수 있을까? 컴퓨터, 전화기, 토큰, 키, 네트워크 주소 등이 있을 수 있다. 웹 서버, 네트워크 라우터, 컴퓨터 프로그램이 될 수도 있다. 거의 무한한 가능성이 있다고 보면 된다.

미래에는 문제가 더욱 혼란스러워질 것이다. 사람은 대부분 휴대전화에서 멀리 떨어지는 경우가 거의 없기 때문에 휴대전화는 인증의 기반이 되는 매력적인 장치다. 최신 휴대전화는 키를 안전하게 저장하고 정교한 암호화 알고리즘을 계산할 능력이 있다. 인간은 컴퓨터와 떨어질 수 없는 관계가 되어갈 뿐 아니라 미래에는 인간이 컴퓨터와 훨씬 더 *유사해지는* 것을 볼 수 있다. 건강 모니터링 시스템이 발전하면서 미래에는 인체에 소형 컴퓨팅 센서가 삽입될 가능성이 있다. 좋은 소식인지 나쁜 소식인지는 몰라도 인간의 두뇌를 사이버 공간에 연결하는 방법을 탐구하는 프로젝트도 있다.[40] 한편, 컴퓨터 자체는 인간처럼 행동하는 데 점점 더 능숙해지고 있다. 컴퓨터는 인공 지능이 발전하고 대규모 데이터 처리 능력이 향상하면서 기계가 인간의 의사 결정을 예상하고 심지어 능가하며,

이미 인간처럼 생각하고 있다. 로봇 공학의 발전으로 어떤 모양과 형태의 사이버 인간이 곧 우리와 함께 살아가게 될지도 모르는 일이다.

개체 인증의 미래에 이것이 어떤 의미인지 하늘은 알고 있다. 그러나 미래의 사이버 공간에서 우리가 사용하게 되는 기술이 무엇이든 간에, 그 밖에 누가 있는지에 대한 핵심 질문은 사라지지 않을 것이다. 이 질문을 하는 사람은 '누구'가 누구인지 신중하게 생각해야 한다. 누구인지 *알아야 하는* 사람이 거기 있는가? 인간인가, 토큰인가, 계정인가, 키인가? 응답을 받았다면 대답한 '누구'는 누구인가? 마찬가지로, 누가 왔냐고 물으면 당신을 대신해서 대답하는 것은 누구인가? 당신인가 당신의 휴대전화인가? 휴대전화를 멀리 놔두면 '사이버 자아'도 상실한 상태라는 것을 알고 있는 편이 나을 것이다.

누구세요? 질문에 답은 복잡할지 모르지만, 사이버 공간에서 보안을 유지하려면 알아야 한다.

6장. 거기 누구세요?

# 7
## 장

# 암호 시스템 파괴

CRYPTOGRAPHY

BREAKING CRYPTOSYSTEMS

이제 점검해볼 시간이다. 암호학은 모든 종류의 영리한 도구를 제공한다. 암호화 메커니즘은 정보에 접근할 수 있는 사람을 제어하고 무결성 메커니즘은 정보가 변경되었는지 여부를 감지하며 개체 인증 메커니즘은 우리가 누구와 통신하는지 나타낸다. 이러한 암호화 도구는 이론상으로는 모두 훌륭하지만 사이버 공간에서 모두가 안전해지려면 실제 시스템에서 효과적으로 작동하는 서비스가 필요하다. 실제 시스템 구축은 매우 어렵기 때문에 우리는 단지 흥미로울 뿐이었던 아이디어가 암호학을 만나 어떻게 사이버 공간에서 우리를 안전하게 지켜주는 것으로 변신하는지 생각해야 한다. 실용적인 암호화를 올바르게 수행하는 방법을 생각할 때 가장 좋은 방법은 무엇이 잘못될 수 있는지 생각하는 것이다.

## ❖ 너트와 볼트로는 충분하지 않다 ❖

암호학이 작동한다. 그래야만 한다. 그러나 암호가 '파괴되었다'는 이야기를 듣게 될지도 모른다. 스코틀랜드 여왕 메리와 나폴레옹의 통신은 암호학을 사용했지만 결국 공개되었다. 독일의 에니그마 기계로 보호하는 트래픽 대부분은 결국 연합군이 해독하였고 제2차 세계대전이 끝나던 시점에는 연합군에게 엄청난 이익이 되었다. 새로운 기술에서 사용하는 암호학은 심각한 약점이 있는 경우가 많다. 법의학 수사관은 압수한 휴대전화의 데이터를 보호하는 암호학을 회피할 수도 있다. 이렇게 암호학이 명백하게 실패하는 경우는 어떻게 계속해서 발생할까?

좋은 암호화 알고리즘은 설계하기가 매우 어렵기 때문에 암호학적으로 보호에 실패하는 경우 암호학 자체의 문제라고 뒤집어씌우고 싶을 것이다. 하지만 이런 경우는 매우 드물다.

사이버 공간을 비롯한 여러 곳에서 정보를 안전하게 보호하기 위해 암호학이 수행하는 역할을 정확하게 인식하고 있어야 한다. 암호학은 각각 매우 특정한 목적을 위해 설계된 다양한 보안 메커니즘을 제공한다. 예를 들어, 암호화는 데이터를 이해할 수 없는 형태로 뒤섞는다. 이것은 기밀성을 제공하기에는 유용해 보인다. 하지만 암호화에 의존하는 사람이라면 누구나 알고 있어야 하는데도 사람들이 쉽게 무시하는 중요한 점이 있다. 데이터를 뒤섞는 일은 암호화가 하는 *유일한* 작업이라는 것이다.

암호화가 *하지 않는* 일을 생각해보자. 암호화는 사용된 암호화 알고리즘 기술이 올바르게 코딩되었는지, 잘 적용되었는지 보장하지 않는다. 암호화는 복호화 키에 접근할 수 있는 사람을 제어하지 않는다. 마찬가지로 암호화는 데이터가 암호화되기 전이나 해독된 후 데이터를 보호하는 데 아무 역할도 하지 않는다.

암호학이 제공하는 보호 기능을 고려할 때 암호학이 더 넓은 암호 시스템의 일부로만 사용될 수 있다는 점을 인식하는 것이 중요하다. 여기에는 알고리즘과 키와 더불어 암호학이 구현되는 기술, 암호학 키를 관리하는 장치 및 프로세스, 보호해야 하는 데이터를 처리하기 위한 절차, 그리고 이 모든 것과 상호 작용하는 인간이 포함된다. 암호 시스템이 깨진다는 것은 암호 시스템 일부가 의도한 대로 작동하지 않는다는 것을 의미한다. 사용된 암호학 기술에 문제가 전혀 없다고 말할 수는 없지만, 다른 곳에 문제가 있을 가능성도 있다.

암호학은 오늘날 우리가 사이버 공간에서 사용하는 대부분의 보안 기술에 필수적이다. 암호학은 보안 시스템을 구축할 수 있는 일종의 너트와 볼트를 제공한다. 강을 건너는 철제 다리를 건설할 때 볼트와 너트는 필수적이지만, 볼트와 너트만으로 되는 것은 아니다. 그런 일은 없어야겠지만 사고로 다리가 무너진다 해도, 그 이유는 일반적으로 너트와 볼트가 제 역할을 하지 못했기 때문은 아니다.[1]

7장. 암호 시스템 파괴

# ❖ 최신 기술 사용 ❖

널리 알려진 것처럼 율리우스 카이사르는 암호학의 열렬한 사용자였다. 그는 기록된 정보의 기밀성이 우려될 때마다 암호학을 사용해 위장했다.[2] 카이사르가 사용한 알고리즘은 *카이사르 암호*라고 알려졌으며 알파벳을 특정 숫자만큼 이동시키는 것으로 구성된다. 몇 회 이동하는지가 중요한데, 카이사르는 습관적으로 3회 이동을 사용하여 A를 D로, B를 E로 암호화했다고 보고되었다.

카이사르 암호는 암호학 과정에서 학생들이 가장 먼저 배우는 알고리즘이다. 학생들에게는 이 알고리즘이 얼마나 취약한지 보여주기 위한 예로 사용되는 경우가 많다. 카이사르 암호는 원본 텍스트 정보를 누출한다. 가능한 키가 26개에 불과하며 하나의 원본 텍스트와 해당하는 암호문만 알면 키가 공개되기 때문에 너무 단순하다. 따라서 우리는 카이사르 암호로 은행 계좌를 암호화하지 않는다.

율리우스 카이사르를 두고 이런저런 말이 많긴 하지만 결코 그가 순진하지는 않았다. 교활한 정치인이자 도전적인 군사령관, 궁극적으로 로마 공화국의 권위주의적인 지도자였던 율리우스 카이사르에게 지켜야 할 비밀이 있었던 것은 어쩌면 당연하다. 카이사르가 어떤 형태의 암호화를 사용했든 기원전

시대에 그는 정보의 가치와 정보 보호 방법을 잘 알고 있는 선지자였다. 율리우스 카이사르의 적 대부분은 아마도 문맹이었을지 모른다. 그렇지 않은 소수의 사람들도 암호화를 인지하고 있을 가능성이 매우 낮다. 그들이 카이사르 암호문을 훔쳤다면 분명 당황했을 것이다. 율리우스 카이사르는 그가 무엇을 하는지 알고 있었다. 카이사르 암호는 최첨단이었으며 카이사르가 원한 기능을 충실히 수행했다. 카이사르, 만세!

16세기 후반 스코틀랜드 여왕 메리와 배빙턴 음모사건 Babington Plot을 꾸민 사람들은 통신 내용을 비밀로 유지하기 위해 자체 암호화 알고리즘을 만들었다. 엘리자베스 1세 여왕을 내쫓으려면 기밀 유지 정도는 필수였을 것이다.[3] 메리의 문제는 메리와 그 동료들 모두 최첨단 암호학에 능통하지 못했다는 것이다. 메리가 이탈리아 암호학자 지오반 바티스타 벨라소Giovan Battista Bellaso의 1553년 논문 〈암호La cifra〉를 읽었다면, 세상은 매우 달라져 있을지도 모른다. 메리는 카이사르 암호에서 크게 발전하지 않은 일종의 맞춤형 알고리즘을 사용했다. 엘리자베스의 16세기 정보기관에 맞서 메리는 결코 기회를 잡지 못했다. 엘리자베스는 저명한 암호학자 토마스 펠립스Thomas Phelippes와 편지 봉인을 몰래 열어보는 전문가인 아서 그레고리Arthur Gregory를 고용했다.[4] 정보 보호가 필요할 때 기밀성과 데이터 무결성 둘 다 필요한 경우가 많다는 사실을 우리 모두에게 상기시켜주는 유용한 정보가 있다.

좋은 소식은 오늘날 모든 사람이 강력한 암호화 알고리즘을 쉽게 사용할 수 있다는 것이다. 1970년대 이후 암호학 전문 지식은 정부와 군대를 넘어 꽃을 피우기 시작했다. 국제 표준으로 AES를 포함한 몇 가지 암호화 알고리즘을 지정하며, 이들은 전문 지식 커뮤니티에서 매우 안전하다고 여겨진다.[5]

사이버 공간에서 우리가 매일 사용하는 기술이 이 멋진 최첨단 암호화 알고리즘을 사용하고 있다고 믿고 싶지 않은가? 대부분은 그렇겠지만, 전부 그렇다고는 말할 수 없다. 자체 개발 암호화 알고리즘을 적용한 새로운 기술의 슬픈 역사가 존재한다. 이러한 접근 방식은 특정 알고리즘이 특정 기술의 성능을 최적화하도록 설계되었다는 사실과 같이 어느 정도 합리적인 이유로 채택되기도 했지만, 단순히 잘 모르기 때문인 경우가 많았다. 암호학 이야기의 현대적 버전은 비록 메리처럼 참수를 당하지는 않았지만 모두 좋지 않게 끝났다.[6]

오늘의 교훈은 간단하다. 기밀성, 데이터 무결성, 개체 인증을 위해 암호화 알고리즘을 선택할 때는 최신 기술을 선택해야 한다. 암호화 알고리즘은 모든 암호 시스템의 핵심 구성 요소이며 사용 가능한 최상의 알고리즘을 사용해야 한다. 널리 사용되는 알고리즘을 사용했는데 암호 시스템이 실패했다면 문제는 다른 곳에 있을 확률이 매우 높다.

크립토그래피

# ⁑ 아는 것과 모르는 것 ⁑

전문가들이 암호화 알고리즘을 최신 기술이라고 추천할 때는 그들이 알고 있는 암호학이 최신 기술이라 믿는다는 것이다. 어떤 알고리즘도 완벽하게 안전하다는 보장이 없으며, 그런 보장이 가능할 리도 없다. 불확실성을 추측할 때 도널드 럼즈펠드Donald Rumsfeld 미국 국방부 장관의 알려진 무지known unknown에 관한 이야기를 벤치마킹해 보는 것도 나쁘지 않다.[7]

암호화 알고리즘은 주로 잘 알려진 알고리즘 보안, 즉 현재 가장 모범적인 사례를 바탕으로 설계되었다. 스코틀랜드 여왕 메리는 당시 알려진 것을 충분히 알지 못했기 때문에 정보를 통제할 수 없었다. 메리의 암호화 알고리즘은 우리가 이전에 다룬 단순 치환 암호화와 마찬가지로 바람직하지 않은 부분이 있었다. 특정 키가 사용될 때 같은 원본 텍스트는 항상 같은 암호문으로 암호화된다는 것이다. 원본 텍스트에서 어떤 문자는 어느 언어에서든 다른 문자보다 훨씬 자주 사용되기 때문에 암호문의 해당 문자도 자주 등장하게 된다. 암호문의 문자가 얼마나 자주 발생하는지 주의 깊게 분석하면 원본의 문자가 무엇인지 추측이 가능하다. 조금만 머리를 써서 시행착오를 겪으면 *빈도 분석*을 통해 원본 텍스트를 복원해내는 것은 놀라울 정도로 쉽다. 잡지에도 이와 유사한 종류의 퍼즐이 게

재되며 컴퓨터로 쉽게 풀 수 있다.

빈도 분석은 많은 공격 기술 중 하나일 뿐이며 대부분은 훨씬 더 정교하고 현대 암호화 알고리즘 설계자 사이에 널리 알려져 있다. 메리의 시절에 빈도 분석이 생기면서 지오반 바티스타 벨라소의 비즈네르Vigenère 암호와 같이 더 복잡한 알고리즘이 채택되었다. 이는 동일한 원본 텍스트여도 다른 문자로 암호화될 수 있도록 보장한다.

메리에게 빈도 분석은 세계에서 가장 강력한 정보기관에 특권을 가진 럼즈펠드가 그와 관련이 없다고 느꼈던 불확실성 범주에 속했다. 메리도 알려면 알 수 있었고 알았어야 하는, 모르는 *지식*이었다. 모르는 지식의 위험성은 1970년대 중반 등장한 이후 암호학의 대중적 사용을 억누르고 있다. 그전에는 암호학이 정부와 군대 내에서 매우 중요한 활동으로 비밀에 싸여 있었다.

DES 알고리즘이 1970년대 후반 처음 발표되었을 때 지식 커뮤니티는 암호학을 우리보다 훨씬 더 잘 알고 있었다. 이러한 독점성은 DES 알고리즘이 다른 정보기관의 공격 대상이 될지 모른다는 근거 없는 우려로 이어졌지만, 대부분의 사람은 알지 못했다. 사실 이 유형에도 모르는 지식이 있는 것으로 밝혀졌지만 DES가 제공하는 보안을 약화시키는 것이 아니라 강화시키는 데 사용된 것으로 보인다.[8] 3장에서 설명한 AES 대회가 시작될 즈음에는 암호학에 대한 비밀 지식과 공개 지식 사이의 격차가 줄어들었다.

오늘날에는 암호학 커뮤니티가 발전하여 대중들의 전문 지식이 너무 광범위한 나머지 지식 커뮤니티에서만 아는 몇 가지를 제외하면 암호화 알고리즘 설계와 관련하여 모르는 지식이 있을 가능성은 그 어느 때보다 낮다.[9] 2013년 에드워드 스노든Edward Snowden이 정보기관에서 암호 시스템을 악용하고 있다고 폭로했을 때, 이러한 기관이 암호 알고리즘 분석에서 우위를 점하고 있다는 내용은 거의 없었다.

럼즈펠드는 미국 정보국이 이라크 무기 개발 프로그램을 몰랐다는 사실을 알았다며, *알려진 무지*의 존재를 인정했다. 몇 가지 알려진 무지는 암호학에 어두운 그림자를 드리운다. 암호학은 중요한 전제를 기반으로 한다. 공격자가 암호문에서 원문을 알아내거나, 복호화 키를 찾거나, 큰 수를 인수분해하거나, MAC를 위조하거나, 특정 해시 값이 출력되는 입력 값을 찾거나, 다른 많은 일을 하는 것이 불가능하지는 않다. 그저 *어려울 뿐이다*. 이러한 작업의 난이도는 공격자가 사용하는 컴퓨팅 성능에 따라 달라진다.

첫 번째 난관은 강력한 공격자가 있다는 것을 알고 있지만, 그들이 누구인지, 그들이 사용하는 컴퓨터가 얼마나 강력한지는 모른다는 것이다. 우리는 그저 추측할 수밖에 없다. 두 번째로 더 불편한 점은 컴퓨터가 점점 빨라진다는 사실은 알지만 미래에 정확히 얼마나 강력해질지는 모른다는 것이다. 다행히 컴퓨터 성능을 예측하는 데 참고할 만한 경험적 규칙이 있지만 어디까지나 추측일 뿐이다.[10] 이 두 가지 알려진 무지 때문에 암호화 알고리즘은 실제 공격자보다 훨씬 더 강력한 공격자를 전제로 매우 보수적으로 설계한다. 유비무환이라 하지 않았던가.

하지만 암호학에 드리우는 진짜 먹구름은 바로 양자 컴퓨팅이다. 우리는 그것이 오고 있다는 사실을 안다. 그리고 이것이 현대 암호화 알고리즘에 매우 다양한 범위로 영향을 미칠 것이라는 사실도 안다. 그러나 그 시기가 언제인지는 모른다. 이론이 얼마나 실현될 수 있는지도 모른다. 양자 컴퓨팅은 미래의 암호학에 영향을 미칠 문제이므로 이 내용은 이후에 다시 다루겠다.

결국 럼즈펠드가 가장 두려워한 모르는 무지에 도달한다. 오늘날 우리가 사용하는 암호화 알고리즘이 예기치 않게 갑자기 보안을 완전히 손상시킨다면 우리는 극복할 수 있을까? 아니길 바라지만, 장담할 수는 없다. 이런 사건이 생길 때마다 암호화 알고리즘 설계가 흔들리지는 않지만, 전례가 있다.

2004년 주요 암호학 연구회 중 하나에서 당시 상대적으로 알려지지 않았던 중국인 연구자 왕 샤오윈Wang Xiaoyun은 사용하던 주요 해시 함수 중 하나인 MD5를 뚫을 수 있는 공격을 설명하는 비공식 논문을 발표했다.[11] 이 공격이 MD5를 사용하는 모든 프로그램을 즉시 위협한 것은 아니지만, 사람들이 기대했던 것보다 MD5는 *훨씬* 약하다는 것을 폭로했다. 대부분의 공격 기술은 시간이 지나면서 꾸준히 향상되지만 이와 같이 뚫리는 경우는 흔하지 않다. 몰랐던 무지가 이제 알려졌고, 결국 해시 함수 알고리즘을 설계하기 위한 새로운 접근법을 개발하는 과정을 시작하게 되었다.

## ⁘ 세상을 구하는 방법 ⁘

텔레비전 드라마나 제임스 본드 영화 등에서 흔히 볼 수 있는 암호학을 살펴보자.

정보요원 두 명이 차 안에 긴장한 채로 앉아 시간에 쫓기며 분주한 도시 거리를 헤매고 있다. 운전자는 정신이 반쯤 나간 상태로 본부와 다급하게 이야기를 나눈다. 조수석에 앉아 있는 괴짜 컴퓨터 분석 요원은 방금 훔친 USB 메모리를 노트북에 삽입한다. "뭐가 있어?" 운전자가 묻는다. "암호화되어 있네요." 컴퓨터 분석가가 대답한다. "해독할 수 있나?" 운전자가 묻는다. 알 수 없는 글자들이 화면 위에서 춤을 추는 동안 분석가는 키보드와 씨름하고, 입술을 오므리고, 천천히 숨을 내쉰다. "이런 암호화는 처음 보네요. 믿을 수 없을 정도로 복잡해요. 이걸 쓴 사람은 정확히 알고 한 것 같아요." "그래도 해독할 수 있지?" 운전자가 되묻자, 화면의 타이머가 0시를 향해 1초씩 빠르게 움직이기 시작한다. 분석가는 얼굴을 찡그리며 다시 한번 키보드 위로 손가락을 바쁘게 움직인다. 카메라는 마치 나이아가라 폭포처럼 데이터가 쏟아지는 노트북 화면을 비춘다. 운전자는 빨간색 신호등을 무시하고 달려가 버스를 추월한 뒤 오토바이와의 충돌을 아슬아슬하게 피한다. 분석가는 자판을 툭툭 치면서 혼자 중얼거렸다가, 눈을 동그랗게 뜨고 화면 속 암호문 축제를 신기한 듯 응시한다. 운전자는 지름길로 가기로 결정하고 갑자기 핸들을 오른쪽으로 꺾는데, 그 길은 쓰레기 트럭이 떡하니 막아서고 있다. 차는 끽 하는 소리를 내며 멈춰서고, 타이머가 카운트다운의 마지막 몇 초로 접어들자 운전자는 절망감에 한숨을 내쉰다. 그 순간 분석가는 숨을 헐떡이며 "됐다!"라고 외친다. 그리고 세상은 다시 구원을 받는다.

분석가가 암호학의 모르는 무지를 혼자 알고 있지 않은 이상, 이것은 말이 안 된다.

무슨 일이 일어났는가? 조수석에 앉은 암호학 전문가는 암호화 알고리즘이 낯설다고 이야기했다. 그럼 어떻게 한 것일까? 적절한 암호화 알고리즘의 암호문은 무작위로 생성되는 것처럼 보여야 하므로, 일반적으로 그냥 보기만 해서는 어떤 암호화 알고리즘을 사용했는지 알 수 없다. 하지만 이 문제는 제쳐두자. 어떤 이유로든 분석가는 자신이 잘 아는 암호화 알고리즘이 전혀 사용되지 않았다는 것을 추론할 수 있었으므로 그 알고리즘이 자신에게 알려지지 않았다고 말한다. 또한 분석가는 이 데이터를 암호화한 사람은 무엇을 하고 있는지 알고 있었다고 말했기 때문에, USB 메모리에서 복호화 키를 알아낼 수는 없었다고 가정하는 것이 맞다. USB 메모리에서 복호화 키가 발견되었다면 키 관리가 너무 부실한 것이므로 암호화한 사람들이 스스로 무엇을 하는지 몰랐을 가능성이 크다. 그렇다면, 분석가는 알고리즘도 키도 모른다. 원본 텍스트는 어디에서 왔을까?

결론은 하나뿐이다. 분석가는 어떻게든 가능한 모든 알고리즘을 시도했고, 각 알고리즘에 가능한 모든 키를 넣어보았다. *가능한 모든 알고리즘?* 가능한 모든 알고리즘이 몇 개나 될까? 생각해볼 필요도 없이, 그 숫자는 너무 많아서 이 가능성은 무시해도 좋다.[12]

분명히 하자. 암호화 알고리즘으로 생성된 암호문을 받았는데 어떤 알고리즘으로 생성했는지 모른다면, 암호문을 분석하기 위해 할 수 있는 일은 거의 없다. 그러나 앞서 언급한 이유

7장. 암호 시스템 파괴

들 때문에 현대에 사용하는 암호학 대부분은 사용한 알고리즘을 정확히 명시하도록 하는 표준을 따른다. 따라서 대부분의 경우 알고리즘을 알고 있다고 가정하는 것이 타당하다.

그렇다면 이제 드라마 시나리오를 수정해보자. "암호화되어 있네요." 컴퓨터 분석가가 대답한다. "해독할 수 있나?" 운전자가 묻는다. 알 수 없는 글자들이 화면 위에서 춤을 추는 동안 분석가는 키보드와 씨름하고, 입술을 오므리고, 천천히 숨을 내쉰다. "엄청 강력한 암호화를 사용했네요. 아마 AES인 것 같아요. 이걸 암호화한 사람은 정확히 알고 한 것 같아요." "그래도 해독할 수 있지?" 째깍, 째깍, 째깍… 차는 끽 하는 소리를 내며 멈춰서고, 타이머가 카운트다운의 마지막 몇 초로 접어들자 운전자는 절망감에 한숨을 내쉰다. 그 순간 분석가는 숨을 헐떡이며 "됐다!"라고 외친다.

글쎄.

## ❖ 키 길이의 중요성 ❖

율리우스 카이사르는 분명 알고 있었다. 배빙턴 음모사건의 공모자들도 알았던 것처럼 보인다. 지금까지 이 책을 읽은 당신도 아마 확신하고 있을 것이다. 하지만 놀랍게도 새로운 보안 기술을 설계하는 사람들 일부는 이것을 과소평가한다. 반면에 지능 범죄 스릴러 영화 시나리오 작가들은 일부러 무시하기도 한다.

키 길이는 중요하다. 즉, 가능한 키의 수는 암호화 알고리즘 보안에 상당한 영향을 미친다. 너무 많은 것은 문제 되지 않지만, 너무 적으면 문제가 된다.

예를 들어, 스물여섯 개는 너무 적다. 카이사르에게는 괜찮을지 몰라도 당신의 휴대전화를 보호하는 데는 부족하다. 스코틀랜드 여왕 메리는 단순 치환 암호를 확장한 버전을 사용한 덕분에 키 길이를 충분히 확보했다. 단순 치환 암호도 많은 키가 있지만 메리의 알고리즘은 그보다 훨씬 많은 키를 가지고 있었다. 오늘날 사용해도 손색이 없을 정도였다. 여기에서 얻을 수 있는 교훈은 분명하다. 키 길이는 중요하지만, 그것이 전부는 아니다. 키 길이가 충분하다고 해서 메리처럼 참수당하지 않으리라는 보장은 없다.

모든 암호화 알고리즘에는 정교하지 않은 공격이 발생할 수 있기 때문에 키 길이는 중요하다. 이러한 공격은 알고리즘이 입력 데이터를 암호문이나 MAC 등으로 얼마나 잘 뒤섞는지에 관계없이 잘 작동한다. *전수 키 탐색*[13]은 가능한 모든 키를 시도하는 방법이다. 그러나 이 방법이 잘 작동하려면 두 가지가 필요하다. 알고리즘을 알고 있어야 하며, 올바른 키가 발견

7장. 암호 시스템 파괴

되는 시점을 결정하는 몇 가지 수단이 있어야 한다.

앞서 살펴본 시나리오에서 대칭 암호화에 전수 키 탐색을 시행한다고 생각해보자. 분석가는 일부 암호문을 가지고 있으며 그 원본 텍스트를 알고 싶어 한다. 사용된 암호화 알고리즘이 AES라는 것은 알고 있다. 그러나 어떤 키가 사용되었는지 모른다. 추가 정보가 없는 경우 유일한 방법은 가능한 모든 키를 차례대로 시도해보는 것이다. 키를 추측하고, 암호를 해독한다. 다른 키를 추측하고, 암호를 해독한다. 또 다른 키를 추측하고, 암호를 해독한다. 이렇게 계속 반복한다. 원문이 무작위가 아니라면 정확한 키가 발견되는 시기는 쉽게 알 수 있다. 왜냐하면 이해할 수 없는 암호문이 테러 음모 계획을 묘사하는 지도로 변환될 것이기 때문이다. 그러나 정확한 키를 적절한 시간 안에 찾을 수 있을까?

솔직히 말하겠다. AES 암호문에 사용된 키가 전수 키 탐색에서 단 몇 분 만에 우연히 발견된다면 분석가는 세계 최고의 행운아다. 올바른 키를 찾는 데 실제로는 얼마나 걸릴까? 대부분의 경우 모든 키를 죄다 시도해볼 필요는 없다. 모든 키를 시도한다면 분석가가 운이 좋았던 만큼 운이 나쁜 상황이라고 보면 된다. 평균적으로는 올바른 키가 검색의 중간쯤에 발견된다. 암호화 알고리즘이 카이사르 암호였다면 분석가는 가능한 모든 키인 26개를 작업하다 약 13번 시도한 후 올바른 키를 찾을 가능성이 크다. 이 정도는 손으로 직접 할 수도 있겠지만, 노트북은 이 작업을 매우 빠르게 수행할 수 있다. 그러나 실제 암호화 알고리즘은 어떨까?

이 작업을 위해 분석가의 노트북이 100페타플롭(초당 100,000,000,000,000,000회 연산)을 처리할 수 있는 슈퍼컴퓨터라고 가정해보자. AES는 가만있어 보자, 최소 340언데실리온 undecillion(10의 36제곱) 개의 키가 있다. 대충 계산해봐도 이 슈퍼컴퓨터를 사용하여 AES 전수 키 탐색을 수행하려면 평균 5천만 년이 걸린다.[14] 시나리오를 드라마로 만든다 해도 방영 시간 안에는 결과가 나오지 않는다. AES 전수 탐색에 성공해야 세상의 미래를 구할 수 있다면, 우리는 망했다.

키 길이는 일반적으로 키가 몇 비트인지 세어 결정한다. 최소 AES 키 길이는 128비트이다. 키 길이에는 두 가지 주의해야 할 측면이 있다. 이들은 우리 드라마가 20세기 후반을 배경으로 했다면 사용되었을 암호화 알고리즘인 DES를 가지고 설명하는 것이 좋겠다.

첫 번째는 키 길이의 민감도이다. DES의 키 길이는 56비트로 AES 키 길이의 절반에 못 미친다. 이것은 AES가 DES가 가지고 있는 키 수의 두 배 이상을 가지고 있다는 의미가 아니다. 대칭 키의 길이가 1비트 증가하면 가능한 키의 수는 두 배가 된다. 따라서 AES는 DES보다 5 섹스틸리언sextillion(10의 21제곱) 배 더 많은 키가 있다. 어느 정도인지 잠시 생각해보자.

두 번째 문제는 시간이 지나면서 권장하는 키 길이도 변한다는 것이다. 1970년대 후반 DES가 처음 등장했을 때 7경 개의 키가 충분하지 않다고 우려하는 사람들이 있었다. 약 2천만 달러면 하루 안에 그 모든 키를 다 탐색할 수 있는 컴퓨터를 만들 수 있다고 추산되었기 때문이다.[15] 그러나 이 기계는 제작된 적이 없었고, 탐색을 완료하기 전에 녹아내렸을 것이라고 추측했다.

20년이 지나고 DES 키는 인터넷이 급격히 발전하면서 전 세계 컴퓨터에 분산되어 실행된 키 탐색에 의해 반년 만에 뚫렸다.[16] 1970년대 후반에는 상상조차 할 수 없는 성과였다. 20년 동안 DES는 최첨단 암호화 기술이었으며, 이러한 연산은 사실상 불가능하다고 여겨졌다. 그러나 시간이 흐를수록 기술은 점점 발전하기만 한다. AES는 DES의 키 길이가 문제라는 인식에서 시작되었다. 오늘날, AES 키를 찾아내는 데 5천만 년이 걸리는 슈퍼컴퓨터는 달걀을 완숙으로 삶는 데 걸리는 시간보다 짧은 시간에 DES 키를 찾아낸다.

물론, AES가 5천만 년 동안 건재하리라 주장하는 사람은 아무도 없다. 컴퓨터는 계속 발전할 것이고, 권장 키 길이는 이를 고려해야 한다. 전수 키 탐색은 막을 방법이 없기 때문에 합리적인 시간 내에 키 탐색을 완료하는 것이 불가능할 정도로 많은 키가 있어야 한다. 드라마 시나리오를 망치게 되더라도, 적절한 키 길이는 중요하다.

## ⁝ 당신이 하는 일이 아니다. 당신이 하는 방법이다 ⁝

나폴레옹 보나파르트Napoleon Bonaparte는 암호학을 잘 사용하는 것이 중요하다는 사실을 깨닫는 데 너무 힘든 과정을 거쳤다. 나폴레옹은 1811년 *파리의 큰 숫자*Le Grande Chiffre de Paris라고 알려진 최첨단 암호화 알고리즘 설계를 의뢰했다. 이 알고리즘은 빈도 분석에 대응하도록 설계되었다. 자주 사용되는 문자를 다양한 암호 문자로 변환하고, 몇 개 문자 조합을 통째로 다른 문자열로 치환하는 등의 기술을 사용했다. 다소 투박하지만 효과적인 이 암호화 알고리즘은 영국군과 동맹국의 암호학 전문가에 대적할 만했다.

하지만 파리의 큰 숫자는 일 년이 채 되지 않아 뚫리고 말았다. 12개월 후 나폴레옹의 군대는 안타깝게도 이베리아 반도에서 퇴각했다. 그들은 자신들이 암호화한 메시지를 영국군이 모두 읽었다는 사실도 모른 채 전쟁에서 패배했다. 그리고 2년 만에 나폴레옹은 세인트 헬레나Saint Helena 섬에 '유배'를 가게 되었다. 나폴레옹은 훌륭한 암호화 알고리즘을 사용한다고 해서 무조건 보안이 보장되지는 않는다는 사실을 결코 이해하지 못했다. 그러한 알고리즘을 사용하는 것도 중요하지만, *어떻게* 사용하는지도 중요하다.

나폴레옹의 군대는 강력한 암호화를 사용했지만 부주의하게 사용했다.[17] 가장 큰 실수는 메시지의 일부만 정기적으로 암호화한 것이었다. 효율적이긴 했을지 몰라도 치명적인 보안 오류를 일으켰다. 암호문과 평문을 혼합한 기이한 조합을 전송했고 이는 프랑스가 영국 정보부에 선물을 보낸 셈이었다. 원본 텍스트 일부가 알려진 상태에서 영국의 분석가는 나머지 원본 텍스트가 무엇인지 정보에 입각해 추측한 다음 이러한 추측을 이전에 엿들은 통신과 연관시켰다. 파리의 큰 숫자의 키를 알아내는 데 그렇게 많은 시간이 걸리지는 않았을 것이다.

제2차 세계대전 중 독일의 에니그마 기계를 정복하려 했던 암호학자들은 온갖 부주의한 암호 사용으로 이익을 얻었다. 예를 들어, 많은 원본 텍스트 메시지가 예측 가능한 단어로 시작되었다. 마찬가지로, 에니그마 기계의 키는 여러 기계 설정으로 구성되어 있으며, 그중 일부는 기계의 물리적 상황에 따라 '안일하게' 선택한 것이었고, 따라서 흔히 사용되었다. 이들 중 어느 것도 에니그마를 뚫기에 충분하지 않았지만, 에니그마 기계가 어떻게 오용될 수 있는지 지식이 쌓이면서 결국 에니그마를 뚫는 데 확실히 도움이 되었다.[18]

오늘날 우리는 이러한 문제로부터 자유롭지 못하다. 예를 들어, 현대의 블록 암호를 적절하게 사용하지 않으면 빈도 분석뿐만 아니라 다양한 공격을 받게 된다. 최첨단 암호화 알고리즘인 AES는 각 문자를 암호화하는 것이 아니라 원문의 데이터 블록을 암호문 블록으로 암호화한다. 단일 문자보다 많은 문자를 포함하는 데이터 블록에 대한 빈도 분석은 훨씬 어려워지지만 여전히 이와 유사한 방식으로 분석이 가능하다. 예를 들어, 데이터베이스에 '아이가 가장 좋아하는 음식'이라는 항목을 포함하여 항목별로 암호화된 경우 가장 일반적으로 발생하는 암호문 중에는 *피자*의 암호문이 있을 것이다. 양배추의 암호문이 있을 리는 없다. AES는 *피자*를 완벽하게 암호화했지만, 암호화 알고리즘을 깨지 않고도 원본 텍스트 *피자*를 추론할 수 있다.

피자 문제는 알고리즘을 수정하는 대신 AES가 사용되는 방식에 집중하는 다양한 방법으로 해결할 수 있다. 예를 들어, 각 데이터베이스 항목에 난수를 추가하는 경우, 피자라는 단어를 암호화한 암호문은 모두 달라진다. 더 일반적으로, 앞서 언급했듯 블록 암호는 동일한 원본 텍스트 블록이 동일한 암호 텍스트 블록으로 변환되지 않도록 다양한 기술을 사용하는 방식을 적용하여 배포된다.[19]

암호화 알고리즘을 선택하는 것은 하나의 작업이다. 안전하게 사용하는 것과는 다른 문제다. 오늘날 우리는 알고리즘을 지정하는 암호학 표준뿐 아니라 알고리즘을 사용해야 하는 방법을 조언하는 표준도 가지고 있다. 21세기 버전의 파리의 큰 숫자도 부적절하게 사용된다면 나폴레옹처럼 쉽게 쓸모없어질지도 모른다.

## ⁝ 프로토콜 준수 ⁝

암호학 메커니즘이 혼자서 사용되는 경우는 거의 없다. 암호학을 사용할 때마다 당신은 일반적으로 별도의 보안 속성을 제공하는 다양한 암호학 메커니즘을 포함하는 암호학 프로토콜에 참여하는 것이다. 예를 들어, 앞서 설명한 TLS 프로토콜을 사용하여 보안 웹 연결을 할 때 웹 브라우저는 웹 서버의 개체 인증을 수행하는 메커니즘과 교환된 데이터의 기밀성을 유지하는 메커니즘, 그리고 데이터 원본을 인증하는 메커니즘을 사용한다. 기밀성과 무결성 메커니즘은 하나의 메커니즘으로 통합될 수도 있다. TLS 프로토콜은 정확한 시기와 순서를 결정한다. 프로토콜에서 한 단계만 성공하지 못해도 전체 프로토콜이 실패해야 한다. 예를 들어 TLS에서 웹 서버가 인증되지 않은 경우 프로토콜은 보안 세션이 승인되지 않고 종료되어야 한다.

스코틀랜드 여왕 메리는 보안 메커니즘이 *죄다* 손상되어 치명적인 프로토콜 오류를 겪었다. 메리는 토마스 펠립스가 깰 수 있었던 암호화 알고리즘을 철석같이 믿었다. 암호문 자체를 보호하는 데는 왁스 실링이 사용되었다. 이 무결성 메커니즘이 작동했다면 펠립스가 암호를 뚫을 수 있었더라도 암호문을 검사하기 위해 펠립스가 봉인을 뜯었을 때 메리가 알아차렸을 것이다. 그러나 아서 그레고리는 들키지 않고 봉인을 열 수 있었으므로 메리의 데이터 무결성 메커니즘 역시 실패했다. 더군다나 펠립스는 암호문 해독보다 더한 일도 할 수 있었다. 시스템 관련 지식이 완벽했기 때문에 가짜 메시지도 진짜처럼 보이도록 위조할 수 있었다.

배빙턴 음모사건의 마지막 단계에서 펠립스는 메리부터 앤서니 배빙턴Anthony Babington까지 주요 공모자들의 이름을 요청하는 메시지를 위조할 수 있었다.[20] 올바르게 암호화되었고 변조되지 않은 것이 확실한 메시지를 수신하면 배빙턴은 이것이 틀림없이 메리에게서 온 것이라 생각했을 것이다. 암호화를 사용한다고 해서 앞서 소개한 데이터 원본 인증이라는 강력한 데이터 무결성 개념이 보장되는 것은 아니다. 결과적으로는 배빙턴이 대답하기도 전에 붙잡혔기 때문에 이 마지막 보안 실패는 앞으로 일어날 일과는 관련이 없었다. 6주 후, 배빙턴은 사지가 찢기는 형벌에 처해졌고 몇 달 후 메리는 목이 잘

7장. 암호 시스템 파괴

렸다.

　잘 설계된 암호학 프로토콜에 사용되는 메커니즘을 구현하기 위해 강력한 암호화 알고리즘을 선택하더라도 프로토콜을 잘 따르지 않으면 전체적인 암호화 보안 과정이 물거품으로 돌아간다. 예를 들어, TLS 프로토콜의 웹 서버 인증 단계가 실수로 생략되거나 제대로 수행되지 않을 가능성이 높다고 가정해보자. 즉, 당신의 웹 브라우저는 어떤 이유로 당신이 연결되었다고 믿었던 진짜 웹 서버와 통신하는 것이 맞는지 확인하는 데 실패했다. 나머지 프로토콜을 실컷 따라봐야 결국 악성 웹 서버에 보안을 설정하는 꼴이 된다. 이 보안 연결은 외부인이 암호화된 트래픽을 읽거나 이를 통해 전송된 데이터를 수정하려는 시도를 방지한다. 이 두 가지는 TLS 프로토콜의 목표이다. 하지만 연결의 반대편에는 누가 있는가?[21] 당신은 모른다.

　아마도 가장 큰 문제는 좋은 암호화 프로토콜을 설계하기가 매우 어렵다는 점이다. 그 이유는 다양한 구성 요소가 서로 상호 작용하면서 가끔은 의도하지 않은 결과를 초래하기도 하기 때문이다. 초기 와이파이 네트워크 보안에 사용되었던 WEPWired Equivalent Privacy 프로토콜은 잘못 설계된 프로토콜의 예다. WEP 프로토콜은 RC4라는 스트림 암호를 사용했는데, 이는 WEP를 설계하던 당시에는 충분히 강력했다.[22]

　그러나 WEP 프로토콜은 설계상 많은 문제가 있었다. 그중

크립토그래피

가장 치명적인 문제는 WEP가 와이파이 메시지의 기밀성을 제공하기 위해 암호 키가 계속 변경되는 비정상적인 방법을 택했다는 것이었다. 키를 변경하는 것은 좋은 방법이지만 WEP 프로토콜에 사용된 기술에는 결함이 있다. WEP로 보호되는 와이파이 통신을 오랫동안 지켜본 공격자는 네트워크를 보호하는 데 사용되는 기본 키를 알아내 이를 통해 전송되는 모든 트래픽을 해독할 수 있다.[23] WEP 프로토콜의 이러한 약점이 결국 치명적이라는 것은 나중에 밝혀졌다. 최근 와이파이 네트워크는 전송되는 정보를 보호하기 위해 훨씬 더 신중하게 설계된 프로토콜을 사용한다.[24] 만약 오래된 와이파이 장비를 사용하고 있다면, 혹시 모르니 한번 확인해보기를 바란다.

## ⁝ 격차에 주의하라 ⁝

암호학을 완벽하게 시작하는 방법은 강력한 알고리즘을 고르고, 적절한 키 길이를 사용하여, 괜찮은 암호학 프로토콜에 배포하는 것이다. 하지만 이것은 그저 시작일 뿐이다. 표준을 따르고 최신 기술을 사용하는 것이 중요하다는 인식이 증가하면서 현대 암호화 시스템은 설계 문제에서 취약점이 발생하던 옛날 시스템보다 훨씬 나은 상황이다. 그러나 그렇게 해도 실패하기도 한다. 그 이유는 종이에 설계하는 것은 실제 암호화 구축 작업 중에서는 가장 간단한 부분이기 때문이다. 일이 잘 못되기 시작하는 것은 그다음이다.

첫 번째 문제는 설계와 구현 사이 격차가 있다는 점이다. 1997년 보안 전문가인 브루스 슈나이어Bruce Schneier는 암호학 구현을 예리하게 관찰하여 오늘날까지 회자되는 다음과 같은 글을 남겼다.

> 수학적 알고리즘과 하드웨어 또는 소프트웨어에서 실제로 구
> 현한 결과물 사이에는 엄청난 차이가 있다. 암호학 시스템 설
> 계는 취약하다. 프로토콜이 논리적으로 안전하다고 해서 설계
> 자가 메시지 구조를 정의하고 비트를 전달할 때까지 안전하다
> 는 의미는 아니다. 대충 만족하는 정도로는 안 된다. 이러한 시
> 스템은 정확하고 완벽하게 구현되어야 한다. 그렇지 않으면 실
> 패하고 만다.[25]

슈나이어의 주장은 암호화 알고리즘과 프로토콜이 보안 시스템의 매우 특별한 구성 요소라는 것이었다. 상자에 담겨 배달된 암호학 설계가 설명된 것과 정확히 일치하게 하려면 구현할 때 신경을 많이 써야 한다.

1997년부터 보안을 실제로 구축하는 방법에 많은 연구가

있었다. 보안 소프트웨어를 작성하는 방법이 더 많이 알려졌고 보안 하드웨어 구성 요소를 활용하여 시스템 보안을 강화하는 방법도 더 널리 받아들여졌다. 그러나 동시에 우리는 점점 더 많은 제품에서 암호학을 사용한다. 그리고 모든 제품 개발자가 보안 구현 기술에 뛰어나거나 보안 구현 전문가를 채용할 생각이 있는 것은 아니다. 한정된 예산에 개발 일정은 시급하기 때문에 어떤 제품은 암호학 결함이 있는 채로 나오기도 한다. 컴퓨터 보안 전문가 토마스 둘리앵Thomas Dullien은 2018년 '보안은 발전하고 있지만 안전하지 않은 컴퓨팅은 더욱 빠르게 성장한다'라고 말했다.[26]

아무리 현명하고 아무리 과거에 실패한 경험이 있더라도, 전투에서 계획한 암호학과 실제 최전선에서 맞붙을 암호학 사이 격차를 조심해야 한다.

## ⁞ 기습 공격 ⁞

1995년 12월, 암호학 연구를 처음 시작했을 때 나는 애들레이드 대학University of Adelaide의 무더운 사무실에 앉아 암호학 관련 뉴스를 다루는 sci.crypt의 글을 읽고 있었다. 1995년 당시에는 암호학 연구자들이 조사하고 있는 모든 주제를 광범위하게 아는 사람도 있었다. 실제로 퍼블릭 도메인에서 일한다면 대부분 암호를 누가 작성했는지 알 수 있었다.

특히 내가 관심 있게 본 게시물은 개인 암호학 컨설턴트인 폴 쾨허Paul Kocher의 〈RSA, DH, DSS의 타이밍 암호 분석〉이었다. 쾨허는 다른 공개키 알고리즘 중 RSA를 뚫었다고 주장했다. RSA가 뚫렸다고? 바보 아니야? 일단 계속 읽어보았다.

기존 암호학 제품과 시스템이 잠재적 위험에 처해 있기 때문에 여러분이 관심을 가질 만한 공격에 대한 상세 정보를 공개합니다. 일반적인 공격 방법은 메시지를 처리하는 데 사용되는 시간을 측정하여 비밀 키를 찾는 것입니다.[27]

그렇다. 쾨허가 미쳤던 게 맞다.

폴 쾨허는 아직 알려지지 않은 미지의 것을 발표했다. 그는 RSA 알고리즘을 깨뜨리지 않았다. 컴퓨팅 성능이 향상되면서 우리가 키 길이를 늘인다면 1995년에도 그랬듯이 오늘날에도 RSA는 안전하다. 그는 이전에 안전하다고 믿었던 RSA가 사실은 그렇지 않다는 사실을 발표한 것이었다. 실수 때문이 아니라 구현이 잘못된 것이 문제였다. 쾨허는 암호화 알고리즘 구현을 공격하는 새로운 방법을 발표했다. 바로 기습 공격이었다. 암호학 구현은 그 이후로 예전과는 달라졌다.

쾨허는 정보 커뮤니티 외부의 누구도 가능하다고 상상하지 못했던 일을 해냈다. 쾨허는 RSA 개인키가 포함된 스마트카드와 같이 보기에 안전한 장치에 접근할 수 있었다. 그러한 장치의 경우 아무도 장치에 저장된 키를 읽지 못해야 하면서도 장치에 키를 사용하여 암호학 계산을 수행하도록 요청할 수는 있어야 한다. 신용카드를 생각해보자. 직원이 신용카드 칩에 저장된 키를 추출하기를 원하지는 않겠지만 결제 단말기는 이 키를 사용하여 거래를 처리할 수 있기를 원할 것이다.

이것이 바로 쾨허가 한 일이다. 그는 장치에 RSA 계산을 수행하도록 지시한 다음 일어나는 일들을 면밀히 조사했다. 특히 장치가 다양한 RSA 암호문을 가지고 해독할 때 특정 작업에서 미세하게 시간의 차이가 발생하는 것을 발견했다. 분석할 암호문과 측정할 작업을 잘 선택하여 쾨허는 결국 암호 해독 작업을 수행하는 데 사용되는 개인키를 찾아냈다.[28] 놀랍다!

쾨허의 *타이밍* 공격은 암호학 연구에 완전히 새로운 분야를 개척했다. 만약 장치에서 키가 사용된 타이밍을 측정하여 개인키를 발견할 수 있다면, 예상치 못한 다른 방법으로 개인키를 발견할 수도 있을까? 이것은 부채널 공격Side-channel attack 중 하나의 예일 뿐이며, 모두 암호학 구현의 다양한 측면을 악용하여 암호학에 의존하는 비밀 키 정보를 유출한다. 다른 방법으로는 장치가 암호학 관련 작업을 수행할 때 소비하는 전력,

7장. 암호 시스템 파괴

장치에서 방출하는 전자기 복사, 잘못된 정보를 일부러 제공했을 때 장치가 동작하는 방식을 분석하는 방법 등이 있다.[29]

부채널 공격 대부분은 암호학이 구현된 장치를 소유하고 그 비밀이 드러날 때까지 반복적으로 '고문'하는 능력이 필요하다. 건물 지하실의 특별한 방에 있는 거대한 컴퓨터에서만 암호학이 구현되었던 과거에는 부채널 분석이 적절하지 않아 보였다. 하지만 오늘날 주머니에 들어가는 작은 기기에도 암호학이 적용되었고, 부채널 분석은 실질적인 위협이 된다. 이 작은 기기에 들어온 공격자가 기기를 조사하여 비밀을 얻어낼 수 있다.

이 때문에 부채널 공격을 조사하고 부채널 공격으로부터 보호하는 방식으로 구현하는 방법이 개발된다. 부채널 공격은 은근하게 이루어지기 때문에 이를 해결하는 방식도 은근하게 접근해야 한다. 정말 필요할 때 암호학을 안전하게 구현하는 것이 얼마나 어려운 일인지 새삼 느껴지는 대목이다.

## ⁝ 세상을 구하는 진짜 방법 ⁝

시나리오를 다시 써보자.

정보요원 두 명이 차 안에 긴장한 채로 앉아 시간에 쫓기며 분주한 도시 거리를 헤매고 있다. 운전자는 정신이 반쯤 나간 상태로 본부와 다급하게 이야기를 나눈다. 조수석에 앉아 있는 괴짜 컴퓨터 분석 요원은 방금 훔친 USB 메모리를 노트북에 삽입한다. "뭐가 있어?" 운전자가 묻는다. "암호화되어 있네요." 컴퓨터 분석가가 대답한다. "해독할 수 있나?" 운전자가 묻는다. 알 수 없는 글자들이 화면 위에서 춤을 추는 동안 분석가는 키보드와 씨름하고, 입술을 오므리고, 천천히 숨을 내쉰다. "AES 암호화를 사용하네요." "그래도 해독할 수 있지?" 운전자가 되묻자, 화면의 타이머가 0시를 향해 1초씩 빠르게 움직이기 시작한다. "방금 해독했어요." 분석가가 차분하게 말한다. "공장 기본 키를 사용했네요. 바보들." "그럴 리가!" 운전자가 툴툴거린다. "쓰레기 트럭이 나오는 멋있는 장면까지 가지도 못했잖아!"

이 시나리오는 어떤가?

··· "뭐가 있어?" 운전자가 묻는다. "암호화되어 있네요." 컴퓨터 분석가가 대답한다. "해독할 수 있나?" 운전자가 묻는다. 알 수 없는 글자들이 화면 위에서 춤을 추는 동안 분석가는 키보드와 씨름하고, 입술을 오므리고, 천천히 숨을 내쉰다. "AES 암호화를 사용하네요." "그래도 해독할 수 있지?" 운전자가 되묻자, 화면의 타이머가 0시를 향해 1초씩 빠르게 움직이기 시

작한다. 분석가는 얼굴을 찡그리며 다시 한번 키보드 위로 손가락을 바쁘게 움직인다. 째깍 째깍 째깍…. 운전자는 지름길로 가기로 결정하고 갑자기 핸들을 오른쪽으로 꺾는데, 그 길은 쓰레기 트럭이 떡하니 막아서고 있다. 차는 끽 하는 소리를 내며 멈춰서고, 타이머가 카운트다운의 마지막 몇 초로 접어들자 운전자는 절망감에 한숨을 내쉰다. 그 순간 분석가는 숨을 헐떡이며 "됐다!"라고 외친다. 운전자는 안도의 미소를 지으며 "역시 넌 천재야!"라고 외친다. 하지만 분석가는 이렇게 대답한다. "천재는 아니고요. 프로그램에 보안이 걸리지 않은 키가 있네요. 저는 그냥 보기만 했어요."

다음 시나리오도 보자.

… "뭐가 있어?" 운전자가 묻는다. "암호화되어 있네요." 컴퓨터 분석가가 대답한다. "해독할 수 있나?" 운전자가 묻는다. 알 수 없는 글자들이 화면 위에서 춤을 추는 동안 분석가는 키보드와 씨름하고, 입술을 오므리고, 천천히 숨을 내쉰다. "AES 암호화를 사용하네요." "그래도 해독할 수 있지?" 운전자가 되묻자, 화면의 타이머가 0시를 향해 1초씩 빠르게 움직이기 시작한다. 분석가는 얼굴을 찡그리며 다시 한 번 키보드 위로 손가락을 바쁘게 움직인다. "키가 비밀번호로 생성된 것 같아요. 잠시만요." 째깍 째깍 째깍…. 운전자는 지름길로 가기로 결정

하고 갑자기 핸들을 오른쪽으로 꺾는데, 그 길은 쓰레기 트럭이 떡하니 막아서고 있다. 차는 끽 하는 소리를 내며 멈춰서고, 타이머가 카운트다운의 마지막 몇 초로 접어들자 운전자는 절망감에 한숨을 내쉰다. 그 순간 분석가는 숨을 헐떡이며 이렇게 외친다. "됐다! 나쁜 놈들은 꼭 '하비에르 바르뎀Javier Bardem' 같은 비밀번호를 쓴다니까요."[30]

## ⁂ 어쨌든, 키 관리 ⁂

좋은 알고리즘-확인했다. 괜찮은 프로토콜-확인했다. 신중한 구현-확인했다. 부채널 공격 방어-확인했다. 그럼 이제 시작해도 될까?

아직 아니다. 이젠 잘 알겠지만 암호학은 키에 의존한다. 실제로 알고리즘이 올바르게 설계되고 구현되었다고 가정하면 암호학은 데이터를 보호하는 어려운 문제를 키를 보호하는 비교적 쉬운 문제로 변환한다. 암호학이 우리가 의도한 작업을 잘 수행하려면 어쨌든 키를 잘 관리해야 한다.[31]

키를 하나의 생명체라고 생각하는 것도 하나의 방법이다. 키는 태어나서, 살다가, 죽는다. 이런 *키 생명 주기* 동안 키를 잘 키우는 것이 중요하다. 키 생명 주기에는 여러 중요한 단계가 있다. 먼저 키가 *생성된다*. 그런 다음 키는 암호학 시스템이 필요한 곳에 배포된다. 그리고 평범하게 *저장되어* 사용을 기다리고 있다. 어떤 시스템에서는 키가 주기적으로 *변경되어야* 한다. 궁극적으로 키가 더 이상 필요하지 않으면 *파괴되어야* 한다.

암호학 키의 생명 주기에서 이러한 단계들은 모두 신중하게 관리되어야 한다. 이 단계 중 하나만 제대로 처리되지 않아도 암호학 시스템 자체가 실패할 수도 있기 때문이다. 현관문 열쇠도 마찬가지다. 지나치게 단순한 현관문 열쇠가 있다면 다른 사람이 대충 금속 고리를 가지고 흔들어도 열 수 있게 된다. 나쁜 부동산 중개인은 범죄 조직에 현관 열쇠 사본을 넘길지도 모른다. 현관문 옆에 있는 화분 밑에 열쇠를 놓아두면 다른 사람이 우연히 열쇠를 찾게 될지도 모르는 일이다. 도둑이 침입했는데도 잠금 장치를 바꾸지 않는다면 도둑이 돌아와 손해 보험금으로 산 집안의 모든 물건을 다시 훔쳐 갈지도 모른다.

암호학 키가 제대로 관리되지 않으면 두 가지 중요한 문제가 발생할 수 있다. 첫째, 대칭 암호화 키나 비대칭 개인 복호화 키 등 비밀이어야 하는 키가 알려질 수 있다. 우리가 써본 시나리오 중 세 가지에서 세상을 구할 수 있었던 이유는 키 생명 주기 중 어떤 단계에서 키 관리에 실패하여 비밀 키가 알려졌기 때문이었다. 하나는 약한 비밀번호, 즉 불량한 키를 사용했기 때문이었다. 하나는 키를 소프트웨어에 저장하는, 불량한 키 저장소 때문이었다. 그리고 마지막은 새로 키를 생성하지 않고 공장에서 나온 키를 그대로 사용하는 키 변경 실패 때문이었다.[32] 키 생명 주기의 어느 단계에서든 비밀 키를 비밀로 지키지 못하면 곧 재앙이 된다. 물론 당신이 어느 편이냐에 따라 이 행성을 구할지도 모른다. 물리적 열쇠도 그렇듯이 비밀 키를 보호해야 한다는 것은 당연하다.

두 번째 핵심 문제는 암호학 키의 목적이 생각한 것과 다를 수도 있다는 것이다. 예를 들어, 이 키가 당신이 생각한 키의 주인이 아닌 사람의 소유일지도 모르는 일이다. 이 문제는 물리적 열쇠로는 쉽게 상상이 안 되지만, 한번 해보자.

누군가에 쫓겨 도주 중인 당신에게 하룻밤 지낼 곳을 마련해주겠다는 지인을 만났다고 생각해보자. 지인은 당신에게 주소를 알려주고 열쇠를 건넨다. 당신은 집을 찾아서 문을 열고, 그곳이 동네 경찰서임을 깨닫는다. 당신은 몰랐지만 그 지인은 잠복 경찰이었던 것이다! 흠… 이 시나리오는 왜 그럴듯하게 들리지 않을까?

건물에 들어갈 때 낯익은 '경찰서' 글자를 보지 못하고 밝은 색으로 치장한 경찰차들이 주차된 것을 보지 못한 것 외에도, 물리적 열쇠는 물리적으로 건네받아야 하고 맥락이 열쇠의 목적을 어느 정도 보장하기 때문에 이 시나리오는 거의 가능성

7장. 암호 시스템 파괴

이 없다. 자동차 판매원이 당신이 새로 구입한 새 차의 열쇠를 건네주고 차고에서 반짝이는 BMW를 가리킨다면, 그 열쇠가 그 차의 열쇠임이 틀림없다고 믿을 만한 많은 이유가 있다. 물론 그럼에도 그 열쇠로 BMW를 열지 못할 수도 있다. 그 옆에 주차된 녹슨 밴이 불을 깜빡이며 인사를 건네고 판매원이 그 차로 안내해줄 수도 있다. 그런 일이 일어날 수도 있다. 하지만 대개는 그렇지 않다.

암호학 키는 사이버 공간에서 존재하기 때문에 물리적 맥락이 부족하다. 당신이 원격 웹사이트에 연결할 때 웹 서버가 공개 암호화 키를 제공하여 보안 통신 채널을 구축하기 시작할 때 이 공개키가 실제 웹사이트에서 온 것이라는 것을 어떻게 알 수 있을까?[33] 친구가 당신에게 공개 암호화 키를 이메일로 보내며 암호화된 메시지를 보내라고 할 때, 그 이메일을 공격자가 중간에 가로채서 친구의 키를 공격자의 키로 바꿔치기하지는 않았는지 어떻게 알 수 있는가? 루리타니아에 있는 회사에서 저렴한 암호학 장치를 구입할 때 해당 암호학 키가 루리타니아 정부 데이터베이스에 떡하니 저장되어 있지 않다는 것은 어떻게 알 수 있는가?

키를 관리하는 목표는 비밀 키를 비밀로 유지하고 올바른 일에 올바른 키를 사용하는지 확인하는 것이다. 암호학 기술 자체, 그리고 이를 사용하는 조직과 사람들 간의 상호 작용으로서 키 관리는 실제 시스템에서 암호학 관련 작업을 구축할 때 가장 어려운 부분이라는 데는 이견이 없을 것이다.

## ∶ 좋은 키. 나쁜 키 ∶

키 생성은 키 관리 프로세스에서 가장 중요한 부분이다. 대칭 암호학과 비대칭 암호학은 약간 다른 점이 있으므로 둘로 나누어 설명하겠다.

대칭 암호화 알고리즘의 보안은 대칭 키가 무작위로 생성되었다는 가정을 기반으로 한다. 이 아이디어에는 두 가지 문제가 있다.

일단, 무작위로 키를 생성하는 것 자체가 매우 어려운 일이다. 사실 '진정한 무작위성'이라는 개념 자체를 가지고 철학자와 물리학자들이 한평생을 토론해도 모자라기 때문에, 이 책에서는 다루지 않겠다.[34] *비결정론적 난수*라고 알려진 진정한 난수는 일반적으로 '자연적인' 물리적 출처가 필요하다. 비결정론적 무작위성을 생성하는 가장 확실한 방법 중 하나는 동전을 던지는 것이다. 동전과 동전을 던지는 사람이 한쪽으로 치우치지 않았다고 가정하면, 각 동전 던지기는 앞면이나 뒷면이 나올 가능성이 있는 독립적인 물리적 사건이다. 이것은 무작위로 키를 생성하는 좋은 방법이다. 예를 들어 앞면이 나오면 1, 뒷면이 나오면 0으로 변환한다면 모든 비트가 그 이전이나 이후에 선택되는 비트와 관계없이 독립적으로 비트가 생성된다.[35] 하지만 이런 방법은 대부분의 상황에서는 실용적이지 않다. *제 웹사이트에서 물건을 사려고 하시나요? 일단 동전을 128번 던져 AES 키를 생성해 주시겠어요?* 이런 메시지가 나온다면 어떻겠는가.

다행히 사람이 개입하지 않고도 다양한 방법으로 물리적 출처에서 비결정론적 난수를 생성할 수 있다. 백색 소음이나 기압, 물리적 진동이나 방사성 붕괴와 같은 물리적 출처에서 측정값을 얻은 다음 이를 1과 0으로 변환하는 등이다.[36] 이러한 기술은 번거로울지는 몰라도 상당히 효과적이다. 그러한 물리적 기기에 접근이 가능하고 진정한 임의성을 추출할 수 있다면 좋은 방법이다. 하지만 그렇지 않을 때는 어떻게 할까?

비결정론적 키 생성에는 또 다른 단점이 있다. 이러한 유형의 기술로는 두 개의 서로 다른 위치에 두 개의 동일한 무작위 키를 생성할 수 없다. 이러한 일이 발생하지 않아야 한다는 것이 비결정론적 난수 생성의 요점이라고 할 수 있다. 동전 던지기가 무작위성을 생성하는 좋은 방법인 이유는 결과를 예측할 수 없기 때문이다. 그러나 두 개의 서로 다른 위치에서 두 개의 동일한 키를 생성하는 것은 대칭 암호화를 사용하는 많은 프로그램이 원하는 것이기도 하다. 당신이 전화를 걸 때 당신의 전화기와 통신사는 그 전화를 암호화하기 위해 즉시 키가 필요하다.

아프니까 청춘이 아니라, 아픔을 잘 피해 봐야 한다. 앞서 논의한 바와 같이 우수한 암호화 알고리즘은 '무작위'로 보여야 하기 때문에 암호학 자체가 '무작위'의 잠재적 출처가 된다. 당신이 전화를 걸 때 당신의 전화기와 통신사는 그 전화를 암호화하는 데 사용할 새로운 '무작위' 대칭 키를 생성하기 위해 특정 암호화 알고리즘을 사용한다. 전화기와 통신사는 이미 비결정론적으로 생성된 SIM 카드에 저장된 장기 대칭 키를 공유하고 있다. 이 장기 키는 암호화 알고리즘에 입력된 다음 새로운 공유키를 만들어낸다. 전화기와 통신사는 동일한 입력, 동일한 알고리즘을 사용하여 동일한 키를 생성한다. 이 생성 과정은 결정론적이며 서로 다른 곳에서 반복될 수 있기 때문에 진정한 무작위성이라고는 할 수 없다. 우리는 이것을 가짜 무작위성, 혹은 *유사 난수성*이라 부른다.

무작위성이 가짜일 수도 있지만, 유사 난수성으로 생성된 키는 대부분 암호학을 사용하는 프로그램에 충분하다. *유사 난수 생성기*, 즉 유사 난수를 생성하는 암호화 알고리즘에 의해 생성된 키는 동전 던지기로 생성된 키만큼 공격자가 추측하기 어려울 가능성이 있지만, 딱 가능성만 있을 뿐이다.

좋지 않은 유사 난수 생성기를 사용하는 것은 수년간 암호 시스템의 약점으로 작용했다. 이 취약점을 간과해서는 안 된다. '최첨단 AES 128비트 암호화'를 사용한다고 광고하는 보안 제품은 흔히 볼 수 있지만 키 생성 방법을 자랑하는 제품은 거의 없다. 잘못된 유사 난수 생성기는 무작위 키를 생성하지 못한다. 이러한 생성기를 분석하는 공격자는 어떤 키는 전혀 생성되지 않고 어떤 키는 더 자주 생성된다는 사실을 발견할 수 있다. 이것은 알려지지 않은 비밀 키를 철저히 검색하려는 공격자에게 유용한 지식이 된다.[37]

앞서 언급했듯이 큰 난수를 기억하기는 쉽지 않기 때문에 유사 난수로 키를 생성하기 위해 사용되는 기술은 비밀번호에서 파생된 키를 사용하는 것이다. 비밀번호를 입력하면 유사 난수 생성기가 이 비밀번호를 암호화 키로 변환하는 데 사용한다. 이 과정은 매우 신중하게 이루어져야 하고 그렇지 않으면 많은 문제가 발생한다. 예를 들어, 일반적인 비밀번호에서 파생된 키는 다른 비밀번호보다 더 일반적으로 생성되는 반면 매우 특이한 비밀번호에서 파생된 키는 그렇지 않을 수 있다. 늘 그랬지만 최고의 해결책은 현존하는 가장 뛰어난 도구를 사용하는 것이다. 이 경우 암호학자는 비밀번호와 같은 키를 생성하도록 특별히 설계된 알고리즘인 *키 파생 기능*을 설계했다.[38]

비대칭 키는 '단순한' 난수가 아니기 때문에 비대칭 암호화에서 키 생성은 훨씬 더 복잡하다. 모든 비대칭 알고리즘에는 필요한 키를 생성하는 방법에 대한 정보가 담겨 있다. 이 조언만 잘 따르면 모든 것이 순조롭게 진행될 것이다. 그러나 유감스럽게도 인간은 특히 복잡해 보이는 상황에서 조언을 따르지 않는 경향이 있다. 개발자가 단순히 이러한 지침을 따르지 않아 키 생성이 제대로 되지 않는 경우가 상당히 많았다. 예를 들어, 연구에 따르면 인터넷에 있는 방대한 수의 RSA 공개키가 특정 속성을 공유하여 보안을 위협하는 것으로 나타났다.[39] 이러한 중복은 우연의 일치가 아니며, 키 생성 과정에서 결함이 있었다고 할 수 있다.

오늘날 대부분의 사람들은 자신의 암호화 알고리즘을 설계하지 않는다. 그러나 현명한 사람만이 봉투 뒷면에 자신의 키 생성 방법을 작성하려는 유혹을 물리친다.


## ✂ 올바른 위치에 올바른 키 가져오기 ✂

키 배포는 키 관리의 가장 중요한 단계 중 하나이며, 이에 관해서는 충분히 다루었다. 키 배포는 올바른 키를 올바른 위치에 안전하게 가져오는 것이다.

올바른 키를 잘못된 위치에 가져와서는 안 된다. 따라서 키 배포에 상당한 노력이 투자되는 경향이 있으며 다양한 기술이 사용된다. 앞서 언급했듯이 많은 프로그램에서 키는 SIM 카드나 자동차 열쇠고리 등의 장치에 미리 설치된 상태로 제공되기 때문에 제조 과정에서 키가 배포된다. 또는 와이파이 공유기 뒷면의 키를 읽어 와이파이 연결이 허용된 장치에 입력하는 것과 같이 키를 공유해야 하는 장치가 물리적으로 서로 가깝기 때문에 키 배포가 간단하게 이루어지기도 한다. 중앙 관리식 시스템에서는 이를 밀접하게 관리하여 키를 안전하게 배포한다. 은행은 ATM 기기, 고객의 은행 카드 등에 사용되는 키를 배포하기 위한 매우 안전한 프로세스를 사용한다.

하나의 키가 두 당사자에게 배포되면 키 파생 기능을 사용하여 원래 키에서 새 키를 유사하게 파생함으로써 추가 키 배포에 따르는 번거로움을 피할 수 있다. 통신사에서 통화 요금제를 신청하면서 구입한 SIM 카드에는 키가 내장되어 있다. 그리고 전화를 걸 때마다 통화는 완전히 새로운 키로 암호화된다. 이 새 키는 SIM 카드의 키에서 파생된다. 당신과 통신사모두 원래 키를 알고 있으므로 둘 다 이 키에서 동일한 새 키를 만들어낼 수 있다. 따라서 배포할 것이 없다. 이 새로운 키는 통화를 암호화하는 데 사용된 후 삭제된다. 이후 전화를 걸 때는 SIM 카드의 원래 키에서 또 다른 새로운 키가 만들어진다.[40]

키 배포는 통신을 사용하는 당사자가 인터넷과 같은 개방형 시스템에 있을 때 더 어려워진다. 이것은 당사자들이 서로 멀리 떨어져 있으며 사전에 키를 공유할 수 있었던 적이 없다는 것을 의미한다. 일반적으로 예를 들자면 온라인 상점에서 물건을 구매하거나 새로 연락처에 등록한 사람과 왓츠앱 메시지를 주고받을 때를 생각해보자. 앞서 언급했듯이 이것은 비대칭 암호화 사용이 필요한 유형의 상황이다. 하이브리드 암호화는 비대칭 암호화의 보호 아래 대칭 키를 배포하는 수단을 제공한다. 이 시나리오에서 키를 배포하는 기술로 잘 알려진 것은 *디피 헬먼*Diffie Hellman *키 계약*으로, 두 당사자가 서로에게 공개키를 보낸 다음 이들로부터 각각 공통 비밀 키를 도출할 수 있는 도구를 제공한다.[41]

올바른 키가 잘못된 위치로 가는 것을 막아도 키 배포 문제의 절반밖에 해결하지 못한다. 잘못된 키가 올바른 위치로 이동하는 것도 막아야 한다. 비대칭 암호화를 다룰 때 공개키가 소유자의 ID와 올바르게 연결되는 것이 얼마나 중요한지 언급하면서 이 문제를 언급했다. 이 연결이 없으면 공격자는 합법적인 웹사이트의 사본을 만들고 합법적인 웹사이트의 공개키 대신 공격자의 공개키를 제공한다. 당신은 순수한 마음으로 비용을 지불하려 하지만 공격자는 은행 카드 세부 정보를 훔친다. 웹사이트가 제공한 공개키가 실제로 당신이 믿는 웹사이트에서 온 것이 맞는지 확인하는 몇 가지 수단이 필요하다.

공개키를 소유자에게 연결하는 표준 도구를 공개키 인증서라고 한다. 기본적으로 공개키 인증서는 가끔 집 벽에도 걸려 있는 인증서와 마찬가지로 간단한 설명이 적혀 있다. 우리 집에도 다음과 같은 인증서가 있다.

*이 인증서는 카일라가 기타 연주 2등급을 우수한 성적으로 통과하였음을 인증함.*

*이 인증서는 핀레이가 학급 내에서 듣기 능력이 가장 뛰어난 학생임을 인증함.*

*이 인증서는 레이먼이 성인 반려견 훈련 과정을 수료하였음을 인증함.*

공개키 인증서는 다음 내용을 포함해야 한다. 이것은 *싸다싸닷컴*www.reallycheapwidgets.com*의 공개키가 X라는 것을 인증함.* 여기서 X는 내가 다 쓰지 못할 정도로 엄청난 양의 유효한 공개키이다.[42]

인증서의 거창한 문구 뒤에는 '누가 그러던가?'라는 질문이 숨어 있다. 우리 집 벽에 걸려 있는 인증서 중 첫 번째는 왕립 음악학교 연합 이사회 대표, 두 번째 인증서는 세인트 커스버트 초등학교 교장, 그리고 세 번째는 반려동물 필수 전문 훈련소의 반려견 훈련사 사라 히크마트Sarah Hickmott가 인증한 것이다. 누구냐고? 중요한 사람이자, 당신이 알 만한 사람이다. 이 인증서를 발급한 사람들은 각자 분야에서 어느 정도의 권위를 가지고 존경받는 인물이다.

마찬가지로, 공개키 인증서는 공개키와 소유자 사이 연결이 정확하다는 것을 보증하기 위해 신뢰할 수 있는 사람이 만들어야 한다. 사이버 공간에서 이 역할은 정부와 같은 공식 기관이나 상업적이더라도 이러한 인증 서비스를 제공하는 인증기관이 수행한다.[43] 공개키에 의존하는 모든 사람은 인증기관을 신뢰해야 한다. 인증기관이 그 작업을 수행했다고 신뢰하지 않는 경우에는 인증서 정보를 신뢰하지 않아야 한다. 매우 간단하다.

흔하게 하는 실수 중 하나는 인증서에 너무 큰 의미를 부여하는 것이다. 인증서는 정확히 표시된 것만 보증할 뿐, 그 이상은 책임지지 않는다. 핀레이는 학교에서 듣기 과목을 훌륭하게 소화했겠지만, 집에서도 잘 듣는다는 보장이 있을까? 레이먼은 반려견 훈련 수업에 참석했지만, 반려견이 치즈를 좋아한다는 것 말고 배운 것이 있을까? 싸다싸닷컴www.reallycheapwidgets.com의 공개키가 X라는 단순한 사실이 특정 날짜 이후에도 유효하거나, 금융 데이터를 비롯한 다른 데이터를 암호화하는 데 사용해도 된다는 것을 의미하지는 않는다. 공개키 인증에서는 이러한 문제를 다루기 위해 다른 데이터를 포함하기도 한다. 그러나 아무리 세분화된다 해도 공개키 인증은 그저 공개키와 연관되어 있는 사실의 집합일 뿐이다. 공개키가 애초에 안전하게 생성되었는지 등 중요한 문제까지 보장하지는 않는다.[44]

궁극적으로 인증서는 포함된 정보를 보호하는 데 사용되는 무결성 메커니즘만큼의 효력만 가지고 있다. 카일라의 인증서에는 워터마크가 있고, 왕실 양피지에 인쇄되었으며 다양한 공식 로고로 장식되어 있다. 다른 두 장의 인증서에도 왁스 씰에 화려한 그림이 그려져 있다. 공개키 인증서는 사이버 객체로서 암호학 데이터 무결성 솔루션이 필요하다. 인증기관은 디지털 서명으로 공개키 인증서의 모든 정보를 봉인한다. 공개키 인증서의 정보에 의존하는 모든 사람은 데이터 무결성을 확인하기 위해 이 디지털 서명을 인증해야 한다. 그렇게 하려면 인증기관에서 만든 디지털 서명을 확인하는 데 사용되는 확인용 공개키가 필요하다. 이 공개키가 인증기관에서 발급한 키인지 확인하기 위해 이 공개키도 공개키 인증서를 사용하여 인증기관에 연결되어야 한다. 그래서 여기에 서명한 것은 누구인가?

싸다싸닷컴과 같은 상점에서 온라인으로 물건을 구입할 때 공개키 인증서 문제는 당신의 웹 브라우저가 주로 처리하고 있다. 온라인에서 거래를 하기 전에 싸다싸닷컴은 공인된 인증기관에서 공개키 인증서를 받아야 한다. 이 인증기관의 공개키 자체는 상위 인증기관에서 인증한 것이다. 궁극적으로 가장 상위에 있는 인증기관은 공개키 인증서를 검증하고 웹 브라우저에 설치한다.[45] 싸다싸닷컴이 당신의 웹 브라우저에 공개키 인증서를 보내면, 브라우저는 관련된 모든 인증서를 확인한다. 모두 잘 진행되면 당신의 거래는 무탈하게 이루어진다. 만약 인증 중 하나가 실패하면 브라우저는 계속할지 묻는 경고 메시지를 표시한다. 이 메시지는 기본적으로 브라우저가 진짜 싸다싸닷컴과 통신하는지 보장할 수 없다는 것을 의미한다. 진행할지 여부는 당신에게 달려 있다. 이러한 경우 연결을 종료하는 것이 안전하다.[46]

공개키의 진짜 소유자를 인증하기 위해 공개키 인증서를 사용한다는 일반적인 개념을 정립하기에 설명이 충분했기를 바란다. 또한 공개키 인증은 수행해야 할 관리 프로세스가 많은 까다로운 작업임을 설명하기에도 충분했으면 한다. 인증기관이 공개키의 소유자를 식별하는 구체적인 방법은 아직 언급하지 않았다. 또한 공개키 인증서의 내용을 변경할 경우 발생하는 일도 논의하지 않았다. 공개키 인증서를 사용하려면 이러한 문제를 해결하는 인프라가 필요하다.[47]

키 배포에는 여러 가지 어려움이 있지만, 다양한 솔루션 또한 있다. 우리가 매일 암호학을 사용하는 이유는 신중하게 선택되고 구현되었을 때 서로 다른 모든 솔루션이 잘 작동하기 때문이다.

# ⁝ 암호학. 그 외 ⁝

암호화 프로세스 중 데이터에는 어떤 일이 일어나는지 떠올려 보자. 데이터… 데이터… 〈암호화-짜잔!〉 암호화된 데이터… 암호화된 데이터… 〈복호화-짜잔!〉 데이터… 데이터…. 즉, 첫 번째 짜잔과 두 번째 짜잔 사이 데이터는 암호화로 보호된 다. 하지만 그 이전과 그 이후 데이터는 그렇지 않다.

얼마나 당연한 일인가? 데이터는 암호화되지 않으면 암호 화되지 않는다. 놀랄 노자다. 단, 데이터가 암호화되지 않은 상 태로 언제 어디에 존재하는지 인식하지 못하는 경우 암호학은 보호하는 데 실패한다.

엔드포인트 보안의 중요성을 잘 보여주는 예로 웹 연결을 보호하기 위해 사용하는 TLS 프로토콜을 들 수 있다. 온라인 상점에서 제품을 구입할 때 결제 시 TLS를 사용하여 세부 정보 를 암호화한다. TLS 프로토콜은 웹 브라우저와 상점의 웹 서버 사이에서 결제 카드 세부 정보와 같은 데이터를 암호화한다. 이 데이터는 키패드에 입력한 시점부터 암호화되지는 않는다.

데이터는 임시 메모리에 저장되거나 컴퓨터 어딘가에 저장되었을지도 모른다. 이 데이터는 당신의 어깨 너머에서 지켜보는 누구라도 얻어낼 수 있다. 컴퓨터에 접근할 수 있거나 컴퓨터에서 프로그램을 실행할 수 있는 다른 사용자가 사용할 수도 있다. 키보드에 키로거keylogger*를 설치한 사람도 데이터를 사용할 수 있다. 웹 서버 측에서는 누가 접근 권한을 가지고 있는지 전혀 알지 못한다. 어떤 웹사이트는 데이터베이스에 카드 정보를 저장한다. 즉, 데이터베이스에 접근 가능한 모든 사용자가 카드 정보를 얻을 수 있다. 온라인 상점은 이러한 데이터를 암호학을 사용해 매우 신중하게 보호해야 하지만, 결코 확신할 수는 없다.[48]

디지털 포렌식 수사관은 암호화된 데이터를 발견했다고 금세 포기하고 집으로 돌아가지는 않는다. 데이터는 암호화되기 전이나 복호화된 후에나 놀랄 만한 장소에 있는 경우가 많다는 것을 잘 알고 있다. 노트북에 데이터를 숨기려는 순진한 사람은 파일을 암호화한 다음 원본 파일을 삭제하고 암호화된 파일만 남겨둔다. 그러나 파일을 삭제한다고 해서 반드시 파일이 없어지는 것은 아니며, 노트북이 파일을 찾기 위해 사용하는 목록에서 파일과의 연결을 끊어놓을 뿐이다. 자신이 무

---

* 키보드 입력을 감지하는 프로그램.-옮긴이

7장. 암호 시스템 파괴

엇을 하고 있는지 아는 사람은 노트북을 뒤적거려 연결이 끊어진 '삭제된' 파일을 찾아낼 수 있다.[49]

정보 요원이 세상을 구하기 위해 시간을 다투어 정신없이 일하는 시나리오 중 세 번째 시나리오에서 보았듯이, 마지막에 부주의하게 관리되고 있을지 모르는 또 다른 정보는 바로 암호학 키다. 암호학 키를 저장하는 가장 좋은 방법은 보안 하드웨어에 저장하는 것이다. 보안 하드웨어의 간단한 예로는 은행 카드나 SIM 카드와 같은 스마트카드를 들 수 있다. 키를 저장하기 위해 더 중요한 기술은 키를 저장하고 관리하기 위한 전용 장비인 *하드웨어 보안 모듈*이다.[50] 보안 하드웨어 장치에서 키를 추출하는 것은 매우 어렵다. 이보다 허술하고 저렴한 방법으로 프로그램이 소프트웨어에 키를 저장하도록 만들 경우 엔드포인트를 자세히 분석하여 키를 찾아 암호화를 해제할 수도 있다.

컴퓨터 보안 전문가인 진 스파포드Gene Spafford는 '인터넷에서 암호화를 사용하는 것은 택배 상자에서 사는 사람이 공원 벤치에 앉아 있는 사람에게 신용카드 정보를 전달하기 위해 장갑차를 사용하는 것과 같다'고 말했다.[51] 암호화는 작동하지만 사이버 공간에서 당신이 하는 대부분의 일은 공원 벤치에 앉아서 하는 일과 비슷하다.

크립토그래피

# ː 탄소 기반 보안 ː

사이버 보안 전문가들은 암호 시스템을 비롯한 모든 보안 시스템에서 '가장 약한 부분'은 바로 인간이라고 주장해왔다.[52] 이 주장은 보안사고 대부분이 시스템을 사용하는 인간의 부주의나 어리석음에서 발생한다는 것을 암시한다. 당대 최고의 암호화 알고리즘을 선택해서 완벽하게 구현하고, 표준에 가장 잘 들어맞는 키를 관리한다면 어떨까? 그래도 어떤 바보 같은 인간이 포스트잇에 키를 적어서 모니터 옆에 붙여두곤 한다.

이런 일은 실제로 일어난다. 그러나 인간이 암호 시스템의 가장 큰 취약점이라는 주장은 의문을 제기하기도 한다. 이 시나리오에서 누가 누구를 돕는 상황인가? 미래에 대한 두려움은 차치하고 적어도 현재는 기술 대부분이 인간의 이익을 위해 설계되었다. 인간이 그 기술을 실망시키고 있다고 말하는 것은 꼬리가 개를 흔든다고 말하는 것과 같다. 더 근본적으로, 인간과 암호 시스템 사이 상호 작용 지점이 문제의 원인이 될 가능성이 가장 높다는 것이 사실이라면, 시스템이 이 약점에 대항하도록 설계되어야 한다. 인간과 상호 작용하는 부분을 잘 관리해야 한다. 한탄만 하지 말고.

암호 시스템의 끝에 있는 인간 사용자는 어떤 종류의 암호학적 재난을 일으킬 수 있을까? 사용자는 보안 시스템에 있는 파일을 암호화한 다음 암호화되지 않은 복사본을 USB 메모리에 저장하고, 이를 집으로 가져가던 중 버스 안에서 잃어버릴 수 있다. 중요한 데이터를 암호화하지 못하거나, 실수로 암호화를 해제해버릴 수도 있다. 암호학 키에서 파생된 비밀번호를 어딘가에 적어둘 수도 있다. 암호학 키가 저장된 은행 카드나 사원증, 신분증 등 스마트카드를 친구에게 빌려줄지도 모른다. 노트북 데이터를 암호화해놓고 키를 잊어버릴 수도 있다. 지나가는 사람들이 모두 사용할 수 있는 장치를 암호학으로 로그인된 상태로 남겨두고 점심을 먹으러 갈 수도 있다. 바보 같은 인간들이 아닐 수 없다. 그래서 어떻게 하겠는가?

불완전함과 실수는 생명체라는 증거이다. 이러한 위험을 처리하는 가장 좋은 방법은 인간이 전혀 개입하지 않는 방식으로 암호화를 진행하는 것이다. 휴대전화 통화 보안이 좋은 예다. 번호를 입력하면 통신이 연결된다. 암호학은 언제 일어나는가? 당신이 개입하지 않아도 그냥 그렇게 된다. 인터넷 메시지 서비스와 같은 다른 일상적인 기술에서도 마찬가지다. 암호학은 기본적으로 인간의 개입 없이 발생한다.

암호학이 매끄럽게 이루어지도록 만들 때 발생할 수 있는 한 가지 작은 위험은 보안 관점에서는 *바람직할 수도 있는* 인간과 기계 사이 상호 작용을 인간을 우회하는 방식으로 막아버린다는 것이다. 예를 들어, 자동차 열쇠와 자동차 문 사이에서 작동하는 보이지 않는 암호는 주머니에 자동차 열쇠를 가지고 있는 것 외에 다른 어떤 것도 요구하지 않는다. 이것은 인간이 암호를 잘못 사용할 여지를 주지 않으면서 가족에게 열쇠를 빌려주는 것만으로 차를 빌릴 수 있게 해주기 때문에 유연성을 허용한다. 하지만 이는 곧 자동차 열쇠를 훔친 사람이 차 문을 열고 차를 몰고 떠나는 데 필요한 모든 것을 갖추었다는 것을 의미하기도 한다.

당신은 온라인으로 은행 계좌에 접근할 때도 이와 같이 개인이 개입하지 않는 방식을 선호하지는 않을 것이다. 온라인 뱅킹을 지원하는 암호학 서비스를 만들려면 일반적으로 PIN, 비밀번호, 생체 인식, 휴대전화로 전달되는 코드 등을 통해 사람이 개입하는 상호 작용이 반드시 필요하다. 이러한 정보는 스마트카드나 인증 기기와 같이 보안 토큰을 단순히 소유하는 것을 넘어 암호학 사용을 인간과 연결함으로써 보안을 강화한다. 그러나 인간을 포함함으로써 발생하는 새로운 취약점 또한 존재한다. 물건을 잃어버리거나, 깜빡하거나, 잘못 선택하거나, 내다 버리는 사람들이 있다.

암호학을 자동으로 적용함으로써 발생하는 다른 문제들도 있다. 예를 들어, 조직에서 직원들이 자신의 노트북을 각자 암호화하던 방식에서 중앙 시스템이 암호화하는 방식으로 정책을 변경한다고 가정해보자. 이는 암호화되지 않은 노트북에서 정보가 유출되는 것을 방지할 수 있을 것처럼 보인다. 하지만 이러한 방식은 잠재적으로 더 심각한 취약점을 발생시킬 수도 있다. 조직에서 각 노트북의 암호화 키를 암호화하기 위해 하나의 마스터키를 사용하기로 결정했다면, 이 마스터키가 노출될 경우 모든 노트북의 정보가 노출될 위험이 있다.[53]

또 다른 예로, 자동으로 암호화된 메시징 서비스를 사용하면 사용자가 해당 서비스를 통해 보내는 정보에 주의를 기울이지 않게 만들 수도 있다. 휴대전화를 조사하기 위해 압수했을 때, 암호화되지 않은 데이터는 휴대전화 자체에서 복구 가능하다. 암호화가 기본적으로 적용됨으로 인해 기밀로 유지되는 정보가 더 적어질 가능성이 있다는 점은 아이러니하다.

하지만 우리는 암호학 과정에 인간을 포함시킬 수밖에 없는 경우가 있다. 당신은 이메일로 보내는 모든 첨부파일을 암호화하지는 않을 것이다. 그러나 가끔은 첨부 파일을 비밀로 지키고 싶을 수도 있다. 이 경우 이메일 소프트웨어에 확장 프로그램을 적용하거나 컴퓨터 자체 암호화 도구를 사용하는 등의 방법을 사용하여 암호화를 해야 한다. 이러한 작업을 하려면 당신, 즉 인간이 해야 할 일이 있다. 안타깝게도 암호화 제품은 암호학이나 컴퓨터 관련 지식이나 경험이 없는 사람에게는 사용하기 어려울 수 있다.[54] 사용자는 전문 용어로 도배되어 이해하기 어려운 문서를 보다가 결국 데이터 암호화 시도를 포

기하기도 한다. 인간을 가장 취약한 지점으로 취급해서는 안
되지만, 혼란스러운 인간이라면 그렇게 될지도 모른다.

암호학이 인간을 돕는 것이지, 인간이 암호학을 돕지는 않
는다. 안전한 암호 시스템에서 암호화 메커니즘과 인간이 기
술을 사용하는 지점 사이 상호 작용은 사용자 상호 작용의 필
요성을 최소화하거나 각 단계를 명확하게 설명할 수 있도록
주의 깊게 설계되어야 한다.[55] 암호 시스템에서 가장 약한 지
점은 인간이 시스템과 어떻게 상호 작용할지 고려하지 않는
바로 그 지점이다.

## ⁝ 암호학이 작동하게 하려면 ⁝

방금 언급한 실패 상황을 보고 암호학이 제대로 작동하게 하
는 것이 불가능하다고 생각하는 것은 어쩌면 당연하다. 유익
한 내용이었을지는 몰라도, 선불리 판단해서는 안 된다. 암호
학을 올바르게 구성하는 것은 쉽지 않지만, 신중하게 접근한
다면 작동하게 만들 수 있다.

이는 확실히 시도해볼 가치가 있다. 형편없는 암호학은 실
패 지점이 어디든 간에 심각한 보안 위험을 초래할 수도 있기
때문에 차라리 없는 편이 낫다고 말하는 사람도 있다.[56] 그러

나 아무리 암호학을 제대로 구축하기 어렵다 해도, 시작도 전에 포기하는 것보다는 훨씬 더 강력하다. 결국 카이사르의 암호조차도 당신의 지인 대부분에게서 당신의 비밀을 지켜줄 수 있다.

희망은 있다. 우리 사회는 암호화 알고리즘과 프로토콜을 설계하는 데 더 능숙해졌다. 또한 보안 설계 및 구현 기술을 발전시켰다. 우리는 암호학 키를 안전하게 관리하기 위한 표준을 만들었다. 또한 암호학을 배포하는 경험도 많이 쌓였고 과거의 실수로부터 많은 교훈을 얻었다. 우리는 이미 암호학을 제대로 작동시키는 *방법*을 알고 있다. 이제 실천하기만 하면 된다.

암호학이 제대로 작동하려면 암호화 알고리즘과 키를 둘러싼 암호 시스템을 충분히 고려해야 한다. 우리는 이 시스템의 모든 부분을 제대로 만들어야 한다. 에드워드 스노든이 2013년 우리가 사이버 공간에서 사용하는 암호학이 효과가 없다고 폭로했던 내용이 바로 이런 것이다. 스노든이 한 일이 윤리적으로 어떻든 간에, 그 폭로는 암호학이 제공하는 보안을 풀고 싶다면 누구나 암호 시스템의 약점을 찾으면 된다고 알려주는 유용한 정보가 되었다. 이 약점은 '어디에나' 있지만, 암호학 그 자체는 아닐 것이다.

# 암호학의 딜레마

CRYPTOGRAPHY

THE CRYPTOGRAPHY DILEMMA

암호학이 제공하는 모든 보안 메커니즘 중에서 암호화는 정보의 기밀성을 제공하며 정책을 만드는 데 가장 큰 비용이 들어간다. 우리 모두 비밀을 지키고 싶어 하는 것은 당연하고, 더불어 다른 이들이 어떤 비밀을 지키고 싶어 하는지 알고자 하는 욕구를 가지고 있다. 그러나 기밀이어야 하거나 기밀이 아니어야 하는 것에 시간이 지나도 객관적이고 안정적인 기준은 없다. 우리는 개인 금융 데이터가 기밀로 유지되어야 한다는 것에는 모두 동의한다. 하지만 대규모 탈세 혐의로 기소된 기업의 재무 데이터까지 비밀로 유지해야 할까? 이와 같은 이해충돌은 암호화를 사용하는 정책이 오락가락하는 사회적 딜레마를 야기한다.

## ∶ 장난꾸러기 암호학 ∶

암호학은 매우 유용하다. 여러분도 이 문장에 동의하길 바란다. 암호학은 보안의 기초를 제공하여 우리가 사이버 공간에서 놀라운 일들을 할 수 있게 한다. 그러나 암호학이 항상 좋기만 한 것은 아니다. 암호학이 환영받지 않는 여섯 가지 시나리오를 준비했다.

8장. 암호학의 딜레마

1. 당신은 보호되지 않는 데이터가 위험하다는 사실을 알고 있기 때문에 지혜롭게도 휴가를 떠나기 전 노트북의 모든 데이터를 암호화한다. 당신은 3주 동안 햇볕을 쬐고, 휴식하고, 상쾌한 기분으로 돌아온다. 그러나 너무 상쾌해진 나머지 데이터를 복호화하기 위한 키를 만드는 데 사용된 비밀번호를 잊어버렸다. 비밀번호도 없고, 키도 없고, 데이터도 없다.

2. 집에서 사용하는 컴퓨터를 켜자 다음과 같은 메시지가 나타난다. '오, 이런! 귀하의 파일이 암호화되었습니다. 귀하의 문서, 사진, 영상, 데이터베이스를 비롯한 모든 파일에 더 이상 접근이 불가합니다. 파일을 찾는 데 시간을 낭비하지 마세요. 우리의 복호화 서비스를 사용하지 않고는 절대 복원할 수 없습니다. 3일 내에 비트코인으로 결제하세요. 그 이후에는 파일을 복원할 수 없습니다. 영원히.' 재앙이다! 모든 파일을 암호화한 악성 코드에 감염되었고 파일을 복원하기 위한 복호화 키의 대가로 돈을 요구하고 있다.[1]

3. 당신은 네트워크에 입장하기 위한 인터넷 트래픽 유형을 관리하는 규칙의 일부를 구성한 네트워크 관리자이다. 당신은 웹 주소, 키워드 및 악성 프로그램의 블랙리스트를 가지고 있다. 외부와의 연결을 검사하여 블랙리스트에 있는 모든 연결과 관련이 있는지 확인하고, 관련이 있다면 연결을

금지한다. 안타깝게도 어느 날 당신은 시스템을 사용하는 많은 사람들이 악성 프로그램에 감염되었다는 것을 발견했다. 어떻게 당신의 감시를 피했을까? 암호화되어 있었다는 사실은 오히려 본질을 알아내기 어렵게 만들어 당신의 감시를 피해 갔다.

4. 당신은 살인 혐의로 기소된 용의자를 조사하는 형사다. 당신은 용의자의 휴대전화를 압수했고, 그 안에 증거 사진이 많이 있다고 믿는다. 불행하게도 용의자는 휴대전화를 암호화했고 당신은 휴대전화에 저장된 사진에 접근할 수 없다. 사진이 사건을 증명하는 데 핵심적인 역할을 할 것이 분명한데, 도무지 볼 방법이 없다.[2]

5. 당신은 아동음란물을 유통하는 웹 서버를 압수한 경찰관이다. 로그를 보니 이 서버에 매일 많은 사람이 방문했고 이 사람들을 죄다 재판에 넘기고 싶다. 하지만 안타깝게도 방문자들은 모두 자신의 위치를 추적하기 어렵게 설계된 암호학 소프트웨어인 토어를 사용한다. 저들은 누구인가? 어디에 있는가?[3]

6. 당신은 테러 조직을 감시하는 정보 요원이다. 테러 용의자 중 한 명의 휴대전화로 주고받는 통신에 접근 권한을 획득했다. 용의자는 강력한 암호화 보안으로 유명한 인터넷 메시징 서비스를 사용하고 있다. 용의자가 다른 조직원과 정

기적으로 연락하는 것을 볼 수 있지만, 그 대화 내용과 자세한 내용에는 접근할 수 없다.[4]

이 여섯 가지 시나리오에서 알 수 있듯이 암호학의 두 가지 기능이 문제가 된다. 기밀성은 모든 사람이 자신의 데이터를 숨길 수 있게 하지만, '모든 사람'에는 사기꾼이나 살인자, 테러리스트도 포함된다. 익명성은 모든 사람이 사이버 공간에서 자신을 추적할 수 없게 하지만, '모든 사람'에는 아동 학대범도 포함된다. 언론에서 암호학을 주제로 떠들 때도 해시 함수나 MAC, 디지털 서명, 또는 완벽한 비밀번호를 다루지는 않는다. 암호학은 비밀을 지켜주기도 하지만 토어와 같이 익명성을 제공하는 기술을 구축하는 데 사용되기 때문에 우려가 되기도 한다.


## ❖ 딜레마 ❖


암호화로 인해 발생하는 여섯 가지 예시에 대한 문제를 풀어 보자. 처음 세 가지 시나리오와 나머지 세 가지 사이에는 큰 차이가 있다.

첫 번째 시나리오는 유일하게 고의적인 행동이 아니라 사고에 의한 시나리오다. 암호를 해독하는 데 필요한 비밀번호를 잊어버렸다. 실수는 안타깝지만, 그것이 암호학 잘못인가? 그렇지 않다. 당신의 실수다. 노트북 디스크를 암호화하는 것은 실보다 득이 많지만 데이터를 불러오려면 키를 제공해야 한다는 사실을 명심해야 한다. 이 키는 매우 중요하기 때문에 분실하지 않기 위한 프로세스도 필요하다. 비밀번호를 잊어버리기 쉽다면 비밀번호를 별도의 장치에 안전하게 저장하거나 물리적으로 안전한 곳에 기록해야 한다. 이 시나리오는 암호학 자체에 문제가 있는 것이 아니다.[5] 교통사고가 났다고 자동차를 탓하는 경우는 잘 없다. 대부분 운전자의 잘못이다.

두 번째 시나리오의 범인인 악성 코드는 암호학이 만들어낸 문제다. 암호학이 없었다면, 악성 코드도 없었을 것이다. 전기가 없었다면, 감전 사고도 없는 것과 마찬가지다. 하지만 전기가 얼마나 널리 사용되는지 보면 전기의 위험성을 훨씬 능가하는 가치가 있다. 마찬가지로, 암호화는 악성 코드로 인한 문제를 훨씬 능가하는 장점이 있다. 게다가 악성 코드에 맞서 할 수 있는 일이 있다. 다른 악성 프로그램과 마찬가지로 데이터 백업을 하거나 시스템을 최신으로 유지하는 것, 바이러스 백신 소프트웨어 설치 및 유지 관리, 사용자가 의도하지 않은 링크나 첨부 파일을 클릭하지 않도록 교육하는 등의 활동은 모두 악성 코드 감염 위험을 줄이는 데 큰 도움이 된다. 암호학이

8장. 암호학의 딜레마

사용자에게 불리하게 작용되는 부분도 있지만, 간단한 조치를 통해 나쁜 일이 발생하지 않게 예방할 수도 있다.

암호학은 네트워크 보안에 어려움을 초래하기도 한다. 세 번째 시나리오에서 가능한 예방책은 암호화된 것으로 보이는 데이터도 블랙리스트 항목을 취급하는 것과 동일한 수준으로 의심하고 검사하는 것이다.[6] 그런 다음 암호학이 제대로 사용되었다는 것을 확인하고 통과시킬 수 있다. 사이버 공간의 모든 문제로부터 네트워크를 보호하는 것은 매우 어렵다는 현실을 직시해야 한다. 인터넷에 연결되지 않은 보안 수준이 높은 네트워크도 USB 메모리와 같은 도구로 악성 코드를 수동으로 설치하면 감염될 수 있다.[7] 네트워크에 암호학 사용이 위협이 아닌 방어가 될 수 있도록 관리되어야 한다.

문제가 있는 암호학에 관한 마지막 세 가지 시나리오는 다르다. 이들은 모두 암호학을 사용하는 '나쁜' 사람들이 등장한다. 하지만 그 사람들 역시도 똑같은 일에 똑같이 암호화를 사용한다.

살인 용의자는 당신이 하는 것처럼 자신의 휴대전화에 저장된 사진을 암호화했다. 최신 휴대전화 대부분은 기본적으로 저장된 데이터를 모두 암호화하며, 휴대전화를 도난당하더라도 개인 정보를 보호할 수 있게 해준다.

크립토그래피

아동 학대범은 익명성을 유지하기 위해 토어를 사용하여 음란물 서버에 접속했다. 당신이 토어를 사용하려는 데는 합법적인 이유도 아주 많을 것이다. 아니면 당신은 개인 정보 보호 반대파이며 사이버 공간에서 익명성을 원하는 사람은 죄다 나쁜 짓을 할 사람이라고 생각할지도 모른다. 하지만 만약 당신이 사회부 기자이거나 제보자이거나, 법조계에 몸담았거나, 독재 정권에서 살고 있는 시민이라면 어떨까?

테러 용의자들은 아무도 자신의 대화를 엿보지 못하도록 암호화된 메시지를 사용했다. 당신은 어떤가? 정부뿐 아니라 당신의 친구들까지도 당신이 메시징 서비스를 사용해 남긴 메시지를 모두 읽어도 괜찮은가? 오늘날 메시징 서비스는 최첨단 암호화 알고리즘을 사용하여 모든 대화를 암호화하는 것이 기본이다. 이제 메시지를 암호화하지 않도록 노력해야 한다.

적용되는 데이터의 특성과 관계없이 암호화는 작동한다는 것이 문제다. 이러한 '나쁜' 사용자는 모두 당신이 합법적으로 하고 있는 일을 하고 있다. 따라서 암호화 사용은 사회적 딜레마를 안겨준다. 암호화가 광범위하게 사용되도록 사회가 허용한다면, 암호화는 불법 활동과 관련된 데이터를 보호하는 데도 사용될 것이다. 반면 사회가 암호화 사용을 제한하려 한다면 법에 저촉될 일 없는 개인 데이터를 보호하고자 하는 정직

8장. 암호학의 딜레마

한 시민들은 좌절할 것이다.[8]

## ∴ 무언가 해야 할까? ∴

사회가 암호화 사용을 통제하기 위해 무슨 일이라도 해야 할까? 이와 관련해서는 다양한 견해가 있으며, 앞으로도 그럴 것이라고 생각한다.

암호화 사용을 통제하는 조치를 취해야 한다는 주장은 특정 세력이 강력하게 주장해왔다. 2014년 영국 경찰의 최고 권위자인 런던 경찰청장 버나드 호건 하우Bernard Hogan-Howe 경은 법조인들 앞에서 연설하며 다음과 같이 경고했다. "통신에 사용되는 장치나 방법론에서 볼 수 있는 암호화와 보호 수준은 사람들을 안전하게 보호하기 위한 경찰과 정보기관의 노력을 좌절시키는 수준에 다다랐습니다… 인터넷은 아동 학대물이 공유되고 살인 계획을 꾸미고 테러 음모를 모의하는 어둡고 통제되지 않은 공간이 되어갑니다… 우리는 민주주의 시민으로서 범죄를 두려움 없이 저지르는 무정부주의자가 활개 치는 공간은 가상이든 실제든 용납할 수 없습니다."[9]

2015년 당시 FBI 국장이었던 제임스 코미James Comey도 이와 비슷한 우려를 제기했다. "우리 삶이 모두 디지털화되면서 암호화는 우리의 삶 전체를 강력한 암호화로 보호하려 합니다. 그러므로 우리 모두의 삶은 법원에서 다루는 일련의 절차로는 감당할 수 없게 될 것입니다. 여기에서 우리 모두는 테러리스트와 범죄자, 스파이도 포함됩니다. 따라서 저는 민주주의가 매우, 매우 걱정됩니다."[10]

톰 코튼Tom Cotton 미국 상원의원은 암호화를 자유롭게 사용하도록 조치해야 한다는 의견을 더욱 강력하게 표현했다. "종단 간 암호화 문제는 테러 문제만이 아닙니다. 마약 밀매, 납치, 아동 포르노 문제이기도 합니다."[11]

이와는 대조적으로 암호화 기술이 광범위하게 적용되어야 한다고 주장하는 사람도 많다. 강력한 암호화에 대한 우려의 목소리에 대해 UN 인권고등판무관인 제이드 라드 알 후세인 Zeid Ra`ad Al Hussein은 다음과 같이 경고했다. "암호화와 익명성이 필요한 이유는 표현의 자유와 사생활의 권리를 모두 가능하게 하기 때문입니다. 암호화 도구가 없으면 생명에 위협을 받는 사람도 있습니다."[12]

암호화에 대한 열띤 논쟁이 일어나기 이전 시대에 미국의 기자이자 사업가인 에스더 다이슨Esther Dyson은 1994년 다음과 같이 말했다. "암호화는 자유인들을 위한 강력한 방패입니다. 누가 정부를 운영하느냐에 상관없이 사생활을 기술적으로 보호할 수 있게 해줍니다. 이보다 더 강력하면서도 위험하지 않

8장. 암호학의 딜레마

게 자유를 보장하는 도구가 또 있을까요?"[13]

컴퓨터 과학 교수이자 암호학자인 맷 블레이즈Matt Blaze는 학술 연구자 다수가 공유하는 의견을 표명했다. "암호화가 범죄 수사를 일부 어렵게 만드는 것도 사실입니다. 특정 수사 기법을 불가능하게 하거나 특정한 전자 증거에 접근을 어렵게 만들 수 있지요. 하지만 암호화는 우리의 컴퓨터, 인프라, 의료 기록, 금융 기록을 범죄자가 쉽게 접근하지 못하도록 막아주기도 합니다. 암호화는 범죄를 예방합니다."[14] 이러한 관점은 에드워드 스노든이 더 간결하게 표현하였다. "암호화를 난해하고 어두운 분야로 취급해서는 안 됩니다. 기본 보호 장치라고 생각해야 합니다."[15]

## ፨ 암호학 단물 ፨

우리 모두가 암호화가 제공하는 보안의 혜택을 받을 수 있지만 특정 상황에서 이 보호를 제거할 수단이 있는지 여부가 가장 큰 문제일 것이다. 즉, 암호학의 단물만 빨아먹을 수 있을까?

우리가 할 수 있다고 믿는 전문가도 있다. 상충하는 목표의 균형을 맞출 필요가 있다는 관점에서 이러한 주장이 나온다. 예를 들어 왓츠앱이나 시그널Signal과 같은 메시징 서비스의 일반 사용자의 보안은 바람직하지 않은 활동을 하는 데 서비스를 사용하는 고객의 정보를 보호하는 것과 균형을 이룰 필요가 있다. 전 영국 내무장관 앰버 러드Amber Rudd는 '암호화와 테러 방지 사이 균형'이 필요하다고 주장했다.[16] 전 영국 정부통신본부 국장 데이비드 오만드David Omand 경은 영국이 국가 안보와 개인의 사생활 사이 균형을 찾아가고 있다고 말했다. "2017년은 우리가 성숙한 민주주의로 인식하는 화해의 해로, 충분한 보안과 충분한 사생활 보호가 가능합니다."[17]

그러한 '균형'이 존재한다는 생각은 그럴듯하고, 그 균형을 찾고자 하는 사람은 분명 좋은 의도를 가지고 있을 것이다. 그러나 암호화 사용에서 균형이라는 것이 무엇을 의미하는가? 측정 단위는 무엇인가? 균형 상태에 도달했는지 어떻게 알 수 있는가? 누가 정하는가? 그리고 그 균형이 기술적으로 실현 가능한가?

이 문제를 다른 각도에서 보면, 암호화는 오랫동안 이중용도기술로 여겨졌다. 이중용도기술이란 민간과 군사 모두에서 사용할 수 있으며 더 넓은 범위에서는 선과 악 모두에 사용될 수 있는 기술을 의미한다. 암호학은 다양한 핵 물질, 화학 공정, 생물 무기, 열화상, 야간 투시 카메라, 레이저, 드론 등 사회에 선과 악을 동시에 가져다주는 기술을 포함하는 목록에 이름을 올렸다. 이중용도기술은 다양한 정부 통제의 대상이

8장. 암호학의 딜레마

되기도 한다.[18]

　이중용도라는 단어는 다소 일반적이어서 암호화를 이야기하기에는 별로 적절하지 않다는 생각이 든다. 이중용도는 이 기술이 정부 과학자들의 손에 있을 때는 안전하지만 테러리스트 손에는 들어가지 못하도록 최선을 다해야 한다는 것을 의미한다. 고농축 플루토늄은 물론 그렇겠지만, 암호화는 어떨까? 옛날 옛적 암호화가 주로 군사 영역의 기술이던 시절에는 이 주장이 어느 정도 타당했다. 하지만 오늘날 암호화가 사이버 공간 내 모든 사람들의 보안을 뒷받침하는 상황에서 강력한 암호화를 사용하여 데이터를 보호하는 능력을 가진 것이 누구인지 그렇게 걱정할 필요가 있을까?

　나에게 암호학은 폭탄이라기보다는 안전벨트에 가깝다. 테러를 일으키기 위해 운전하는 테러리스트도 우리와 같이 안전벨트를 착용할 수 있다. 안전벨트는 테러리스트의 목숨을 구하는 데도 사용되지만, 그렇기 때문에 안전벨트를 더 안전하게 만드는 노력을 멈추어야 한다고 주장하는 사람은 없을 것이다. 암호학이 주는 이점은 소수에 의해 일어나는 단점을 훨씬 능가한다.

　오늘날 암호학은 과거에 비해 훨씬 많이 사용되지만, 새로운 기술은 아니다. 암호학이 더 널리 사용되기 시작한 이후 암호화 사용에 대한 논쟁은 더욱 격렬해졌다.[19] 암호화가 제시하

크립토그래피

는 딜레마가 역사적으로 어떻게 다루어졌는지를 살펴보면, 암호화 사용에 '균형'을 맞추려는 모든 노력이 기껏해야 일시적인 해결책일 뿐이라는 것을 알 수 있다. 결국 기술 발전에 의해 문제는 하나둘 제거되겠지만, 그럼에도 문제가 없는 기술은 존재하지 않는다.[20]

## ⁝ 파괴할 수 있는 파괴 불가능한 암호 시스템 ⁝

데이터를 암호화하는 보안을 회피할 수 있는 방법을 정부에서 요구한다면, 진짜로 그들이 요구하는 것이 무엇인지 분명히 하자. 암호 시스템은 일반적인 상황에서 데이터를 보호할 수 있을 만큼 충분히 안전해야 한다. 다시 말해 모든 실용적인 의도와 목적을 위해 암호 시스템은 파괴할 수 없어야 한다. 그러나 특별한 상황에서는 암호 시스템을 사용해 암호화된 데이터에 접근할 수 있는 몇 가지 방법이 있어야 한다. 이 요구사항은 암호 시스템을 '파괴'할 수 있는 알려진 방법이 있어야 한다는 것을 의미한다.[21] 시작부터 문제에 봉착했다. '파괴할 수 있는 파괴 불가능한' 암호 시스템이 필요하다고?

암호 시스템을 파괴하는 방법은 여러 가지가 있다는 것을 상기해보자. 이 경우 국가와 같은 합법적인 권위자가 '공격자'

가 되어 암호 시스템의 모든 측면을 이용하여 시스템을 파괴할 수 있다. 이용할 수 있는 측면은 바탕이 되는 암호화 알고리즘과 구현, 키 관리, 혹은 엔드포인트 보안 등이 있다. 추후에 다루겠지만 이 모든 접근 방식은 옛날부터 사용되었다.

파괴할 수 있는 파괴 불가능한 암호 시스템은 역설적으로 보인다. 그러나 이 아이디어는 적어도 암호 시스템을 '정상적으로 사용하는 사람'[22]의 능력과 국가의 능력 사이 격차가 존재한다면 의미 있게 받아들일 수 있다. 이러한 격차는 암호학이나 시스템 설계에 대한 지식, 컴퓨팅 능력, 혹은 행동을 강제하는 능력에서 나타날 수 있다. 국가 차원에서는 사람이 할 수 없는 일도 할 수 있다면, 파괴할 수 있는 파괴 불가능한 암호 시스템을 만드는 것도 불가능하지는 않다.

국가는 다른 모든 사람들보다 능력이 뛰어나다고 믿고, 이 능력을 사용하여 파괴 가능한 암호 시스템이 설계된다고 가정해보자. 작동 방식이 어떻든 간에 이 암호 시스템을 파괴하는 능력을 *마법 지팡이*라고 생각할 것이다. 이 암호 시스템을 사용하는 사람은 모든 잠재적 공격자로부터 기밀성을 유지할 정도로 강력한 암호화를 사용하여 데이터를 보호할 수 있다. 그러나 사용자가 합법적으로 수사 대상이 될 경우 국가가 마법 지팡이를 흔들면, 짜잔 하고 원문이 나타난다.

이 마법 지팡이 시나리오는 많은 문제를 야기한다. 국가를 넘나드는 사법권을 포함한 모든 예민한 정치적 문제는 차치하고, 일단 우리가 마법 지팡이를 가진 국가의 필요성을 납득했다고 가정하자. 또한 무수한 절차와 실행 우려를 무시하고 국가가 책임감 있게 지팡이를 흔들 것이라 믿어보자. 그러면 남아 있는 가장 중요한 질문은 다음과 같다. 마법 지팡이가 존재할 때, 다른 사람은 아무도 그 지팡이를 사용할 수 없다고 확신할 수 있을까? 결국, 파괴 불가능한 암호 시스템을 파괴할 수 있기 때문에, 파괴할 수 있는 암호 시스템은 오직 국가만이 파괴할 수 있다고 가정하는 것이 정말 안전할까? 마법 지팡이를 검토할 때 이 질문을 명심해야 한다.

## ⁝ 비밀 출입문 ⁝

제2차 세계대전을 보면 파괴할 수 있는 파괴 불가능한 암호학에 대한 아이디어를 얻을 수 있다. 전쟁이 끝날 때까지 암호학을 사용하는 거의 유일한 사용자는 국가, 특히 군대였고 내부에서 사용하기 위한 자체 암호화 알고리즘을 배포했다. 엄격하게 관리되는 조직 내부의 최고 기밀 통신에만 암호화를 적용했기 때문에 이러한 암호화 알고리즘은 비밀로 유지되어야 했다. 아무도 암호화를 사용하지 않았으며 암호화가 어떤 일을 하는지 알 필요도 없었다.

전쟁이 끝난 후, 통신이 발전하면서 전 세계, 특히 정부의 암호화 기술에 대한 관심이 증가했다. 그러나 암호학 전문가는 몇 되지 않았기 때문에 소수의 조직만이 암호화 기기를 갖출 수 있었다. 암호학 수요가 공급을 앞질렀고 암호학은 고도로 전문적이고 민감한 영역임에도 시장에 출시되었다.[23]

이제 1950년대 후반의 가상 시나리오를 생각해보자. 기술력이 발달한 프리도니아Freedonia라는 가상의 국가에서 암호화 장치를 제조하고 판매한다. 프리도니아인들은 비교적 발전이 느린 루리타니아 정부로부터 루리타니아 외교 통신을 보호하기 위한 암호 장치를 만들어달라는 요청을 받았다. 프리도니아와 루리타니아는 전쟁 중은 아니지만 적대적인 관계이며 루리타니아는 프리도니아보다는 정치적으로 덜 안정된 상태이다. 프리도니아는 루리타니아에게 최신 암호화 장치를 판매해야 할까? 돈은 조금 벌 수 있을지 몰라도, 내부 정보 수집에는 타격을 입을 것이다.

여기에서 능력의 불균형을 주목해보자. 프리도니아는 루리타니아가 가지고 있지 않은 지식과 기술을 가지고 있다. 따라서 프리도니아는 일반적으로 파괴 불가능한 암호화 기술을 파괴할 수 있는 파괴 불가능한 장치로 바꾸는 작은 변화 정도는 일으킬 가능성이 있다. 즉, 장치는 요청대로 암호화와 복호화를 수행하지만, 장치에서 생성된 암호문을 해독하는 수단을 제공하는 마법 지팡이가 있을지도 모르며, 이는 프리도니아만 알고 있다. 이러한 속임수는 암호 시스템 사용자에게는 알리지 않고 원본에 접근하는 수단을 제공하기 때문에 백도어 backdoor(뒷문)라고 한다.

백도어를 설정하는 가장 자연스러운 장소는 암호화 알고리즘 그 자체이다. 예를 들어 원본 텍스트를 암호화하기 전에 암호화 키를 고정된 값으로 재설정하는 방식도 하나의 조잡한 백도어가 될 수 있다. 루리타니아인들은 알고리즘이 항상 이 고정 값을 사용해 키를 재설정한다는 것을 알지 못한 채 암호화를 할 때마다 다른 키를 사용한다고 생각할 것이다. 프리도니아인은 이 고정 값을 알고 있기 때문에 루리타니아인의 통신을 해독할 수 있다.

우리는 그러한 백도어를 루리타니아인이 빨리 발견할 것이라 생각한다. 하지만 루리타니아인은 암호학을 잘 알지 못하기 때문에 장치가 의도한 대로 작동하지 않을 가능성조차 인지하지 못할 것이다. 의심을 품는다 하더라도 장치를 분해해 어떻게 작동하는지 알아볼 기술이 부족하다.

이 못된 프리도니아인 같으니라고! 하지만 정부는 보안을 매우 중요하게 여기는 경향이 있고 이 경우 프리도니아의 자국 안보에 대한 우려가 수출한 암호화 장치가 어떻게 작동하는지 정확히 밝히는 것에 대한 윤리적 우려보다 컸다. 프리도니아는 들통나지 않을 것이라 자신한다. 프리도니아는 전 세계에 암호화 장치를 계속 판매할 것이다. 프리도니아는 수출용 암호화 장치를 조작했다. 왜냐하면, 할 수 있으니까.[24]

## ⁝ 백도어가 현관문이 되다 ⁝

1950년대 프리도니아에서는 암호화 알고리즘에 백도어를 만들어두었지만 오늘날에는 암호화 사용으로 인해 만들어지는 딜레마를 해결하는 수단으로 이러한 방식을 사용할 수 없는 두 가지 이유가 있다.

일단, 최근 암호화는 모든 암호화 시스템, 암호화 알고리즘의 핵심 구성 요소가 조금이라도 '부실'해서는 안 된다. 만약 파괴할 수 있는 파괴 불가능한 암호화 시스템을 만드는 데 정당성이 있다 해도, 알고리즘 자체는 백도어를 적용하기에 적절한 장소가 아니다. 오늘날 루리타니아 정부가 뜻하지 않게 백도어가 있는 암호화 알고리즘을 판매했다고 상상해보자. 프리도니아는 백도어를 이용해 외교 정보를 얻으려 했을지 모르지만, 오늘날 암호학이 훨씬 더 널리 사용된다는 점을 생각했을 때 만약 루리타니아가 시민들의 의료 기록을 보호하는 데 동일한 알고리즘을 사용하기로 결정했다면 어떻게 될까? 프리도니아의 의도는 외교적으로 유리한 상황에 있으려 한 것이지, 루리타니아 국민들의 민감한 개인 정보까지 위험에 빠뜨리고자 한 것은 아니다.

과거에는 프리도니아가 알고리즘에 백도어를 설치하여 해결할 수 있었을지 몰라도 오늘날에는 그렇게 하지 못할 것이다. 암호화와 암호화 알고리즘 설계에 관련된 지식은 그때보다 지금 훨씬 더 많다. 알고리즘을 평가하는 전문가도 전 세계에 훨씬 많다. 이제 우리는 암호화 알고리즘을 공개하고 면밀히 조사하여 사용 승인을 받은 알고리즘을 사용하고 싶어 한다.[25] 알고리즘이 하드웨어 장치로 판매되는 경우도 마찬가지다. 알고리즘에 백도어가 있으면 전문가는 이를 반칙이라 할 것이고 아무도 이 알고리즘을 사용하지 않으려 할 것이다. 더 걱정스러운 것은, 이미 알고리즘을 사용하는 사람은 위험에 처하게 된다.

아마도 21세기에 백도어를 사용하려 했던 가장 악명 높은 암호화 알고리즘은 Dual_EC_DRBG일 것이다. 이것은 암호화 알고리즘이 아니라 암호학 키를 생성하는 데 사용하는 유사 난수 생성기이다. 이 알고리즘은 미국 국가안보국NSA에서 국제 표준으로 채택하였지만 암호학자들은 이에 의문을 제기했다.[26] 누군가 이 생성기의 결과물을 예측할 수 있다는 이유 때문이었다. 생성된 키를 예측할 수 있으면, 암호문을 해독할 수 있었다. 결국 논란 끝에 Dual_EC_DRBG는 표준에서 철회되었다.[27]

최신 암호화 알고리즘에 백도어를 만드는 것은 무모한 행위이며 예상치 못한 결과가 발생할 위험이 매우 높다. 1950년 대에 존재했던 암호화 알고리즘 설계에 대한 지식의 불균형은 이제 더 이상 존재하지 않는다. 오늘날 숨겨진 백도어는 뻔히 보이는 현관문이 되며,[28] 따라서 애초에 암호화를 사용하는 목 적에 어긋난다.

## ⁝ 법의 힘을 빌려서 ⁝

정부가 다른 기관보다 잘하는 분야가 한 가지 있다. 바로 규제를 만들고 집행하는 능력이다. 암호학으로 인해 발생한 '문제' 를 해결하는 접근 방식 중 하나는 바로 암호학 사용을 규제하는 것이다.

옛날 옛적에 사람들이 새로운 방식으로 아이디어를 교환하는 데 도움을 주는 기술이 생겼다. 이 기술은 곧 국가적 주목을 받기 시작했고 허가를 받아 수출입 규정이 적용되었다. 어 떤 국가에서는 단순히 금지하기도 했다. 이후에는 사용 제한

크립토그래피

에 대한 투쟁이 이어졌다. 질서를 유지하려면 이 기술을 통제할 필요가 있다는 주장이 등장했다. 기술을 사용하는 사람과 공급하는 사람 모두 정치적 자유와 인권이라는 이름으로 규제를 폐지해야 한다고 요구했다.

이는 15세기 중반 발명된 인쇄기에 대한 이야기이며, 3세기가 넘는 기간 동안 뜨거운 정치적 이슈였다.[29] 사회적 압력과 기술 발전으로 인해 결국 인쇄 산업에 대한 통제는 전 세계적으로 완화되었지만 일본과 같은 일부 국가에서는 비교적 최근에서야 완화되었다. 그러나 이 이야기는 제2차 세계대전 이후 암호학에도 똑같이 적용된다.

환영받지 못하는 기술에 대한 규정으로 전면 금지를 내세우는 것은 최악의 선택이다. 러시아와 오스만 제국과 같은 일부 국가는 책을 통해 사상이 퍼지는 것을 극히 두려워하여 인쇄기를 금지하였다. 이와 유사한 방식으로 모로코나 파키스탄 등 일부 국가에서는 정부의 사전 승인 없이 암호화 기술을 사용하거나 판매하는 것을 불법으로 규정한다.[30] 오늘날 암호화를 금지해야 한다고 주장하거나 실제로 금지하는 것은 매우 어렵다. 암호학을 금지하기에는 너무 널리, 유용하게 사용되고 있다.

더 일반적으로 암호화를 제어하는 방법은 인쇄기와 같이 암호화 기술의 수출과 수입을 규제하는 것이다. 이러한 접근 방

8장. 암호학의 딜레마

식은 암호화 기술을 공급하는 곳이 별로 없는 세상에서 의미가 있다. 그리고 그런 세상은 이제 존재하지 않는다. 루리타니아와 같이 암호화 기술을 수입해서 사용하는 국가는 암호화 기술의 국내 진입을 감시하여 누가 암호화를 사용하는지 통제할 수 있다. 프리도니아와 같이 암호화 기술을 수출하는 국가는 누가 암호화 기술을 구입하는지 통제할 수 있었다. 수출 통제를 통해 국가는 들어오고 나가는 암호화의 힘을 관리할 수 있었다. 1990년대 초, 미국은 대칭 암호화 기술을 수출할 때 키 길이를 40비트로 제한해야 한다는 악명 높은 정책이 있었다. NSA는 길이가 40비트인 키에 대한 전수 키 탐색이 충분히 가능했을 것이다. 예를 들어 초기 넷스케이프Netscape 웹 브라우저는 미국 내에서 사용하는 버전에는 강력한 128비트 암호화를 적용했지만, 해외 수출 버전은 40비트 보안만을 제공해 논란이 되었다.[31]

수출입 통제는 국경에서 검사해야 하므로 눈에 보이는 물건을 대상으로 통제 가능하다. 1970년대까지 암호화는 들기조차 힘들거나 떨어뜨렸다가는 발등을 다칠 만큼 무거운 물건에만 존재했다. 전 세계적으로 암호화 이동을 제한하는 것은 적어도 이론적으로는 국경에서 가능했다.

소프트웨어에서 암호화를 더 쉽게 사용하게 된 20세기 말, 이러한 상황은 급변했다. 소프트웨어는 컴퓨터가 수행하는 일련의 명령어 집합이기 때문에 소프트웨어 이동을 제한하는 것은 전 세계적으로 거의 불가능하다. 미국의 수출 통제에 대한 항의의 일환으로 RSA 암호화는 책에 기록되고 티셔츠에 인쇄되었고 무고한 물건이 아닌 불법 수출 제한 군수품이 되어버렸다.[32] 오늘날 소프트웨어는 마우스를 클릭하거나 버튼을 누르기만 해도 전 세계에 전송된다.

암호 사용에 대한 국가적 우려를 해결하는 수단으로서 수출입 통제는 시간이 지나면서 상당히 약화되었고 이제는 거의 우스꽝스러울 지경이다. 1990년대 후반, 나는 휴대전화로 소액 결제를 진행할 때 암호학이 어떻게 적용되는지 보여주는 소프트웨어를 개발하는 유럽 프로젝트에 참여하고 있었다. 이 소프트웨어는 일반적인 개인용 컴퓨터에서 실행되었으며 독일 남부에 있는 협력사에서 개발하였다. 유럽 위원회는 이탈리아 북부 코모Como에서 열린 행사에서 소프트웨어 시연을 요청했다. 독일에서 코모까지 거리는 차로 네 시간이면 충분했다. 그러나 당시 스위스는 암호학 수출을 엄격히 규제하고 있었고 소프트웨어가 국경을 넘으려면 특별한 인증을 받아야 했다. 그래서 독일인 동료는 스위스 국경을 우회하기 위해 장장 12시간에 걸쳐 오스트리아 알프스 산맥을 우회하는 대장정에 나섰다. 암호학의 '문제'에 대한 다소 오래된 해결책 때문에 얼마나 많은 시간과 에너지가 낭비되었는가.

8장. 암호학의 딜레마

# ⫶ 암호학 천국을 향해 ⫶

국가 안보와 사생활 사이 균형을 찾아 나섰던 1990년대는 국가가 암호학을 통제하기 어려운 시대였다. 수출 통제는 목적에 부합했지만 상황은 변하고 있었다. 비대칭 암호화를 비롯한 강력한 암호학이 시장에 나왔기 때문이 아니었다. 이러한 지식은 거의 20년 동안 이미 존재해왔다. 1990년대에 사람들이 주의를 기울이기 시작했다는 것이 근본적인 변화였다.

컴퓨터, 그리고 컴퓨터를 연결하는 네트워크의 발전으로 인해 일부 사람들은 연결된 기계가 가지는 힘이 만들어내는 매우 다른 미래를 상상하기 시작했다. 어떤 이들은 단순히 상업적 기회라고 생각했다. 그러나 다른 이들은 전통적인 방식에서 벗어난 새로운 사회를 꿈꿨다.

암호화를 계속 통제하겠다고 결정한 국가들은 사업체와 거래를 할 수도 있었다. 하지만, 이에 맞서는 훨씬 더 강력한 힘은 바로 사회적 변화였다. 많은 사람들은 인터넷과 초기 월드 와이드웹을 통해 놀라운 일들이 펼쳐지는 완전히 새로운 세계에 눈을 떴다. 세계 어디에 있든 같은 생각을 가진 낯선 사람들과 이야기를 나눌 수 있었다. 가게에 방문하지 않아도 물건이 전 세계적으로 거래되었다. 물리적으로 결코 만날 수 없는 사람들 사이 가상 사회가 건설되었다.

크립토그래피

이러한 새로운 활동을 하는 데 기존의 사회적 제약이 적용되지 않는다는 사실을 깨달은 극단적인 사람들이 존재했다. 사이버 공간의 새로운 '시민'이 새로운 규칙을 만들었다. 전통적인 무정부주의와는 달랐다. 그 목표가 중앙 정부를 제거하는 것은 아니었기 때문이다. 오히려 국가 통치를 일부 비껴갈 수 있는 평행한 존재가 바로 사이버 공간이라고 생각했다.

이 모든 비전에는 비밀이 지켜지는 새로운 사이버 공간이 필요했다. 이러한 미래 세계에서는 기밀성뿐만 아니라 익명성을 용이하게 하기 위해 암호화가 필요했다. 놀랍게도 이 아이디어를 지지하는 사람들이 암호학으로 몰려들었다. 사이퍼펑크cypherpunks*와 크립토 아나키스트crypto-anarchist**와 같은 그룹은 새로운 사회를 만들기 위해 암호학이 얼마나 중요한지 표명하는 선언문을 발표했다.[33] 예를 들어 티모시 메이Timothy May는 〈크립토 아나키스트 선언문Crypto Anarchist Manifesto〉에서 RSA를 염두에 둔 것으로 보이는 비대칭 암호화를 언급했다. '수학의 난해한 가닥에서 찾아낸 사소한 아이디어가 지적 재산을 둘러싼 철조망을 녹슬게 할 것이다.'[34] 이 얼마나 강력한가!

암호학이 변화시키는 세계를 일종의 유토피아라고 바라보는 견해는 사실 국가에 대한 깊은 불신에서 비롯된 부분도 있

---

* 암호학 기술이 널리 사용되어야 한다고 주장하는 사람을 말한다-옮긴이
** 사이버 공간의 무정부주의를 주장하는 사람을 말한다-옮긴이

8장. 암호학의 딜레마

다. 하지만 암호학을 통제하는 데 대한 우려가 비주류 사회에서 온 것만은 아니다. 미래에 암호학이 중요해질 것이라 확신하는 기술자들도 많다. 그들은 국가가 암호학을 제한하면 사이버 공간의 보안 개발에 방해가 될 것이라고 우려했다.

정부는 긴장할 수밖에 없었다. 누구나 암호화나 익명성 기술에 접근 가능하게 되면서 정보 수집 및 범죄 수사 등 현재 국가의 통치 방식 일부를 위협했다. 암호화 기술 수출을 통제하는 것은 마치 붕괴 직전의 댐을 보는 것과 같았고 암호학 접근이 비교적 쉬운 곳에서는 균열이 발생하기 시작했다. 자유사상가, 기술자, 기업, 시민 자유지상주의자들은 암호학 통제 완화에 목소리를 높이기 시작했다. 그들은 필립 짐머만Philip Zimmermann의 PGPPretty Good Privacy와 같은 무료 암호학 소프트웨어를 출시했다.[35] 베른스테인Bernstein이 미국에 제기한 소송과 같이 법적으로 이의를 제기하는 사람도 있었다.[36] 그들은 심지어 전쟁을 선포했다.

## ː 암호학 전쟁 ː

1990년대 일명 암호학 전쟁이 발발했고 현재까지 이어지고 있다. 이보다 훨씬 오래전부터 시작되었다고 주장하는 사람도

크립토그래피

있다. 물론 총탄은 한 발도 사용되지 않았으니 전쟁이라는 용어는 다소 과격하게 들린다. 하지만 암호 통제에 대한 논쟁은 점점 뜨거워져 삶과 죽음을 논하기도 했다.

암호학 전쟁은 전 세계적인 분쟁이지만 그 중심에는 역시 미국이 있다. 급속한 기술 변화의 시기에 암호학 사용을 통제하려 했던 빌 클린턴Bill Clinton 정부가 암호학 전쟁을 일으켰다고 생각하는 사람이 많다. 핵심 아이디어는 간단했다. 암호학을 사용하고 싶은가? 원하는 만큼 사용해라. 대신 복호화 키의 사본을 내놓아라. 말이 되는 소리인가?

공식적으로 키 에스크로key escrow라 불리는 이 제안에 따르면 암호화를 사용하는 사람은 승인된 알고리즘을 사용하고 복호화 키 사본을 정부에 제공해야 한다. 이 복호화 키는 법원에서 영장을 승인하면 국가에서 접근 가능하다.

자, 암호학 사용을 통제하려던 아이디어인 키 에스크로가 얼마나 많은 문제가 있었는지 상상할 수 있을 것이다. 국가가 복호화 키를 관리하도록 신뢰할 수 있는가, 하는 보안 문제가 있었다. 키 에스크로 시스템을 어떻게 구축하고 비즈니스에 적용할 것인가, 하는 논리적 문제도 있었다. 그리고 키 에스크로 비용은 누가 지불하는가, 하는 비용 문제도 있었다.[37] 가장 근본적으로는 이러한 질문이 있었다. 키 에스크로가 실제로 해결한 문제는 무엇인가?

8장. 암호학의 딜레마

조사하려는 대상이 암호화한 데이터에 국가가 접근 가능하도록 하는 것이 궁극적인 목표라면, 애초에 그 대상이 에스크로 암호 시스템을 사용하겠는가? 1990년대까지 암호화 소프트웨어는 널리 사용되었고 데이터를 숨기고 싶은 사람은 누구나 승인된 알고리즘을 사용하거나 키를 제공하지 않고도 데이터를 숨길 수 있었다. 키 에스크로를 사용하지 않는 암호화는 이제 범죄가 되어야 할까? 사이퍼펑크는 다음과 같이 지적했다. "암호화가 불법이라면, 암호화는 무법자들만 사용하게 된다."[38]

키 에스크로는 채택되지 않았다. 암호학 수출 통제는 완화되었다. 세기가 바뀌면서 암호학 제어와 관련해서는 실용주의 시대가 열렸다. 영국과 같은 국가에서는 암호학에 인증이나 키 에스크로를 적용하지 못하게 했고, 대신 암호화된 데이터를 소유한 용의자는 영장이 승인되면 복호화 키를 공개하도록 요구하는 법률을 통과시켰다. 국가 관점에서는 상당히 귀찮은 방식이다. 일단 법적인 기술이 필요하다. 그리고 용의자가 협조하도록 설득해야 한다. 마지막으로 용의자는 실제로 복호화 키를 찾아 사용할 수 있도록 해야 하며 '잊거나', '잃어버리거나', 찾는 방법을 몰라서는 안 된다.[39]

한편, 암호학 사용은 빠르게 성장했다. 암호화 소프트웨어가 널리 보급되었고, 암호학은 우리가 일상생활에서 사용하는 기술에 녹아들었다. 강력한 암호학을 포함한 장치는 법적 방해 없이 전 세계에서 거래되었다.

키 에스크로가 사라진 지 얼마 되지 않은 어느 날, 나는 암호학계의 선구자인 훌륭한 동료의 사무실에 앉아 동료에게 물었다. "돌아갈 일은 없겠지? 암호학 기술이 세상에 존재하는 한 누가 암호학을 사용하든 그걸 막지는 못할 거야. 암호학 전쟁에서 승리했으니까." 나는 키 에스크로를 둘러싼 투쟁을 겪어온 사람들이 공통적으로 품고 있는 감정을 표현하고 있었다. 동료는 의자에 등을 기대앉더니 내 순진한 눈을 보고 웃으며 말했다. "아니, 다 돌아갈지도 모르지. 두고 보라고."

그때 그가 알았던 것을 이제 우리 모두가 안다. 암호학 전쟁은 계속되고, 승자는 없을 것이다.

## ⁘ 암호학 대중화 시대 ⁘

21세기의 첫 10년 동안은 암호학 전쟁에서 공개적인 충돌이 거의 없었다. 전쟁이 끝나서가 아니라 한쪽이 국가 통제에서 벗어나기 위해 그렇게 열심히 싸워놓고서는 암호학을 놓아버렸기 때문이었다. 하지만 그 반대편은 가만히 있지만은 않았다.

누구나 자신만의 강력한 암호화 알고리즘을 개발하고 자유

8장. 암호학의 딜레마

롭게 사용할 수 있으며, 암호학 지식이 널리 보급되고 암호학이 대량으로 사용되는 시대에 국가가 암호학을 다루는 데 개인보다 딱히 나은 점이 없다고 생각하고 싶을 수도 있다. 암호화 알고리즘 전문성이라는 측면에서는 국가가 더 이상 예전처럼 우월하지 않다는 것이 어쩌면 사실일 것이다. 또한 세계에서 가장 강력한 슈퍼컴퓨터도 AES 암호화를 뚫지 못하기 때문에 계산 능력에서도 정부가 더 나은 위치에 있다고 생각되지도 않는다.

그러나 국가는 암호학에 적용 가능한 몇 가지 중요한 이점을 가지고 있다. 하나는 국가가 사이버 공간이 의존하는 백본망backbone network 기술과 같은 중요한 물리적 인프라를 통제할 수 있다는 것이다. 또 하나는 국가가 인터넷 서비스 제공 업체 등 사이버 공간에 참여하는 수단을 제공하는 제품이나 서비스를 제공하는 조직에 영향을 미치고 규제할 능력이 있다는 것이다. 정부는 또한 '암호학 문제'를 해결하는 데 전념하는 컴퓨팅 및 인적 자원을 보유하고 있다. 그러나 아마도 국가의 가장 큰 장점은 사이버 공간을 연결하는 네트워크를 통해 데이터가 어떻게 이동하고 어디로 흘러가며 어디에서 멈추는지 큰 그림을 볼 수 있다는 점일 것이다. 우리가 나무를 볼 때, 국가는 숲을 본다.

복잡성은 보안의 적이라고들 한다.[40] 우리는 엄청나게 복잡한 사이버 공간을 만들었으며 계속해서 발전시키고 있다. 우리는 그곳에서 우리가 하는 일을 보호하기 위해 다양하고 정교한 방법으로 암호학을 사용한다. 암호학은 신중하게 구현하고 적용해야 한다. 키는 잘 관리되어야 한다. 암호화 전과 복호화 후에 보호되지 않은 데이터가 있는 위치에 주의를 기울여야 한다. 암호 시스템을 파괴하는 방법에는 여러 가지가 있지만 오늘날 암호화 알고리즘을 파괴하는 데 사용할 만한 방법은 거의 없다.

암호학 전쟁은 2013년 완전히 재개되었다. 역사상 가장 추악한 분쟁 중 몇 가지가 그랬듯, 그 시작은 암살 시도였다.

## ⁝ 비밀 누설 ⁝

에드워드 스노든의 폭로와 관련해서는 그가 저지른 일이 윤리적이었는지가 논쟁의 주제가 된다. NSA 계약자인 스노든은 무엇보다 NSA 암호화에서 발생하는 감시 문제를 처리했던 방법에 관한 민감한 정보를 대중에게 공개했다. 이는 NSA의 도구와 기술, 전술이 노출된 엄청난 일이었으며 스노든은 결국 강제 추방당했다.[41]

스노든 동상을 세워야 한다고 믿는지, 아니면 수갑을 채워야 한다고 믿는지 상관없이 이는 또 다른 날, 또는 다른 책에 관한 토론이다. 키 에스크로를 정립하는 데 실패한 이후 일부 국가, 특히 미국과 영국의 반응에 대한 지표를 얻었다는 데는 이견이 없을 것이다. 국가는 암호학 사용과 싸우기 위해 많은 일을 할 수 있었다. 우리가 에드워드 스노든에게 배운 것은 국가가 이 모든 일을 했다는 것이다.

물론 우리는 *정확히* 무슨 일이 일어나고 있는지 알지 못한다. 스노든은 상당수의 문서를 공개하고 발표했지만,[42] 상세 설명이 부족하거나 확인하기 어려운 정보가 대부분이었다. 그러나 전체적인 그림은 명확하다. 국가는 암호학을 극복하기 위해 할 수 있는 모든 것을 하고 있다.

사실인지 아닌지 알 수 없는 특정 주장에 초점을 맞추기보다는 넓은 범위에서 국가가 할 수 있는 일이 무엇인지 생각해보는 것이 아마 더 유익할 것이다. 특히 강력한 기술 회사를 보유한 국가의 능력에 어떤 것이 있을지 상상해보자. 다음 기술 중 일부는 스노든의 폭로에 등장한다.

엄청난 자금과 영향력, 시설을 갖춘 국가는 암호화된 데이터든 그렇지 않든 사이버 공간에 돌아다니는 데이터를 최대한 많이 저장할 수 있다. 이 데이터에는 국가에서 관리하는 컴퓨터 네트워크에 진입하는 주요 허브를 통하는 모든 통신의 사본이 포함된다. 예를 들어 영국에서는 몇 군데 지역으로 연결

크립토그래피

된 해저 케이블을 통해 유입되는 국제 통신이 많다. 그런 다음 국가는 대상이 되는 개인이 사이버 공간을 어떻게 사용하는지 알아보기 위해 이 데이터를 분석하려고 시도할 수 있다. 메시지와 통화 내용은 암호화되어 있겠지만, 누구와 언제 통신했는지, 인터넷 검색 기록 등과 같은 데이터를 연결하면 용의자가 어떤 삶을 살았는지 상세한 정보를 얻을 수 있다.

국가는 인터넷 접근과 이메일 서비스를 수백만 명에게 제공하는 회사와 계약을 체결할 수 있다. 이 회사가 고객 이메일이 저장된 서버로의 연결을 암호화를 사용하여 보호한다고 생각해보자. 회사는 고객의 활동과 관련된 모든 데이터에 대한 접근 권한을 정부에게 부여하거나, 정부를 대신하여 이메일을 복호화하거나, 필요한 복호화 키를 정부에 제공할 수도 있다.

국가는 사이버 보안 전문가를 고용하여 회사 네트워크를 해킹하고 내부망에 보안되지 않은 채 존재하는 원본 텍스트를 검색하여 데이터를 몰래 빼내려 할 수 있다.

국가는 의도한 수신자 소유의 공개 암호화 키 대신 국가 소유의 공개 암호화 키를 사용하여 컴퓨터 네트워크 스위치를 속여 트래픽을 암호화할 수 있다. 그런 다음 국가는 비밀 복호화 키를 사용하여 트래픽을 복호화하고 원본 텍스트를 얻은 다음 수신자의 공개 암호화 키를 사용하여 원본 텍스트를 다시 암호화한다. 수신자는 아무것도 모른 채 제대로 암호화된

8장. 암호학의 딜레마

트래픽을 수신한다.

국가는 백도어가 있는 암호화 알고리즘 사용을 승인하기 위해 암호화 표준 프로세스에 영향을 미칠 수 있다.

국가는 세상이 아직 잘 모르기 때문에 마땅한 방어책도 없는 사이버 공격 기술을 개발하거나 구입할 수 있다. 이를 *제로데이 공격*이라 한다. 국가는 암호화를 사용하여 대상을 속이고 웹 링크를 클릭하게 하거나 첨부파일을 열게 하여 휴대전화에 공격을 시작할 수 있다. 이러한 공격을 통해 암호화되기 전에 데이터를 읽거나, 복호화 키를 훔치거나, 휴대전화 마이크를 켜서 암호화된 통화 내용을 녹음할 수도 있다.[43]

솔직히 말하면 스노든의 폭로가 그리 상상하기 어려운 일은 아니었다.


## ⁝ 스노든 이후의 삶 ⁝


스노든이 폭로한 결과로 세계가 더 안전해졌는지는 당신의 관점에 달려 있다. NSA 전 국장인 마이클 헤이든Michael Hayden은 스노든의 행동을 '조국 역사에서 가장 큰 비밀 누설'이라 설명했다.[44] 헤이든이 옳았을 수도 있다. 하지만 나는 사이버 공간에서 우리가 보안을 바라보는 관점이 더 나아질 수 있다고 생각한다. 더 넓은 사회가 이제 관련 문제를 더 잘 이해하며 논의될 수 있기 때문이다.

아마도 가장 기본적으로는 사이버 공간이 얼마나 취약한지 보여주는 시기적절한 폭로였다고 생각한다. 인터넷은 강력한 보안 기능을 내장하고 신중하게 설계된 네트워크가 아니다. 오늘날 우리가 상호 작용하는 사이버 공간에서 보안은 사후 고려 대상인 경우가 많으며 다소 무질서하고 단편적인 방식으로 성장해왔다. 전체 시스템으로서 사이버 공간은 서로 다른 기술과 기술의 약점이 제멋대로 적용되었고 관리 또한 부실했기 때문에 보안 허점으로 가득 차 있다. 우리가 데이터를 암호화하더라도 이러한 허점은 우리가 암호화한 데이터에서 무언가 얻으려는 사람에게 무수한 기회를 제공한다. 사이버 보안 전문가 대부분은 스노든이 폭로하기 전에 이러한 취약점을 잘 알고 있었을 것이다. 그러나 숨겨진 진실이 다들 그렇겠지만, 실제 어떤 일이 일어나고 있는지 밝혀지기 전까지는 딱히 손을 쓰지 않는다.[45]

스노든의 폭로는 많은 결과를 낳았다. 암호학 관점에서 볼 때 가장 중요한 한 가지는 애플Apple을 비롯한 많은 기술 제공업체가 메시징 서비스에 종단 간 암호화를 적용했다는 것이다. 모든 암호화에는 데이터가 한 지점에서 다른 지점으로 이동한다는 의미에서 '종단'이 존재한다. 그러나 종단 간 암호화는 암호화된 통신에 사용되는 종단점이 통신 당사자가 제어하는 기기여야 하며 그 사이에 존재하는 서버가 아님을 뜻하는 용어다. 특히 서비스를 제공하는 애플과 같은 회사가 통신 내용을 복호화할 수 없다는 것을 의미해야 한다.

일부 정부는 좌절했을지 모르겠지만, 종단 간 암호화는 아무리 서비스 제공 업체와 거래를 하거나 혹은 협박을 한다 해도 원본 텍스트를 얻을 수 있는 경로 자체를 없애버린다. 2016년 애플과 FBI 사이 암호화된 아이폰iPhone 접근 권한 논쟁이 벌어지는 동안 FBI를 지지하는 사람들은 애플에게 '미국인의 보안보다 ISIS 테러리스트의 사생활이 더 중요하냐'[46]고 주장한 반면, 애플의 팀 쿡Tim Cook은 FBI의 요구에 굴복한다면 '소프트웨어의 암세포'[47]를 만드는 것과 같다고 주장했다.

이 폭로는 적어도 암호화 문제와 암호화가 국가 통치에 미치는 영향을 사회 차원에서 논의하는 결과를 가져왔다. 암호화된 데이터에 접근하는 문제를 언급하면서 전 호주 총리 말콤 턴불Malcolm Turnbull은 다소 용감한 발언을 했다. "수학적 규칙도 훌륭하지만, 호주에서 적용되는 유일한 규칙은 호주 법입니다."[48]

저명한 사람들이 암호화에 목소리를 높이고 있다는 사실은 암호화 사용을 찬성하든 반대하든 좋은 일일 것이다. 호주, 영국, 미국 등 일부 국가에서는 관련 법률을 개정했다. 암호화를 인식한 채로 기술을 사용하는 사람들이 많아졌고, 암호화를 배포하는 서비스 수요가 증가하고 있다. 예를 들어 토어 네트워크는 2010년 이후 규모가 4배 이상 증가했다.[49] 많은 영향력 있는 기업들도 암호학 보안을 강화하고 있다.[50]

스노든이 폭로한 이후 암호학이 구현되고 사용되는 방식에 커다란 변화가 생길지는 시간이 지나면 알 수 있을 것이다. 스노든의 폭로는 우리가 생성하는 데이터, 해당 데이터의 디지털 모니터링, 암호화 사용으로 인해 발생하는 딜레마 등 사회가 해결해야 할 숙제를 던져주었다. 이러한 문제를 간단히 말한다고 아무것도 해결되지는 않겠지만, 모르는 척하는 것은 더욱 나쁘다.

## ꞉ 암호 정책 ꞉

어떻게 보면 암호학 전쟁은 암호학 사용 제한에 반대하는 사람들의 승리로 돌아갔다. 오늘날 우리는 모두 강력한 암호학을 사용하고 있으며, 국가가 정확히 어떤 암호학을 사용하라고 통제하는 시대로 돌아갈 일은 절대 없을 것이다. 이제는 암호학 기술이 안전한 디지털 사회를 구축하기 위한 필수 요소라는 것을 대다수의 정부가 알고 있다.[51]

그러나 암호학을 새로운 세상으로 이끌어갈 기술이라고 생각했던 사람들의 꿈은 여전히 이루어지지 않았다. 암호학은 항상 어떠한 문제를 해결하기 위해 고군분투하는 국가에게 어려운 과제를 던져준다. 암호화 알고리즘의 백도어, 암호학 장치의 수출 통제 등은 더 이상 암호학 딜레마를 해결하는 적절한 방법으로 간주되지 않는다. 그러나 파괴할 수 있는 파괴 불가능한 암호 시스템 중 일부는 나에게는 너무 파괴하기 쉬운 것처럼 보인다. 사이버 공간은 복잡한 만큼 국가가 원본에 접근할 수 있는 경로뿐 아니라 공격 지점이 될 수도 있는 취약한 부분도 많다. 국가 통제를 적용하지 않고 암호학을 받아들이면서 우리는 널리 알려지지 않았거나 불균형하거나 잠재적으로 컴퓨터 시스템을 위험에 빠뜨릴 수 있는 암호화 문제를 국가가 해결해주기를 바랐다.[52]

이 논쟁에서 암호 전쟁 평화 협정과 같은 희망적인 결론이 나오길 기대하는가? 나도 앞으로 나아갈 길에 멋진 제안을 하고 싶지만, 마땅한 생각이 없고 다른 사람도 마찬가지일 것이다. 나는 미래가 어떤 모습이 될지 몇 가지 생각을 제시하겠지만 그것이 곧 종전 선언이 되지는 않는다.

암호 전쟁을 해결하지 못하는 가장 큰 이유는 아마도 양측의 성격과 행동이 다르기 때문일 것이다. 각각은 선동적이고 모호한 주장을 하며, 현재와 미래에 암호학 사용에 대한 상대방의 우려를 전혀 인정하지 않는 것처럼 보인다. 버락 오바마 Barack Obama 미국 전 대통령이 미국 내 규제를 고려하면서 언급한 바와 같이 이러한 고착은 위험하다. "모든 사람이 각자의 동굴로 들어가고, 기술 커뮤니티는 '우리가 제공하는 암호화가 어떻든 간에 이 세상은 국가가 민간인을 감시하는 조지 오웰 George Orwell의 소설 같은 세상'이라고 말한다면, 정말 나쁜 일이 일어난 후에는 관련 정책이 흔들리고 엉성한 채 서두르게 될 것이며 생각지도 못한 위험한 방식으로 국회를 통과할 것이다."[53] 이것이 현재 우리의 주소다.

이러한 상호 이해 부족을 해결하려면 서로 신뢰를 바탕으로 분명한 대화를 이어 나가야 한다. 암호학의 경우 양측 중 하나인 정보기관이 투명하기를 꺼린다는 경향이 있다. 이 문제를 실질적으로 극복하려면 앞서나갈 필요가 있다.

암호화와 관련하여 우리가 곤경에 처한 또 다른 이유는 사이버 공간, 특히 인터넷의 구조가 완전히 엉망이기 때문이다. 이러한 혼란은 보안에 좋지 않으며 암호학 인프라의 약점을 악용할 수 있는 기회를 제공하게 된다. 투명한 구조로 암호학을 구성하는 것이 바람직하지만, 쉽게 개조할 수 있는 것은 아니다. 원본에 합법적으로 접근하는 방법을 어떻게든 구조화시킨다면 관련된 과정과 그에 따르는 위험을 이해하고 토론하고 동의하는 것은 무의미할지도 모른다.[54]

8장. 암호학의 딜레마

또한 일부 국가에서 통제하는 기술 및 서비스의 불균형 문제도 있다. 인터넷의 본고장인 미국과 사이버 공간에서 가장 영향력 있는 기업들이 암호화가 어떤 문제에 방해가 될 때 이러한 점을 이용하는 것은 딱히 놀라운 일도 아니다. 지정학적으로 공정하고 민주적인 사이버 공간을 개발하는 것이 가능할까?

우리는 사이버 공간에서 스스로를 보호하기 위해 암호학을 사용하고 있다. 우리가 이를 그만둬야 한다고는 생각하지 않지만, 가끔은 *너무 많이* 사용하고 있지는 않은가 하는 생각이 들기도 한다.

휴대전화를 생각해보자. 간단한 수신기로 무선 통화를 가로채는 것을 방지하기 위해 휴대전화와 가장 가까운 기지국 간 통신을 암호화한다. 이 시점 이후 데이터는 전통적인 방식으로 복호화되어 표준 전화 네트워크로 들어간다.[55] 그리고 가까운 기지국과 휴대전화 사이 무선 통신 여정의 마지막 부분에서만 데이터가 다시 암호화된다. 나머지 여정 대부분에서는 통신 내용이 암호화되지 않는다. 표준 전화 네트워크는 침입하기가 어려운 편이기 때문에 굳이 암호화할 필요가 없기 때문이다. 우리는 전화를 거는 데 휴대전화를 사용한다고 국가가 불평하는 것은 들어본 적이 없다. 국가가 실제로 필요한 적법한 절차를 따르는 경우 통화를 복호화해서 가로챌 수 있기 때문이다. 그리고 국가가 이런 작업을 수행할 수 있다는 사실에 불평하는 사람도 별로 없다. 국가가 이러한 기능을 책임감 있게 사용할 것이라는 점을 받아들이기 때문이다.

이제 보안 메시지 앱을 이용하여 휴대전화에서 메시지를 보낸다고 생각해보자. 종단 간 암호화를 지원하는 앱을 사용하면 전화기에서 전화기로 가는 여정 동안 메시지가 암호화된다. 이것은 전화를 걸거나 이메일을 보내거나 편지를 보낼 때보다 더 강력한 기밀성을 보장한다. 어떻게 보면 놀라운 일이다. 그러나 이러한 수준의 기밀성이 정말로 필요한가? 암호학 사용과 관련하여 국가와 개인 간 새로운 관계를 협상해야 한다면 암호학을 사용하는 사람들은 오늘날 누리고 있는 보안의 강도를 조금이라도 양보할 의향이 있을까?[56]

암호학 사용을 제한한 전례가 있다. 냉전 기간 동안 미국과 소련은 제2차 전략 무기 제한 협상SALT II의 일환으로 특정 유형의 무기 실험이 진행되는 동안 암호화를 사용하지 않고 상대방이 해당 무기의 능력과 기능에 관한 정보를 수집하는 데 동의했다.[57] 암호 사용을 완화하는 것은 데이터 보안 측면에서 보면 후퇴하는 것처럼 보일지도 모르지만, 긴장을 완화하기 위해 서로 안심시키는 효과가 있었다. 휴대전화 메시지와 무기는 매우 다른 분야지만 여기서 중요한 것은 가끔은 정당한 이유로도 보안이 약화될 수 있다는 것이다.

내가 종단 간 암호화에 반대하는 사람이라고 오해하지는 않기를 바란다. 사이버 공간은 국가가 무차별적으로 데이터를 수집하고 인프라 회사는 투명하지 않은 방식으로 사용자 데이터를 악용하는 지저분한 공간으로 남아 있지만 종단 간 암호화는 이동하는 데이터를 적절하게 보호하는 가장 안전한 방법이라고 생각한다. 나는 그저 미래의 사이버 공간에서 정말 필요한 것이 무엇인지 다시 생각해볼 필요가 있다고 제안하는 것이다.

암호학 딜레마의 해결책이라기보다는 재구성에 가깝겠지만, 한 가지 가능성은 사이버 공간이 오늘날보다 더 분할될 수 있다는 것이다. 사이버 공간의 '부분 공간'은 나머지 사이버 공간보다 '안전한' 공간으로 간주된다. 사용자는 이러한 가상의 출입구로 연결된 커뮤니티에 들어감으로써 일정 수준의 보호 기능을 얻을 수 있다. 이렇게 공간이 안전하게 설계되었고 관리된다는 것을 충분히 신뢰할 수 있을 때 사용자는 국가가 암호화된 내부 트래픽에 접근할 수 있더라도 법으로 정한 조건 내에서 공개적으로 이루어진다면 이를 받아들일 수 있을 것이다. 안전한 공간을 벗어난 일종의 황무지에서 일어나는 암호전쟁은 통제하기 어려울 만큼 격렬할지도 모른다.

이와 같이 분할하는 공간 개념의 요소는 이미 나타났다. 예를 들어 애플은 장치 사용자를 위한 제한된 공간을 만들어 승인된 특정 소프트웨어만 설치할 수 있도록 했다. 어떤 사람들은 애플이 지나치게 통제한다고 비판하지만, 결과적으로 더 안전하다고 믿는 사람들은 애플의 기술을 받아들인다.

소프트웨어 다운로드를 제한하는 것과 암호화된 트래픽에 접근하는 기능을 제공하는 것은 별개의 일이다. 실제로 그러한 접근 기능이 관련 기관의 통제 하에 유지되도록 보장하는 시스템을 설계하는 것이 가능할까? 이러한 유형의 시스템을 구축할 수 있는지는 알 수 없다. 물론, 관련 기관이 진정으로 우려하는 사람들 대부분은 아마도 그러한 시스템을 사용하지 않을 것이다.

우리가 미래에 살고 싶은 사이버 공간이 어떤 유형이었으면 하는지 신중하고 건설적으로 토론에 임해야만 암호 전쟁을 멈출 수 있다. 다니엘 무어Daniel Moore와 토마스 리드Thomas Rid는 다음과 같이 주장했다.

암호 시스템의 미래를 설계하려면 정치적, 기술적 사항을 냉철하게 고려해야 합니다. 암호화 및 기술을 원칙적이면서도 현실적으로, 광범위하게 평가하려면 사이퍼펑크 추종자나 기술적 순수성의 이념, 혹은 가상의 유토피아가 아닌 경험적 사실이나 실제 사용자 행동, 국가 기술을 바탕으로 판단해야 합니다. 정치적 의사결정의 실용주의는 오랫동안 현실정치라는 이름으로 불렸습니다. 기술 정책은 너무 오랫동안 외면당했죠. 이제

8장. 암호학의 딜레마

암호 정책이 필요한 때입니다.[58]

　사이버 공간에는 분명히 위험이 있지만, 우리는 대부분 적당한 예방 조치를 취해가며 난관을 헤쳐 나간다. 우리가 잠재적으로 국가 감시 프로그램에 노출되어 있다는 사실을 알고 있는 사람도 엔터키를 누르고 진행한다. 우리가 암호학을 적용하기로 선택할 때는 무슨 일이 일어나는지 그저 궁금해하는 것을 넘어 어떠한 보안이 적용되고 있는지 정확히 아는 것이 낫다고 생각한다. 우리는 암호화 사용에 딜레마가 발생할 수밖에 없다는 사실을 받아들여야 하고, 그러면서도 국가가 투명하게 딜레마에 대응할 것이라는 사실도 받아들여야 한다. 꿈을 꾼다는 데 무엇이 문제겠는가?

# 9장

## 암호학의 미래

CRYPTOGRAPHY

OUR CRYPTOGRAPHIC FUTURE

오늘날 사이버 공간에서 우리가 하는 많은 일의 보안을 지원하는 우수한 암호화 도구가 있다. 물론 암호화를 사용하면 사회적 딜레마가 발생하지만, 그렇다고 적용하기를 머뭇거리기에는 너무 유용하다. 암호학은 이미 여기에 있다. 하지만 암호학을 사용하는 미래는 어떻게 될까?

## 미래는 이미 여기에

미래에도 내용이 기밀로 유지되어야 하는 편지를 가지고 있다고 생각해보자. 편지를 최첨단 자물쇠가 달린 금고에 보관하고 10년 동안 발 뻗고 잤는데, 어느 날 도둑이 이 금고에 침입하는 방법을 찾았다는 뉴스를 보게 된다. 그래서 더 강력한 잠금 장치가 있는 금고를 구입하고 편지를 새 금고로 옮긴다. 몇 년 후 같은 일이 발생하고 또 다른 금고를 구입한다. 즉, 금고에 공격하는 방법이 점점 정교해지면서 진화하는 위협에 대한 방어 또한 정교해지는 것이다.

이 전략은 금고에는 잘 작동할지 몰라도 암호화에는 작동하지 않는다. 암호화는 다음과 같이 작동한다. 당신은 비밀 편지를 가지고 있으며, 여러 개의 사본을 만들어 각 사본을 최첨단 잠금 장치로 보호하는 금고에 보관한다. 그리고 이 금고를 당신의 적에게 나눠준다. 10년 후 당신은 이 금고가 뚫릴 수 있다는 사실을 알게 되었고, 그래서 새로운 금고를 잔뜩 구입해 적들에게 나눠주며 오래된 금고 대신 새로운 금고를 사용해달라고 한다.[1] 아마 끝이 좋지는 않을 것이다.

디지털 정보는 너무 쉽게 복사되고 저장되기 때문에 공격자가 암호화된 데이터에 영원히 접근 가능하다고 가정해야 한다는 것이 문제다. 암호학에 대한 공격이 미래에 혁신을 일으킨다면, 기존 데이터를 보호하기 위해 단순히 암호화 알고리즘을 업그레이드하는 데 의존하는 것은 현실적이지 않다. 더 강력한 암호화 알고리즘을 사용하여 기존의 원본 텍스트를 다시 암호화할 수 있지만, 기존 암호화 텍스트의 복사본을 공격자가 복호화할 수 없다는 것을 보장하지는 않는다.[2]

암호화 알고리즘 설계자에게 닥친 가장 큰 과제는 오늘날 사용되는 암호학이 내일은 공격받는다는 것이다. 이미 사용되고 있는 알고리즘이 미래에 공격을 받아 안전하지 않게 되면 알고리즘을 교체하는 데 소요되는 시간과 비용이 상당하다.[3] 1990년대 블록 암호 DES가 안전하지 않다고 발표되었을 때, DES는 은행 인프라에 너무 깊이 박혀 있어 교체 방법을 상상하기조차 어려울 정도였다. 결과적으로 더 안전한 형태의 트리플 DESTriple DES를 사용하긴 하지만 여전히 DES를 사용하고 있다.

크립토그래피

결과적으로 현대 암호화 알고리즘은 높은 보안 요구사항을 갖추고 가능한 미래에 대응할 수 있도록 매우 보수적으로 설계되었다. 설계자들은 컴퓨터가 특히 처리 능력 측면에서 미래에 얼마나 발전할지 예상하고 그에 따라 오류를 처리할 수 있는 여유를 넉넉하게 두려고 한다. 오늘날 세계에서 가장 빠른 컴퓨터가 128비트 AES 키를 전수 검사하는 데 5천만 년이 걸린다는 것을 생각해보자. 과하다는 생각이 들지도 모르겠지만 오늘날 우리는 최소 25년 정도는 기밀로 유지될 데이터를 암호화하려고 한다. 그렇다면 그때 가장 빠른 컴퓨터 성능은 어느 정도일까? 현재에도 매우 높은 수준의 보호가 필요한 데이터에 적용하거나 미래에 소모될 비용을 절약하기 위한 목적으로 AES를 192비트나 256비트로 설계하기도 한다.

미래의 암호학은 오늘의 우리를 고려해야 한다. 정확히 어떤 형태의 미래가 펼쳐질지는 중요하지 않다. 우리가 예상하고 대비한다는 사실이 중요하다.

## ⁑ '양자'라는 단어 ⁑

양자는 사람들에게 거의 최면과 같은 효과를 발휘한다. 우리의 직관과 이해력을 넘어서는 복잡한 미래 기술에 대한 매혹

9장. 암호학의 미래

적이고 놀라운 개념을 상기시키기 때문이다.[4] 양자라는 단어를 마주하면 대부분은 어리둥절한 채 고개를 절레절레 저으며 '전문가에게 맡기는 게 낫겠다'고 생각한다. (이제는 암호학이라는 단어에 같은 반응이 나오지 않기를 바란다.)

그러나 암호학과 관련된 양자의 중요성을 외면해서는 안 된다. 적어도 세 가지 다른 맥락에서 관련이 있는데, 근본적으로는 다르지만 자주 혼동된다. 첫 번째는 다양한 수준에서 상용화된 기존 기술과 관련이 있다. 두 번째는 아직 존재하지 않지만 오늘날 관심을 갖고 보는 중요한 기술과 관련이 있다. 세 번째는 현재 존재하지 않고 가까운 미래에도 관련이 없을 확률이 높은 기술에 관한 것이다.

암호학과 관련하여 유용한 양자 기술은 이미 두 가지가 존재한다. 이 두 가지 모두 키 관리의 다른 측면에 관한 것이다. 첫 번째는 양자 난수 생성이다. 앞서 살펴보았듯이 난수는 암호학, 특히 키 생성에서 매우 중요한 역할을 하며 자연적인 물리적 출처에서 가져오는 비결정론적 난수 생성기가 최상위에 있다. 이 중 가장 좋은 것은 양자 역학을 기반으로 한다.[5] 두 번째 기술은 두 개의 서로 다른 위치에 공통 비밀 키를 설정하는 문제를 해결한다. *양자 키 분배*는 특수 양자 채널을 통해 무작위로 생성된 키를 다른 위치로 전송하는 수단이다.

컴퓨팅 기술에 혁명이 오고 있다. 양자 컴퓨터는 분명 오늘날의 컴퓨터보다 훨씬 더 빠르게 작업을 수행할 수 있을 것이다.[6] 그리고 암호학과 관련된 일부 작업이 현재는 컴퓨터에서 계산할 수 없지만 양자 컴퓨터에서는 계산 가능하기 때문에 이는 암호학에 상당한 영향을 미칠 것이다. 양자 컴퓨터는 이제 막 등장했고 아직은 별다른 기능을 제공하지 않아 손바닥만한 계산기가 슈퍼컴퓨터처럼 보이기도 한다. 그러나 양자 컴퓨터는 발전할 것이고 이를 진지하게 받아들일 준비를 해야 한다.

양자 컴퓨터는 오늘날 우리가 사용하는 암호화 알고리즘을 파괴할 수 있다. 이 문제를 해결하기 위해 양자 컴퓨터로 눈을 돌리고 싶을 것이다. 어쨌든 양자 컴퓨터가 기존 암호학 기술을 파괴할 수 있다면, 양자 컴퓨터에서 돌아가는 양자 암호화 알고리즘을 설계하지 않을 이유가 무엇인가? 이 아이디어는 전혀 잘못된 것이 없지만, 사이버 공간을 보호하기 위해 고려해야 할 사항으로는 우선순위가 제법 낮다.

오늘날 우리에게는 진정한 양자 컴퓨터가 없고, 곧 갖게 될 것 같지도 않다. 시간은 흐른다. 결국 양자 컴퓨터는 기술적으로 진보한 소수의 조직에서 개발할 것이다. 오직 그들만이 양자 암호 알고리즘을 사용할 능력을 갖게 되는 것이다. 훨씬 더 중요한 것은, 남은 우리에게는 실존하는 소수의 양자 컴퓨터로부터 우리를 보호하기 위해 일반적인 컴퓨터에서 실행되는

9장. 암호학의 미래

암호학이 필요하다는 것이다. 또 시간이 흐른다. 결국에는 양자 컴퓨터가 주류가 될 것이다. 그래야만 양자 암호 알고리즘이 쓸모가 있다. 결국, 어떤 일이 일어날지 상상해본다면, 우리보다는 우리의 아이들, 나아가 아이들의 아이들에게 더 큰 문제가 될 것이라고 생각한다.

양자 암호학을 비교적 개괄적으로 이야기하는 사람의 말은 조심해야 한다. 개념이 잘못 정의되면 이 섹션의 시작 부분에서 설명한 세 가지 맥락 중 하나, 혹은 셋 전체를 아우르는 데 사용된다. 따라서 양자 암호학은 오늘날 존재하거나 존재하지 않을 수도 있으며, 혁명적이거나 추측에 근거할 수도 있고, 실용적이거나 비실용적일 수도 있다. 이것이 내가 양자 암호학을 피하려는 이유이다. 그러나 우리는 양자 컴퓨터를 피해서는 안 된다. 양자 컴퓨터는 앵그리 버드를 던지지는 못하지만,[7] 현대 암호학에 치명적인 영향을 줄 잠재력을 가지고 있다.

## ⁝ 대량 복호화라는 무기 ⁝

여기 우리가 양자 컴퓨터에 대해 아는 것이 있다. 양자 컴퓨터는 우리가 오늘날 사용하는 컴퓨터와는 근본적으로 다른 방식으로 작동한다. 양자 컴퓨터가 처리하는 데이터는 기존 컴퓨터의 이진수 표기 방식과 다른 형식을 사용한다. 어떤 유형의 작업은 병렬로 수행할 수 있기 때문에 기존 컴퓨터보다 훨씬 더 효율적으로 작업을 수행할 수 있다.

여기 우리가 양자 컴퓨터에 대해 모르는 것이 있다. 우리는 실용적인 양자 컴퓨터가 언제 만들어지는지 모른다. 양자 컴퓨터가 이론상 가능하다고 하는 모든 것이 실제로 가능해지는지 모른다. 누가 최초로 실용적인 양자 컴퓨터를 만들지 모른다. 양자 컴퓨터가 출시되면 어떤 모습일지 모른다. 양자 컴퓨터가 주류 기술이 될지 여부도 모른다. 그러나 미래를 위한 암호학 계획의 관점에서는 이런 것들이 하나도 중요하지 않다. 중요한 것은 미래에는 양자 컴퓨터가 가능해질 것이며 오늘날 양자 컴퓨터를 방어할 수 있는 능력을 개발해야 한다는 것이다.[8]

양자 컴퓨터는 현대 암호학에 상당한 영향을 미치겠지만 오늘날 우리가 사용하는 모든 암호학을 파괴하지는 못할 것이다. 현재 사용하는 암호화 알고리즘 중에는 양자 컴퓨터에 대한 보호 기능이 거의 없는 알고리즘도 있지만, 그래도 효과적으로 방어할 수 있는 알고리즘도 많다. 이렇게 다양한 예측과 그 의미를 이해하는 것이 중요하다.

관심을 갖고 지켜볼 영역은 비대칭 암호화 및 관련 디지털 서명 체계이다. 오늘날 우리가 사용하는 거의 모든 비대칭 암호화 및 디지털 서명 체계는 인수분해와 이산 로그라는 두 가

9장. 암호학의 미래

지 수학적 문제의 어려움을 기반으로 한다. 그러나 안타깝게도 강력한 양자 컴퓨터는 이산 로그를 효과적으로 계산해 찾을 수 있는 것으로 알려졌다.[9] 즉, 양자 컴퓨터는 현재의 모든 비대칭 암호화와 디지털 서명 체계를 비효율적으로 만들 것이다. 큰일이다.

오늘날 사용되는 비대칭 암호화 알고리즘은 알고리즘 보안이 기존의 컴퓨터에서는 계산하기 어려운 특정 계산 문제를 기반으로 한다. 양자 컴퓨터가 이러한 계산 문제를 어렵지 않게 해결한다면, 이 기계가 실제로 등장했을 때 우리는 곤경에 처하게 된다.

이러한 이유로 연구자들은 현재 양자 컴퓨터로 잘 해결되지 않는다고 여겨지는 계산 문제를 기반으로 하는 새로운 비대칭 암호화 알고리즘을 개발하고 분석하고 있다. 이러한 차세대 양자 비대칭 암호화 알고리즘은 오늘날 우리가 사용하는 비대칭 암호화 알고리즘을 대체할 것이다.[10] 새로운 차세대 양자 디지털 서명 체계를 개발하기 위한 비슷한 프로세스가 진행 중이다. 중요한 것은, 이러한 차세대 양자 암호화 알고리즘이 자체적으로 양자 기술을 사용하지는 않지만 양자 컴퓨터에 접근할 수 있는 미래의 공격자로부터 정보를 보호하도록 설계되어야 하기 때문에 기존 컴퓨터에서도 실행될 수 있어야 한다는 것이다.

크립토그래피

암호학 도구에 좋은 소식이 또 하나 있다. 대칭 암호화 알고리즘은 특정 계산 문제에 의존하지 않고 보안을 구축한다. 대칭 암호화 알고리즘은 수학보다는 지능 공학에 의존하며, 복잡한 계산으로 이루어진 장애물을 원문과 암호문 사이에 배치한다. 따라서 공격자는 알고리즘 자체를 파괴하지 않고 올바른 키를 검색할 수밖에 없다.

현재 양자 컴퓨터가 할 수 있는 최선은 완전한 키 검색을 수행하는 데 걸리는 시간을 상당히, 그러나 모든 대칭 암호화 알고리즘이 쓸모없어질 정도는 아닌 정도로 줄이는 것이다. 구체적으로 말하자면 양자 컴퓨터를 사용하는 공격자로부터 보호하기 위해서는 대칭 키 길이가 두 배는 되어야 한다.[11]

오늘날 가장 널리 알려진 대칭 암호화 알고리즘은 키 길이가 보통 128비트인 AES이다. 그러나 AES는 256비트 길이의 키도 지원하므로 양자 컴퓨터가 두렵다면 간단히 키 길이 설정을 변경하면 된다. 하지만 AES를 사용하지 않는 프로그램도 있다. 대부분의 카드 결제 네트워크는 키가 더 짧은 트리플 DES를 사용하는데, 이러한 네트워크는 양자 컴퓨터에 대해 보안을 유지하려면 사용하는 대칭 암호화 알고리즘을 변경해야 한다.

양자 컴퓨터는 오늘날 우리가 사용하는 암호학을 위협한다. 우리는 이러한 위협을 해결하기 위해 긴급 조치를 취하고

9장. 암호학의 미래

있으며 양자 컴퓨터가 실제 현실이 되기 훨씬 전에 양자 컴퓨터로부터 보호할 수 있는 암호화 알고리즘 제품을 개발할 것이라고 감히 확신한다. 그러나 그전까지는 현재 암호화된 데이터가 미래의 양자 컴퓨터에게 공격당할 위험이 남아 있다.

## ⁑ 마법 채널 ⁑

양자 키 분배QKD를 제공하는 기술은 오늘날에도 존재한다. 이것은 암호화 알고리즘도 아니고 양자 컴퓨터가 필요한 일도 아니다. 오히려 QKD는 양자 역학을 사용하여 대칭 키를 배포하는 방법이다.

키 배포 문제의 기본으로 돌아가 보자. 두 명의 사용자가 선호하는 대칭 암호화 알고리즘을 사용하여 암호화된 메시지를 교환하려 한다. 원활하게 메시지를 주고받으려면 어떻게 해서든 동일한 비밀 대칭 키의 사본을 얻어야 한다. 한 가지 선택지는 발신자가 임의로 키를 생성한 다음 이 키를 수신자에게 전송하는 것이다. 하지만 어떻게 전송할 것인가?

텔레파시가 없는 세상에서 우리는 문제에 봉착했다. 보호되지 않은 통신 채널은 공격자가 채널을 훔쳐보고 키를 알아낼지도 모르기 때문에 발신자는 이를 통해 수신자에게 키를 보낼 수 없다. 과연 그럴까?

결과적으로 이는 사실이 아니다. 통신 채널이 이동 통신망, 와이파이, 혹은 인터넷과 같은 표준 채널인 경우 이 문장은 유효하다. 하지만 이 채널이 채널을 통해 교환되는 정보를 공격자가 가로챌 때 수신자가 그 사실을 알람 등을 통해 알게 되는 일종의 '마법' 채널이라고 생각해보자. 발신자는 마법 채널을 통해 수신자에게 간단히 키를 전송할 수 있다. 알람이 울리지 않으면 사용자는 다른 사람이 키를 본 적이 없다는 것을 알 수 있다. 알람이 울린다면 발신자와 수신자는 키를 버리고 다시 시도한다.

QKD의 프로세스는 정확히 이렇게 작동한다. 여기에서 '마법' 채널은 눈에 보이는 정렬된 레이저나 광섬유와 같은 것을 통해 만들어지는 양자 광학 채널이다. 키는 양자 상태로 인코딩되며 양자 역학의 특별한 속성은 누군가 채널의 데이터를 읽으려 하면 의도치 않게 상태를 변경하게 되고, 이는 이후 수신자가 감지할 수 있게 된다.[12] QKD는 양자 역학을 매우 영리하게 사용한 프로그램이라는 데는 의심의 여지가 없다. QKD를 사용해 다양한 실험적 네트워크가 구축되었고 위성을 통해 우주에도 키를 배포할 수 있게 되었다.[13] 오늘날 상용 QKD 시스템은 비록 저렴하진 않지만 그래도 구입할 수 있다.

하지만 기술이 흥미롭고 혁신적이라고 해서 꼭 필요한 것

9장. 암호학의 미래

은 아니다. 호버크래프트Hovercraft(아래로 공기를 분출하며 수면이나 지면 가까이 나는 선박)나 콩코드Concorde(초음속 여객기), 소니Sony의 미니디스크MiniDisc(CD보다 작은 크기의 저장 매체)도 현실의 문제를 해결하는 훌륭한 발명품이었지만 여러 가지 이유로 주류가 되지 못했다. QKD도 꼭 필요한 곳을 찾겠지만, 실제보다 과장된 기술 목록에 등재될지도 모른다. 이유를 살펴보자.

일단, QKD는 저렴하게 해결할 수 있는 문제를 비싸게 해결하는 방법이다. QKD는 대칭 암호화 키와 함께 사용할 대칭 키를 배포한다. 이것도 훌륭한 방법이지만, 휴대전화나 와이파이 네트워크, 은행 카드 및 여러 장치에서 고정 키를 사전에 설치하고 필요할 때 암호화 키를 만드는 방법 등 우리는 이미 이 문제를 해결하는 많은 방법을 가지고 있다.

QKD는 *일회용 키보드*로 알려진 특수 대칭 암호화 알고리즘의 키를 배포하는 데 사용될 수 있기 때문에 QKD가 양자 컴퓨터를 사용하는 공격자로부터 우리를 보호할 수 있다고 주장한다. 이 알고리즘은 임의의 키를 사용하여 원본 텍스트의 모든 비트를 개별적으로 암호화하기 때문에 이론적으로 모든 대칭 암호화 알고리즘을 만드는 것만큼 안전하다.[14] 하지만 불행히도 일회용 키보드는 원본 텍스트만큼 긴 임의의 키가 필요하기 때문에 비용이 큰 알고리즘이다. 앞서 언급했듯 256비트라는 비교적 짧은 키를 가지고도 양자 컴퓨터를 가진 공격자

크립토그래피

로부터 보호할 수 있는데, 일회용 키보드를 배포하는 번거로움을 감수할 이유가 있을까?

둘째, 양자 컴퓨터의 등장과 관련하여 QKD는 잘못된 문제에 집중하고 있다. QKD를 사용하려면 각각 특별한 기술을 사용하여 연결을 설정하는 알려진 장치의 고정 네트워크가 필요하다. 이것은 대칭 암호화가 네트워크를 보호하기에 충분한 설정이다. 그러나 양자 컴퓨터가 상용화된다고 해서 대칭 암호화가 심각하게 손상되는 것은 아니다. 양자 컴퓨터에서 발생하는 암호학 비상사태로 인해 새로운 형태의 비대칭 암호화가 필요할 뿐이다. 통신 당사자 간 사전 설정 관계가 없는 월드 와이드 웹과 같은 개방형 환경에서 연결을 보호하려면 새로운 비대칭 암호화 알고리즘이 필요하다. 개방형 환경에서의 연결은 QKD를 사용하여 보호할 수 없다. 이것이 차세대 양자 비대칭 암호화 알고리즘 개발이 QKD보다 우리의 미래 보안에 훨씬 더 중요한 이유이다.


## ⁚ 암호학 천국! ⁚


이제 인터넷에서 당신이 하는 활동을 보호하고, 전화를 걸고, 은행 카드로 물건을 구매하는 등의 작업을 위한 암호학의 역할을 더 잘 인식하게 되었기를 바란다. 이들은 대부분 우리가 전통적으로 사이버 공간으로 간주하는 곳에서 필연적으로 발생하는 활동이기 때문에 여기에는 분명 암호학이 필요하다.

우리가 목격하고 있는 한 가지 추세는 컴퓨터, 태블릿, 휴대전화와 같이 사이버 공간과 쉽게 연결되는 개체와 그 외 일상적인 용품 사이 경계가 흐릿해진다는 것이다. 우리는 텔레비전, 게임 콘솔, 시계, 자동차도 사이버 공간에 연결된다는 아이디어에 익숙해지고 있다. 아마도 우리는 온도 조절기, 오븐, 창문 블라인드, 세탁기와 같은 것들이 연결되는 경우도 흔히 볼 수 있다. 그러나 이미 시중에서 판매되는 인터넷에 연결되는 소금 후추 통이나 거울, 토스터, 쓰레기통이 정말 필요할까?[15]

이렇게 서로 연결성이 증가하는 현상을 우리는 *사물 인터넷* IoT, Internet of Things이라 말하며, 이는 일상적으로 사용하는 물건에 적용되는 사소하고 저렴한 감지 기술 개발에 의해 일어나고 있다. 거의 모든 것이 사이버 공간에 연결될 수 있고 사이버 공간에 연결되는 물건은 대부분 어느 정도 수준의 보안이 필요하기 때문에 사물 인터넷이 확장되면서 미래에는 더 놀라운 장소에서 암호학을 더 많이 사용하게 될 것이다.[16]

IoT 혁신이 일어난 한 가지 환경은 바로 집이다. 오늘날 가전제품을 연결하는 기술을 구입하여 조명이나 난방과 같은 전기 장치를 더 쉽게 제어하고 에너지 효율성을 개선할 수 있다.

집에서 사용하는 가전제품까지 보안이 필요하지는 않다고 생각할지도 모르겠지만, 다시 생각해보자. 스마트 홈 네트워크에 있는 데이터는 대부분 민감한 정보이다. 조명과 난방이 켜지고 꺼지는 시간, 언제 텔레비전을 보고 언제 요리하는지, 샤워를 하는 시간까지 모두 당신의 일과에 관한 정보를 제공한다. 모든 사람이 당신의 일과에 관심을 가지는 것은 아니지만, 당신의 집에 침입하려는 사람에게는 귀중한 정보가 될 수도 있다.

전기세 고지서가 잘못 나오지 않으려면 이 모든 데이터가 정확하기를 원할 것이다. 그리고 당신은 분명 이 네트워크에 다른 사람이 접근하기를 원하지 않는다. 그렇지 않으면, 갑자기 불빛이 깜박거리고, 한밤중에 오븐이 예열되고, 연중 가장 추운 밤에 난방이 꺼지는 저주가 걸린 유령의 집에 살게 될지도 모른다. 다행히도 암호학을 적절히 사용하여 사이버 집을 안전하게 만들 수 있다. 이 모든 연결 기술을 개발하는 사람이라면 더욱 암호학을 주목해야 한다.[17]

스마트 오븐이나 조명, 난방기의 한 가지 장점은 우리가 휴대전화나 은행 카드, 자동차 열쇠에서 사용하는 것과 동일한 암호화를 사용할 수 있을 만큼 '사물'이 충분히 크다는 것이다. 그러나 우리가 인터넷에 연결하는 일부 다른 장치는 그렇지 않다. 작물 모니터링 및 야생 동물 추적과 같은 흥미로운 프로그램에 적용하는 소형 무선 센서나, 제품 라벨에 사용하는 RFID(무선 주파수 인식) 태그와 같은 작은 장치는 데이터를 저장하고 처리하는 능력이 별로 좋지 않다. 메모리 용량이 작으며 배터리를 오래 사용하기 위해 전력 소모를 줄여야 한다.

암호학을 사용하여 이러한 장치를 보호하기 위해 연구원들은 특수 경량 암호화 알고리즘을 개발하고 있으며 미래에는 훨씬 더 가벼운 알고리즘이 필요할 것이다.[18] 이러한 경량 알고리즘은 일반적으로 기존 알고리즘에 비해 성능을 개선하기 위해 일부 보안을 희생한다. 이러한 장치에 의해 수집된 데이터는 오랜 기간 비밀로 유지될 필요가 없기 때문에 이는 괜찮은 타협안이다. 그리고 경량 암호학을 사용하는 것이 암호학을 사용하지 않는 것보다는 확실히 낫다.

오늘날 우리가 암호학을 사용하는 방식에 대해 한 가지 주목할 점은 사이버 공간에서 상호 작용하는 시스템의 관점에서는 바로 당신이 암호학 키 자체라는 것이다. ATM은 당신이 제시한 카드의 칩에 당신의 것이라고 추정되는 암호학 키가 포함되어 있다고 확신하는 경우에만 돈을 지급한다. 당신의 이름에 연결된 SIM 카드에 저장된 암호학 키를 이용하여 전화 통화 요금이 부과된다. 자동차 문은 자동차 열쇠에 연결된 암호학 키를 사용할 수 있는 모든 사람에게 열어준다.

하지만 미래에는 암호학 키가 한 단계 더 나아가게 될 것이다. 당신은 암호학 키로 나타나는 것이 아니라, 당신의 몸에 많은 키가 포함될 것이다. 의료 과학 및 건강관리 분야는 IoT 기술의 혜택을 받을 수 있는 대표적인 영역이다. 미래에 사이버 공간과 연결되는 사물의 유형에는 심장 박동기와 같은 체내 이식 의료 기기나, 몸에 착용하거나 섭취할 수 있는 모니터링 장치가 포함될 것이다. 이러한 기술은 휴대전화에서 실행되는 건강 관련 앱에 데이터를 전달하거나 의사에게 보고를 할 수도 있다. *자신 인터넷Internet of Me*은 허구가 아니다. 이미 일어나고 있는 일이다. 그리고 분명 보안과 암호학이 필요하다.[19]

2012년 미국 드라마 〈홈랜드Homeland〉는 월든Walden 부통령이 그의 심장 박동기에 원격으로 연결한 공격자에 의해 암살되는 에피소드를 다뤘다. 이 에피소드는 전 세계에 심장 박동기를 달고 있는 수천 명의 환자에게는 매우 불편했을 것이다. 그러나 미래의 모든 IoT 프로그램과 마찬가지로 암호학을 적절하게 설계하고 배포한다면 심장을 부여잡지 않아도 된다. 의료 데이터베이스는 기밀로 유지될 수 있으며 심장 박동기는 승인된 의료 전문가와만 통신하고 임계값을 안전하게 설정하도록 설계할 수 있다. 그러한 가상의 공격이 그저 가상의 이야기로 남도록 하는 것이 우리 사회의 과제가 아닐까?

# ⁑ 암호학의 날씨 변화 ⁑

옛날 옛적, 세상은 다음과 같이 작동했다. 문서, 사진, 이메일 등 데이터를 생성하면 당신이 제어하는 개인용 컴퓨터에 저장했다. 데이터 보안이 걱정된다면 암호학을 사용하여 데이터를 보호하는 것은 당신의 책임이었다. 이는 한 명의 개인으로 '당신'뿐 아니라 조직과 관련된 '당신'이 겪는 상황에도 똑같이 적용되었다.

요즘 세상은 조금 다르게 작동한다. 데이터를 생성하면 누군지 알 필요 없는 사람이 관리하는 어디인지 알 필요 없는 장소에 저장한다. 언제 어디서나 데이터에 접근할 수 있으며 개인용 컴퓨터에 저장하는 것보다 훨씬 많은 데이터를 생성할 수 있다. 이메일 서비스인 지메일Gmail, 파일을 공유하는 드롭박스Dropbox, 음악 스트리밍 서비스 스포티파이Spotify, 사진을 수집하고 분류하는 플리커Flickr 등이 바로 이렇게 작동한다. 자체 시스템을 관리하는 것보다 쉽고 저렴하며 편리하기 때문에 전체 데이터를 이와 유사한 데이터 호스팅 서비스에 맡기는 기업이 점점 많아지고 있다. 이러한 개념을 통틀어 클라우드라고 한다. 클라우드는 하나만 있는 것이 아니고 여러 클라우드가 있지만 기본 원리는 모두 동일하다.

데이터를 다른 사람에게 넘기는 과정에 아무 위험이 없는 것은 아니다.[20] 하지만 괜찮은 클라우드 서비스 업체는 사이버 보안을 심각하게 받아들인다. 실제로 일반적인 데이터 소유자가 백업과 같은 기본적인 보안 조치를 항상 잘 수행하는 것은 아니기 때문에 클라우드의 데이터가 로컬에 저장된 데이터보다 더 안전할 수도 있다. 그러나 의료 데이터베이스를 외주 업체에 맡기는 등의 특별한 경우에는 클라우드 서비스 제공 업체가 우리 대신 저장한 데이터를 보는 것을 원하지는 않을 것이다. 이러한 경우 확실한 해결책은 데이터를 클라우드에 등록하기 전에 암호화하는 것이다.

클라우드 내 암호화된 의료 데이터베이스에는 심각한 문제가 있다. 특정 상태를 가진 환자를 식별하거나, 생년월일을 기준으로 데이터베이스 항목을 정렬하거나, 특정 의료 프로필을 가진 환자의 평균 연령을 계산하려고 한다고 가정해보자. 기존의 암호화 체계는 원본과 명백한 관련이 없고 이해할 수 없는 암호문을 생성하도록 설계되었기 때문에 우리는 이러한 작업을 암호문을 가지고 직접 수행할 수 없다. 따라서 클라우드에서 암호화된 데이터베이스를 다운로드 받아 데이터를 복호화한 다음 로컬에서 분석해야 한다. 처음에 클라우드를 사용하는 주된 동기는 이 모든 데이터가 개인 컴퓨터에 저장되는 것을 피하기 위해서라는 점을 생각하면 이는 비효율적이고 불편한 과정이다.

9장. 암호학의 미래

암호학의 필요성은 클라우드 컴퓨팅의 이점을 약화시키는 것처럼 보이기도 한다. 그러나 실제로는 더 흥미로운 일이 발생한다. 클라우드 컴퓨팅의 필요성이 암호학 혁신의 물결을 주도했다는 것이다. 방금 언급한 시나리오에 정확히 들어맞는 특별한 유형의 암호화 알고리즘이 설계되고 있다.[21] 예를 들어 검색 가능한 암호화 체계에서는 데이터 소유자가 데이터가 암호화된 상태에서 데이터를 검색할 수 있고, 동형 암호화는 데이터 소유자가 데이터를 복호화하지 않고 덧셈이나 곱셈 등 다양한 유형의 계산을 수행할 수 있게 한다. 이러한 체계를 사용하여 데이터를 암호화하면 암호화된 데이터를 클라우드에 안전하게 저장한 채로 처리할 수 있다.

검색 가능한 암호화 체계를 사용하면 암호화된 데이터베이스를 검색하고, 검색과 일치하는 항목을 식별하고, 일치하는 항목만 데이터 소유자에게 반환하여 로컬에서 복호화할 수 있도록 한다. 동형 암호화 체계를 사용하면 데이터 소유자가 자신에게 반환되는 평균 암호문 값을 일반적인 방법으로 먼저 계산하여 일부 암호화된 숫자 항목의 평균값을 계산할 수 있다. 이 기능은 암호화된 데이터에 대한 데이터 분석 실행과 같은 보다 복잡한 계산을 위한 기반을 제공한다.

새로운 암호학 체계가 아직 널리 배포될 만큼 효율적이지 않기 때문에 이러한 종류의 기능은 아직 진행 중인 사안이

크립토그래피

다.[22] 그래도 암호학 도구라고는 대칭 암호화밖에 없던 1970년대 초반에 비하면 암호학이 얼마나 발전했는지 알 수 있다. 특정 보안 요구 사항과 함께 새로운 프로그램이 사이버 공간에 나타나면서 이를 보호하기 위한 암호학 도구가 더 많이 설계될 것이다. 단순히 미래에 암호학이 더 널리 사용되는 것이 아니라, 암호학 그 자체가 미래가 되는 것이다.

## ⁚ 기계의 부상 ⁚

컴퓨터가 인간보다 더 지능화될 날이 머지않았다. 이 *기술적 특이점*이 언제 올지는 아무도 모른다. 2030년대라고 말하는 사람도 있고, 2040년대라고 말하는 사람도 있다.[23] 초지능 컴퓨터가 오늘날의 컴퓨터와 같은 기술의 형태일지, 아니면 컴퓨터 네트워크와 인간의 두뇌가 융합된 디지털 사이보그일지 아무도 모른다. *지능화*된다는 것이 정확히 무엇을 의미하는지, 그리고 기술적 특이점이 왔을 때 우리가 인지할 수 있는지조차 명확하지 않다.

이러한 문제는 세부적인 것이다. 인간이 했던 작업을 점점 컴퓨터가 수행할 수 있게 된다는 것은 의심의 여지가 없다. 인간의 언어를 해석하고 자동차를 운전하는 것과 같이 수십 년

전에는 인간만이 할 수 있었던 일을 오늘날 컴퓨터가 할 수 있다. 인공지능의 발전으로 이 프로세스는 더욱 가속화될 것이다. 의료 진단을 할 수 있는 로봇, 시야 내 모든 물체를 식별할 수 있는 안경, 완전히 자동화된 차량 시스템 개발도 상상할 수 있다. 인공지능은 우리가 아직 상상하지 못하는 많은 것을 제공하게 될 것이라는 사실은 명백하며, 그중 일부는 결국 우리의 통제를 벗어나게 될 것이다.[24]

우리는 매일같이 생성되는 엄청난 양의 데이터로 이러한 발전을 촉진시키고 있다. 2018년에는 *1분* 동안 인스타그램 Instagram에는 약 5만 장의 사진이 올라왔고 트위터Twitter에는 50만 개의 트윗이 작성되었으며 문자 메시지는 1,300만 개나 전송되었다.[25] 방대한 양의 데이터 생성, 그리고 이를 처리하고 추론하는 데 사용되는 알고리즘 개선은 컴퓨터가 인간의 능력을 훨씬 능가하는 분석 작업을 수행하도록 만든다.[26]

이 모든 것이 암호학의 미래에 의미하는 바는 무엇일까? 형태와 기능이 어떠하든, 미래의 컴퓨터가 데이터를 보호하기 위해 암호학이 필요하다는 것만은 확실하다. 앞으로 컴퓨터는 암호학 보호가 적절하게 적용되었는지 스스로 확인할 수 있을 정도로 우리보다 암호학을 더 잘 사용할지도 모른다.

그러나 고려해야 할 더 흥미로운 질문이 있다. 인공지능이 암호학 자체에 어떤 영향을 미칠 수 있을까?[27] 미래의 컴퓨터가 너무 영리해져서 댄 브라운Dan Brown의 《디지털 포트리스 Digital Fortress》에 나오는 기계처럼 모든 암호학을 파괴할 수도 있을까?

나는 그렇게 생각하지 않는다. 암호학은 사용자와 공격자 사이 격차가 있을 때 위협을 받는다. 예를 들어 과거에 정부가 암호학 사용을 통제하기 위해 어떤 기능 격차를 악용했는지 생각해보자. 1950년대와 1960년대 기능 격차는 암호 설계 방법에 관한 지식이었다. 1970년대와 1980년대에는 강력한 암호학을 제한하고 이동을 통제하는 능력이 곧 격차였다. 최근 스노든의 폭로는 암호학이 어떻게 사용되는지 체계적인 관점을 갖추는 것과, 주요 기술을 제공하는 사람 중 일부에게 정치적인 영향력을 행사하는 것 둘 다 대단한 능력이라는 것을 암시한다. 양자 컴퓨터에 대항하는 비대칭 암호화 알고리즘을 개발하지 못하면 미래의 능력 격차는 양자 컴퓨터의 승리로 돌아갈지도 모른다.

자동화된 추론과 인공지능의 발전이 오늘날의 암호학을 위협하는 것은 쉽게 상상할 수 있다. 매우 정교한 컴퓨터 프로그램은 우리가 수행할 수 있는 것보다 더 철저하게 암호 시스템에 대한 보안 분석을 수행할 수 있다. 면밀한 조사를 통해서만 발견할 수 있는 미묘한 결함도 찾아내고 만다. 암호화된 데이터에서 분명하지 않은 패턴도 발견한다. 하지만 인공지능의 발전이 능력 격차로 이어지려면 지능형 공격 기계가 우리가 전혀 알지 못하는 일을 할 수 있다고 상상할 필요가 있다. 이를 완전히 불가능하게 할 수는 없지만, 현대 과학의 발전은 충분히 개방적이고 협력적인 환경에서 진행되기 때문에 이러한 능력을 아주 오랫동안 비밀로 유지할 수 있는 사람은 없을 것이다.

일단 알게 되면, 우리는 행동할 수 있다. 지능적인 컴퓨터의 암호학 공격 능력이 한 단계 도약한다면 결국 더 지능적으로 설계된 암호학이 분명 등장할 것이라 믿는다. 오늘날의 암호학은 사람이 컴퓨터를 사용하여 보안을 설계하고 테스트하여 만들었다. 미래의 컴퓨터는 이 설계 과정에서 더 철저히 조사한 강력한 암호학을 만들 능력을 갖출 것이다. 또한 전체 컴퓨터 시스템을 분석하여 적용할 암호학을 결정한 다음 올바르게 구현되었는지 확인하는 데 인간보다 뛰어날 것이다.

암호학 진행은 공격자와 설계자 간의 '경주'라고들 한다. 공격 기술이 향상되면 이에 대응하기 위해 암호학 설계도 향상되어야 한다. 설계자가 공격 기술이 발전하는 방식에 주의를 기울이는 만큼 그들은 이 게임에서 앞서나가고 있다고 생각한다. 암호학 설계가 인공지능의 발전까지 주의 깊게 살펴 이루어진다면 미래에 필요한 컴퓨팅 요구 사항을 지원하는 데도 충분한 암호학을 사용하게 되리라 생각한다. 그러나 오늘날 살아 있는 누구도 인공지능의 미래가 어떻게 펼쳐질지 모른다.

## ꞉ 암호학 신뢰 ꞉

우리의 암호학 미래에서 변경해야 할 한 가지는 *신뢰*의 개념이다.[28] 암호학은 신뢰와 밀접하게 연결되어 있으며, 미래 보안은 궁극적으로 이 연결이 더욱 긴밀해지는 것을 의미한다. 그 이유를 살펴보자.

신뢰는 '사람 혹은 대상의 확실성, 진실성, 능력에 대한 믿음'이다.[29] 이것이 바로 사이버 공간에서 암호학이 가능하게 하는 것이다. 우리는 누가 무엇을 알고 있는지 알아야 한다. 우리는 어떤 정보가 정확한지 알아야 한다. 우리는 누가 누구와 통신하는지 알아야 한다. 사이버 공간의 특성상 암호학 *없이*는 신뢰를 구축할 수 없다.

암호학은 신뢰에 *의존*하기도 한다. 암호학이 작동하려면 특정한 수학적 계산이 컴퓨터에서 수행하기 어렵다는 것을 신뢰해야 한다. 공격자의 컴퓨팅 능력이 예상 수준을 넘어서지 않는다는 것을 믿어야 한다. 우리는 암호학을 사용하는 사람이 소셜 미디어 계정에 암호학 키를 공유하는 등의 예상 밖의 행동을 하지 않을 것이라 믿어야 한다.

그러나 궁극적으로는 암호학 자체를 신뢰해야 한다. 2013년 스노든의 폭로는 암호학에 대한 많은 사람들의 신뢰를 무너뜨렸다.[30] 앞서 논의한 바와 같이 암호화 알고리즘의 설계 프로세스를 항상 신뢰할 수는 없다. 오늘날 우리가 사용하는 기술에 구현하는 암호학이나 키가 관리되는 방식도 마찬가지다. 암호학의 확실성을 신뢰하지 못한다면, 사이버 공간에서 의미 있는 신뢰를 구축할 수 있다는 희망이 있을까?

암호학에 신뢰를 구축하는 것은 매우 어려운 일이다. 가장 큰 장애물은 암호학을 신뢰하기 위한 과정이 매우 복잡하다는 것이다. 알고리즘뿐만이 아니다. 기술 제조업체와 암호학이 배포되는 네트워크 운영자를 포함하여 암호학이 사용되는 전체 시스템을 신뢰해야 한다. 이 모든 것은 서로 다른 사람들이 서로 다른 대상을 신뢰하고 불신하며 얽히고설켜 더욱 복잡해진다.[31]

그럼에도 우리가 올바른 방향으로 나아가고 있다는 긍정적인 신호도 있다.

첫 번째는 선택에 관한 것이다. 의회 민주주의는 시민들이 의원을 선택할 수 있기 때문에 인기 있는 정부 시스템이다. 우리는 정치인을 항상 신뢰하지는 않지만 그래도 권한을 위임할 정도로는 믿는다. 1970년대 중반에 암호학은 선택의 여지가 별로 없었다. 대칭 암호화를 사용하려면 DES가 거의 유일한 선택지였다. 오늘날 선택할 수 있는 대칭 암호화 알고리즘은 수십 가지다. 선택지가 다양하다고 보안이 훌륭한 것은 아니지만, 신뢰를 구축하는 데는 도움이 된다.

4G와 5G 이동 통신을 보호하는 데 사용되는 암호학은 알고리즘에 선택지를 제공하는데, 이 중에는 중국 내 사용을 위해 개발된 중국에서 만든 특수한 알고리즘도 포함된다. 중국인들은 다른 사람들이 만든 암호화 알고리즘을 신뢰하지 않는 것처럼 보이지만, 자체 알고리즘이 포함되어 있다는 것은 중국인이 통신 보안에 큰 신뢰를 갖고 있다는 것을 의미한다. 마찬가지로, 웹 브라우저에서 TLS 보안 설정을 구성하여 제공되는 암호화 알고리즘 중 하나를 선택하면 당신이 신뢰하는 알고리즘만 웹 서버에 대한 연결을 보호하는 데 사용한다.

두 번째는 학계와 현업 관계자 커뮤니티 모두에서 실제 기술에 암호학을 안전하게 배포하는 데 관심이 증가하고 있다는 것이다. 과거에는 암호학의 보안이 암호학이 사용된 운영 환경과 별개로 평가되었다. 이제 우리는 알고리즘을 단독으로 평가하는 것이 아니라 알고리즘이 사용되는 넓은 암호 시스템을 염두에 두고 평가한다. 예를 들어 TLS와 같은 암호학 프로토콜은 논리적으로 정확한 보안 목표를 달성했는지 뿐만 아니라 이러한 특성이 오류 메시지와 같은 부가 정보를 영리한 공격자가 악용할지도 모르는 실제 환경에 구현된 후에도 그대로 유지되는지를 보고 평가한다. 암호학 이론을 공유하기 위해 암호학 전문가들은 매년 소규모 모임을 진행하지만, 가장 큰 규모의 회의는 오늘날 널리 사용되는 보안 기술에 적용되는 암호학에 대한 신뢰를 높이는 방안에 대해 수백 명의 연구원과 개발자가 함께 집단 지식을 발전시키는 세계 암호학 심포지엄Real World Crypto Symposium이다.[32]

가장 기본적으로 스노든 이후 사용자들은 보안에 대한 만족감이 떨어졌다고 생각한다. 이러한 변화에는 우리가 신뢰할 수 있는 암호학의 필요성을 더 크게 인식하기 시작한 점도 포함된다. 종단 간 암호화에 대해 정부와 기술 제공업체 간의 논쟁은 한 가지 예일 뿐이다. 당신이 이 책을 읽고 있다는 사실도 그중 하나일 것이다.

당신의 요구사항에 적합한 보안을 암호학이 제공한다고 신뢰하는가? 그래야 한다고 몇 가지 주의사항과 함께 충분히 전달했다. 보안 암호화 알고리즘뿐만 아니라 암호학을 안전하게 구현하는 암호 시스템을 향해 우리가 노력한다면, 앞으로는 암호학을 더욱 신뢰할 수 있을 것이다. 그렇게 되기를 진심으로 바란다.

# ❖ 암호학과 당신 ❖

개인 암호학의 미래는 어떠한가? 암호학이 사이버 보안을 뒷받침하는 방법과 그 이유를 알아보자. 이제 암호학이 당신을 보호하기 위해 '제 역할을 하고 있다'는 사실을 알고 있으니 사이버 공간에서 이전과 같은 활동을 계속해도 될까?

우선, 암호학을 파헤쳐본 덕분에 잘 모르는 사이버 보안 분야에 대한 두려움이 조금은 없어졌기를 바란다. 컴퓨터 꿈나무여야 이해할 수 있는 것은 아니다. 암호학은 보안 기술이 구축되는 기본 도구를 제공한다. 암호학이 작동하는 방식을 이해함으로써 사이버 공간에서 보안이 구성되는 방식에 대한 기본 지식을 갖게 된 것이다.

암호학을 알게 되면서 사이버 공간의 보안에 대한 생각도 바뀌었기를 바란다. 암호학 렌즈를 통해 보는 사이버 보안은 매우 유용하다. 은행에서 온라인으로 계정에 접근할 때 사용할 도구를 발행하면 이제 이것이 알고리즘과 고유 암호 키를 제공한다는 사실은 알 것이다. 장치를 잃어버리지 않는 한 6자리 PIN 번호와 어머니의 성함을 묻는 것보다는 훨씬 더 안전한 로그인 방법을 사용할 수 있다.

암호학적인 생각은 시사 문제를 이해하는 데도 도움이 될 수 있다. 당신이 사용하는 특정 기술의 보안이 '뚫렸다'는 기사를 언론에서 읽었을 때, 실제 문제는 어디에 있는가? 사용된 암호화 알고리즘의 문제인가? 키가 생성되는 방식에 결함이 있는가? 아니면 키가 중앙 서버에서 도난당했는가? 결국 개인이 조치를 취해야 하는가? 업체 측에서 문제를 해결할 때까지 기다려야 하는가, 비밀번호를 변경해야 하는가, 아니면 그냥 포기하고 다른 기술을 사용해야 하는가?

암호학의 기초를 알면 현재 사이버 보안의 관행을 평가하는 데 필요한 자질도 얻을 수 있다. 당신이 현재 사용하는 기기에서 데이터는 어떻게 보호되는가? 웹사이트에 대한 네트워크 연결이 암호학적으로 보호되고 있는가? 사이버 공간에서 당신이 아닌 사람이 '당신이 되기'가 얼마나 쉬울까? 사전에 조치를 취하기로 결정할 수도 있다. 노트북에 민감한 데이터가 저장되어 있다면 암호화해야 한다. 기밀 데이터를 정기적으로 USB 메모리에 저장하는 경우, 암호학 보호 기능이 있는 메모리를 사용하도록 해야 한다.

마찬가지로 중요한 것은 미래에 어떤 기술이나 서비스에 참여할지 결정할 때 암호학 지식을 활용할 수 있다는 것이다. 스스로에게 이러한 질문을 던져보자. 어떤 보안이 제공됩니까? 어떤 알고리즘을 사용했습니까? 누가 키를 생성하고 어디에 저장됩니까? 이러한 질문에 답을 내리기가 항상 쉽지는 않겠지만, 업체도 보안이 제품을 안전하게 만들 뿐만 아니라 제품을 판매하기까지 한다는 사실을 깨닫고 있기 때문에 세부 정보를 공개하는 추세다. 사이버 공간에서 무엇을 사용하고 무엇을 해야 하는지 평가하는 방식으로 암호학을 사용하자.

사이버 보안을 뒷받침하는 암호학의 역할을 이해하는 일은 암호학 사용에 관한 광범위한 사회적 논쟁에 기여하는 데 도움이 될 것이다. 사회가 사이버 공간에서 보안 및 개인 정보 보호에 대한 요구 사항을 어떻게 효율적으로 조직해야 하는지 당신의 목소리를 내기를 바란다. 정치인이 되어야 하는 것은 아니다. 큰 문제는 고위급 정책과 현장 조치를 통해 잘 해결된다. 예를 들어, 지구 온난화에 대한 대응은 국제적 정치 리더십과 모든 개인의 일상 변화가 함께 이루어져야 한다. 개인의 행동은 정책에 영향을 미치고, 정책은 개인의 행동을 바꿀 수 있기 때문에 이 둘은 서로 얽혀 있다. 따라서 당신도 개인 활동을 통해 암호학 사용 제어를 포함하여 보안 및 개인 정보 보호에 대한 논의에 한 마디 얹을 수 있다. 온라인에 공유할 정보를 결정할 때, 상호 작용할 기술을 선택할 때, 뉴스 기사나 관련 이벤트에 반응할 때 당신은 이미 이렇게 하고 있다. 목소리를 내라. 다른 사람들이 당신의 미래를 결정하게 두지 마라.

암호학과 암호학이 할 수 있는 일을 알아두자. 오늘날 우리의 보안은 암호학에 달려 있다. 우리의 미래 안보는 더욱 암호학에 기대게 될 것이다.

뜻하지 않은 세 명의 사람에게 영감을 얻어 이 책을 쓰게 되었다.

첫 번째는 아버지이다. 나는 더 학술적인 기존의 암호학 책을 잘 알고 있는 독자에게 접근할 수 있을 것이라 다소 낙관적으로 생각했다. 그러나 아버지가 책을 겨우 훑어보기만 했다고 고백하면서 더 많은 독자들이 다른 방식으로 접근하는 글을 원한다는 사실을 깨달았다. 나는 이 책이 우리 아버지 테스트를 통과했다고 믿는다. 두 번째는 에드워드 스노든이다. 2013년 그의 폭로로 인해 암호학 사용에 관한 공개 토론이 시작되었고, 이후 분석이 이루어지면서 많은 언론인과 정치인이 암호학에 불편함을 느끼고 있다는 사실에 나는 충격을 받았다. 세 번째는 내가 〈더 컨버세이션The Conversation〉에 쓴 기사를 바탕으로 사이버 보안에 관한 대중적인 책을 쓰자고 제안한 익명의 편집자이다. 그러니까 제안 같은 것은 함부로 하면 안된다, 알겠죠?

처음부터 이 프로젝트를 믿고 학계를 넘어 출판의 세계로 나를 안내해준 사이언스 팩토리The Science Factory의 피터 탈락Peter Tallack과 함께 일했던 것은 행운이다. 토마스 리드Thomas Rid가 노튼Norton 출판사를 추천해주었고 그 선택은 탁월했다. 끊임없는 열정과 지원을 보내준 편집자 꾸잉도Quynh Do와 이 과정을 효율적으로 이끌어준 드류 웨이트만Drew Weitman에게 깊은 감사를 드린다. 또한 내가 수많은 학생들에게 한 것과 똑같이 내 원고에 통찰력 있는 '빨간색 글씨'로 일종의 벌을 준 스테파니 히버트Stephanie Hiebert에게도 큰 빚을 졌다.

결정적으로, 책에는 독자가 필요하다. 수잔 바윅Sue Barwick, 니콜라 베이트Nicola Bate, 리췬 첸Liqun Chen, 제이슨 크램튼Jason Crampton, 앤 크로Anne Craw, 벤 커티스Ben Curtis, 모리스 엘픽Maurice Elphick, 스티븐 갈브레이스Steven Galbraith, 웬아이 잭슨Wen-Ai Jackson, 앵거스 헨더슨Angus Henderson, 탈리아 라잉Thalia Laing, 헨리 마틴Henry Martin, 이안 맥키넌Ian McKinnon, 케니 피터슨Kenny Paterson, 모우라 패터슨Maura Paterson, 그리고 닉 로빈슨

Nick Robinson으로부터 받은 피드백에 깊은 감사를 드린다. 특히 내 글을 면밀히 살펴봐준 콜린 매케나Colleen McKenna와 내 암호학을 매의 눈으로 지켜봐준 프레드 파이퍼Fred Piper에게도 감사드린다. 둘 덕분에 내가 두 가지 사이에서 균형점을 찾을 수 있었다.

마지막으로 고통스러운 창작의 시간을 보내는 동안 내 옆에 충성스럽게 앉아 있는 닥스훈트 레이먼Ramon, 그 과정에서 적절히 주의를 산만하게 해준 카일라Kyla와 핀레이Finlay, 그럼에도 항상 사랑과 믿음을 보여준 아니타Anita에게 특별한 감사를 전한다.

서문

1   Dami Lee, "Apple Says There Are 1.4 Billion Active Apple
    Devices," *Verge*, January 29, 2019, https://www.theverge.
    com/2019/1/29/18202736/apple-devices-ios-earnings-q1-2019.

2   As of April 2018, there were 7.1 billion global bank cards enabled
    with EMV (Europay, Mastercard, and Visa) "chip and PIN" technology:
    "EMVCo Reports over Half of Cards Issued Globally Are EMV®-
    Enabled," EMVCo, April 19, 2018, https://www.emvco.com/wp-
    content/uploads/2018/04/Global-Circulation-Figures_FINAL.pdf.

3   This is WhatsApp's own figure from mid- 2017, but even if slightly
    exaggerated, it is most likely of the correct order of magnitude:

WhatsApp, "Connecting One Billion Users Every Day," *WhatsApp Blog*, July 26, 2017, https://blog.whatsapp.com/10000631/Connecting-One-Billion-Users-Every-Day.

4   Mozilla reported that the percentage of web pages loaded by Firefox browsers using https (encrypted) as opposed to http (not encrypted) passed the 75 percent mark in 2018: "Let's Encrypt Stats," Let's Encrypt, accessed June 10, 2019, https://letsencrypt.org/stats.

5   *Enigma* (directed by Michael Apted, Jagged Films, 2001) is a fictional account of cryptographers working at Bletchley Park, England, during the Second World War and their efforts to decrypt traffic encrypted by Nazi Enigma machines. In *Skyfall* (directed by Sam Mendes, Columbia Pictures, 2012), James Bond and his master technician, Q, engage in some impressive (and somewhat implausible) analysis of encrypted data. *Sneakers* (directed by Phil Alden Robinson, Universal Studios, 1992) was arguably a film ahead of its time, featuring two students who hack into computer networks and eventually end up embroiled in the world of intelligence gathering and devices capable of breaking cryptography.

6   *CSI: Cyber* (Jerry Bruckheimer Television, 2015–16) is an American drama series involving FBI agents investigating cybercrimes. It features some unusual cryptographic practices, including the storage of encryption keys as body tattoos! *Spooks* (Kudos, 2002–11), also known as *MI-5*, is a British television series about fictional intelligence officers. Several of the episodes feature agents having to make sense of encrypted data, often demonstrating extraordinary abilities to overcome encryption in real time!

7   Dan Brown has featured cryptography in several of his books, most notably *Digital Fortress* (St. Martin's Press, 1998), which is based around surveillance and a machine capable of breaking all known encryption techniques. Interestingly, Brown's most famous novel, *The Da Vinci Code* (Doubleday, 2003), stars a cryptologist but does not, itself, feature any cryptography per se.

8   My colleague Robert Carolina argues that cyberspace is not a place but rather a medium of communication. He draws a comparison between *cyberspace* and *televisionland*, which was a term used at the advent of television to describe the abstract connection between people and a new technology. Just as "Good morning, everyone in televisionland!" (the opening phrase of the *Apollo 7* crew's first broadcast from space in 1968) seems a preposterous greeting to us today, so Carolina expects the concept of something being "in cyberspace" to eventually fade from use. I tend to agree.

9   Cyberspace is an extremely hard concept to define. The novelist William Gibson is widely credited with first using the term, but modern definitions tend to be based on abstract descriptions of computer networks and the data that resides on them. Dr. Cian Murphy (University of Bristol), speaking at *Crypto Wars 2.0* (the third inter- CDT cybersecurity workshop, University of Oxford, May 2017), suggested a more concise definition: "I don't like the word *cyberspace*— I prefer *electronic stuff*."

10  According to Internet World Stats (Miniwatts Marketing Group), accessed July 14, 2019, https://www.internetworldstats.com/stats. htm, just over half of the world population is now online.

11  "2017 Norton Cyber Security Insights Report Global Results,"

Norton by Symantec, 2018, https://www.symantec.com/content/
dam/symantec/docs/about/2017-ncsir-global-results-en.pdf.

12  Almost half of all organizations claim to have suffered from
    fraud and economic crime, of which 31 percent is attributed to
    cybercrime: "Pulling Fraud Out of the Shadows: Global Economic
    Crime and Fraud Survey 2018," PwC, 2018, https://www.pwc.
    com/gx/en/services/advisory/forensics/economic-crime-survey.
    html.

13  These are wild estimates of an unmeasurable quantity. However,
    they capture the idea that as we do more things in cyberspace,
    so, too, can we expect to be defrauded more in cyberspace. This
    particular estimate is from "2017 Cybercrime Report," Cybersecurity
    Ventures, 2017, https://cybersecurityventures.com/2015-wp/wp
    content/uploads/2017/10/2017-Cybercrime-Report.pdf.

14  The computer malware Stuxnet was used to attack the Natanz
    uranium enrichment plant in Iran, which was noticed to be
    failing in early 2010. This was arguably the first globally reported
    example of a significant industrial facility falling victim to an attack
    from cyberspace. In addition to stirring up emotions around this
    incident with respect to international politics and nuclear danger,
    Stuxnet has served as a wake-up call to everyone that critical
    national infrastructure is increasingly connected to cyberspace.
    The attack on Natanz did not come directly from the internet, but
    is believed to have originated from infected USB memory sticks.
    Much has been written on Stuxnet and Natanz—for example, Kim
    Zitter, *Countdown to Zero Day: Stuxnet, and the Launch of the
    World's First Digital Weapon* (Broadway, 2015).

**15** In November 2014, Sony Pictures Studios was subjected to a raft of cyberattacks, resulting in the release of confidential employee information and deletion of data. The attackers demanded that Sony stop the release of an upcoming comedy film about North Korea. See, for example, Andrea Peterson, "The Sony Pictures Hack, Explained," *Washington Post*, December 18, 2014, https://www.washingtonpost.com/news/the-switch/wp/2014/12/18/the-sony-pictures-hack-explained/?utm_term=.b25b19d65b8d.

**16** Widely reported *key reinstallation* attacks affected the WPA2 protocol, which is a security protocol used to cryptographically protect Wi-Fi networks: Mathy Vanhoef, "Key Reinstallation Attacks—Breaking WPA2 by Forcing Nonce Reuse," last updated October 2018, https://www.krackattacks.com.

**17** The *ROCA* attack exploits a vulnerability in the generation of RSA keys in a cryptographic software library used by smartcards, security tokens, and other secure hardware chips manufactured by Infineon Technologies, which results in private decryption keys becoming recoverable: Petr Svenda, "ROCA: Vulnerable RSA Generation (CVE-2017-15361)," release date October 16, 2017, https://crocs.fi.muni.cz/public/papers/rsa_ccs17.

**18** The *Meltdown* and *Spectre* bugs exploited weaknesses in commonly deployed computer chips and were reported in January 2018 to affect billions of devices around the world, including iPads, iPhones, and Macs: "Meltdown and Spectre: All Macs, iPhones and iPads affected," BBC, January 5, 2018, http://www.bbc.co.uk/news/technology-42575033 .

**19** The *WannaCry* cyberattack crippled many older computers in the UK's National Health Service (and elsewhere) by installing ransomware that encrypted the disks of affected computers and then demanded a ransom to unlock the trapped data. The National Audit Office later published a detailed investigation into the incident and how it could have been prevented: Amyas Morse, "Investigation: WannaCry Cyber Attack and the NHS," National Audit Office, April 25, 2018, https://www.nao.org.uk/ report/investigation-wannacry-cyber-attack-and-the-nhs .

20  Comey became somewhat of a legend in cybersecurity circles for various quotes regarding his anxieties over how the use of cryptography hampers law enforcement. In one such statement from September 2014, he was said to be worried about the strengthening of encryption services on various mobile devices: Ryan Reilly, "FBI Director James Comey 'Very Concerned' about New Apple, Google Privacy Features," *Huffington Post*, September 26, 2014, http://www.huffingtonpost.co.uk/entry/james-comey-apple-encryption_n_5882874 . In a May 2015 announcement, Comey was reported to be even more upset: Lorenzo Franceschi-Bicchierai, "Encryption Is 'Depressing,' the FBI Says," *Vice Motherboard*, May 25, 2015, https://motherboard .vice .com/en_ us/article/qkv577/encryption -is-depressing -the -fbi -says .

21  Like him or loathe him, Snowden's revelations have been highly influential, and I will discuss them in much greater detail when I later consider the dilemma created by the use of cryptography.

22  Cameron's answer to his own question was: "No, we must not." This remark was widely interpreted as proposing a ban on encryption technology: James Ball, "Cameron Wants to

Ban Encryption— He Can Say Goodbye to Digital Britain,"
*Guardian*, January 13, 2015, https://www.theguardian.com/
commentisfree/2015/jan/13/cameron-ban-encryption-digital-
britain-online-shopping-banking-messaging-terror .

23  Brandis made this announcement ahead of a meeting of a *Five
Eyes* intelligence alliance meeting: Chris Duckett, "Australia Will
Lead Five Eyes Discussions to 'Thwart' Terrorist Encryption:
Brandis," ZDNet, June 26, 2017, https://www.zdnet.com/article/
australia-will-lead-five-eyes-discussions-to-thwart-terrorist-
encryption-brandis.

24  Kieren McCarthy, "Look Who's Joined the Anti- encryption Posse:
Germany, Come On Down," *Register*, June 15, 2017, https://www.
theregister.co.uk/2017/06/15/germany_joins_antiencryption_
posse.

25  "Attorney General Sessions Delivers Remarks to the Association of
State Criminal Investigative Agencies 2018 Spring Conference," US
Department of Justice, May 7, 2018, https://www.justice.gov/opa/
speech/attorney-general-sessions-delivers-remarks-association-
state-criminal-investigative.

26  Zeid stated: "Encryption tools are widely used around the world,
including by human rights defenders, civil society, journalists,
whistle- blowers and political dissidents facing persecution and
harassment. Encryption and anonymity are needed as enablers
of both freedom of expression and opinion, and the right to
privacy. It is neither fanciful nor an exaggeration to say that,
without encryption tools, lives may be endangered. In the worst
cases, a Government's ability to break into its citizens' phones

may lead to the persecution of individuals who are simply exercising their fundamental human rights.": "Apple- FBI Case Could Have Serious Global Ramifications for Human Rights: Zeid," UN Human Rights Office of the High Commissioner, March 4, 2016, http://www.ohchr.org/EN/NewsEvents/Pages/DisplayNews.aspx?NewsID=17138.

27  "The Historical Background to Media Regulation," University of Leicester Open Educational Resources, accessed June 10, 2019, https://www.le.ac.uk/oerresources/media/ms7501/mod2unit11/page_02.htm.

28  Former UK home secretary Amber Rudd was quite open about this issue in October 2017 when she stated: "I don't need to understand how encryption works to understand how it's helping—end-to-end encryption—the criminals.": Brian Wheeler, "Amber Rudd Accuses Tech Giants of 'Sneering' at Politicians," BBC, October 2, 2017, http://www.bbc.co.uk/news/uk-politics-41463401.

29  There are numerous books about the rich and fascinating history of cryptography. Simon Singh, *The Code Book* (Fourth Estate, 1999), is one of the most accessible. The benchmark history of cryptography remains David Kahn, *The Codebreakers* (Scribner, 1997); but other titles include Charles River Editors, *World War II Cryptography* (CreateSpace, 2016); Craig P. Bauer, *Unsolved!* (Princeton University Press, 2017); Alexander D'Agapeyeff, *Codes and Ciphers— A History of Cryptography* (Hesperides, 2015); and Stephen Pincock, *Codebreaker: The History of Codes and Ciphers* (Walker, 2006). Mark Frary, *Decipher: The Greatest Codes*

*Ever Invented and How to Break Them* (Modern Books, 2017) chronologically surveys a number of historical codes and ciphers. Steven Levy's superb book *Crypto: Secrecy and Privacy in the New Cold War* (Penguin, 2000) documents the political events in the US relating to cryptography during the latter decades of the twentieth century.

30 There are various books about cryptographic puzzles. Examples include *The GCHQ Puzzle Book* (GCHQ, 2016); Bud Johnson, *Break the Code* (Dover, 2013); and Laurence D. Smith, *Cryptography: The Science of Secret Writing* (Dover, 1998).


# 1장. 사이버 공간의 보안


1 Many national mints provide detail of currency security features in order to assist with fraud detection. These relate to both the feel of currency, as well as its look. You can learn more about security features of the UK pound coin in "The New 12- Sided £1 Coin," Royal Mint, accessed June 10, 2019, https://www.royalmint.com/new-pound-coin; of UK banknotes in "Take a Closer Look— Your Easy to Follow Guide to Checking Banknotes," Bank of England, accessed June 10, 2019, https://www.bankofengland.co.uk/-/media/boe/files/banknotes/take-a-closer-look.pdf; and of US dollar bills in "Dollars in Detail—Your Guide to U.S. Currency," U.S. Currency Education Program, accessed June 10, 2019, https://www.uscurrency.gov/sites/default/files/downloadable -materials/files/CEP_Dollars_In_Detail_Brochure_0.pdf.

주

2  The UK General Pharmaceutical Council sets standards for pharmacy professionals. Standard 6 is "Pharmacy professionals must behave in a professional manner," which includes being polite and considerate, showing empathy and compassion, and treating people with respect and safeguarding their dignity: "Standards for Pharmacy Professionals," General Pharmaceutical Council, May 2017, https://www.pharmacyregulation.org/sites/default/files/standards_for_pharmacy_professionals_may_2017_0.pdf.

3  These are not always accurate, since many dangers, such as commercial air accidents, tend to be overestimated in peoples' minds, while others, such as air pollution, are severely underestimated.

4  Financial fraud across payment cards, remote banking, and checks in the UK totaled £768.8 million in 2016: "Fraud: The Facts, 2017," Financial Fraud Action UK, 2017, https://www.financialfraudaction.org.uk/fraudfacts17/assets/fraud_the_facts.pdf.

5  Stefanie Hoehl et al., "Itsy Bitsy Spider . . . : Infants React with Increased Arousal to Spiders and Snakes," *Frontiers in Psychology* 8 (2017): 1710.

6  "9/11 Commission Staff Statement No. 16," 9/11 Commission, June 16, 2004, https://www.9-11commission.gov/staff_statements/staff_statement_16.pdf.

7  The kingdom of Ruritania is a fictional country in central Europe that forms the setting for Anthony Hope's 1894 novel *The Prisoner of Zenda*. I am taking the liberty of using Ruritania to represent a generic state to avoid treading on any diplomatic toes. This use is

(shamelessly) inspired by my colleague Robert Carolina's adoption of Ruritania during his cyberlaw classes.

8   There is an increasing amount of advice for customers on how to detect fraudulent electronic communications. See, for example: "Protecting Yourself," Get Safe Online, accessed June 10, 2019, https://www.getsafeonline.org/protecting-yourself.

9   Software written to gather and utilize information relating to an unsuspecting computer user is often referred to as *spyware*. This type of software ranges from relatively benign tracking software designed to target advertising at the user based on their computer activity, to monitoring software that reports all activity, including keystrokes, to a third party.

10   The general lack of understanding of how cyberspace works creates problems for individuals, but it is perhaps even more chronically an issue for societies. A UK government report highlights the economic costs of a broad lack of digital skills, identifying the need to significantly improve digital skills training in schools, higher education, and on-the-job training: "Digital Skills Crisis," UK House of Commons Science and Technology Committee, June 7, 2016, https://publications.parliament.uk/pa/cm201617/cmselect/cmsctech/270/270.pdf.

11   In 2010, a Dutch website called Please Rob Me caused a controversy by combining social media feeds and those of a mobile location app to produce addresses of potentially empty homes. The stated intention was user awareness, but the initiative was condemned by many as irresponsible. Although the *PleaseRobMe* tool no longer exists, since 2010 the number of

location- based apps, as well as the capability and effectiveness of combining data sources to determine this type of information, has significantly increased: Jennifer van Grove, "Are We All Asking to Be Robbed?" Mashable, February 17, 2010, https://mashable.com/2010/02/17/pleaserobme.

12   As just one example, in 2016 a platform known as *Avalanche* was taken down by an international consortium of law enforcement agencies. Based in eastern Europe, Avalanche operated a network of compromised computer systems from which a variety of cybercrimes could be conducted, including phishing, spam, ransomware, and denial-of-service attacks. It was estimated that, at its peak, about half a million computers were controlled by Avalanche: Warwick Ashford, "UK Helps Dismantle Avalanche Global Cyber Network," *Computer Weekly*, December 2, 2016, http://www.computerweekly.com/news/450404018/UK-helps-dismantle-Avalanche-global-cyber-network.

13   The most infamous example of such a network was the one set up by the Ministry for State Security (*Stasi*) in East Germany between 1950 and 1990. The Stasi engaged over a quarter of a million East German citizens in an espionage network designed to monitor the entire population for signs of dissident activity.

14   Just pause, for a moment, to reflect on how much each of your mobile phone, search engine, and social media providers might know about your daily activities from the data you generate when interacting with them. Now imagine how much more they would all know if they shared this information. Less hypothetically, type "employee monitoring" into your favorite search engine (adding

slightly to what they already know about you). The results might disturb you.

15 Cryptography underpins all forms of financial transactions, including those made using ATMs, debit and credit cards, and the global SWIFT (Society for Worldwide Interbank Financial Telecommunication) network. An annual Financial Cryptography and Data Security conference has run since 1997, dedicated to the theory and practice of using cryptography to protect financial transactions and creating new forms of digital money: International Financial Cryptography Association, accessed June 10, 2019, https://ifca.ai.

## 2장. 키와 알고리즘

1 Physical letters of introduction are, admittedly, relatively rare these days. However, we still rely heavily on written references for the likes of job applications. Indeed, more intangibly, much of our security in the physical world revolves around what other trusted sources believe about situations. For example, a previously unknown person might be introduced to us by a friend; this is, in some sense, a spoken "letter of introduction."

2 "Open sesame" comes from the story of "Ali Baba and the Forty Thieves," in *One Thousand and One (Arabian) Nights*, a compendium of folk tales possibly dating back to the eighth century.

3 Note, perhaps confusingly, that the keyboard character "9" is

labeled in ASCII as the fifty- seventh keyboard character, so it is represented as the binary equivalent of 57, not the binary equivalent of the decimal number 9.

4     Key length is sometimes referred to as *key size*. I will treat these terms as synonymous.

5     There are over 5 billion global mobile phone subscribers: "The Mobile Economy 2019," GSM Association, 2019, https://www gsma.com/mobileeconomy.

6     This example is based on a lore figure of about $10^{22}$ stars in our universe. Star counting is not a precise science, since the number can only be approximated from what we have been able to observe through existing telescopes. Recent estimates place this number at closer to $10^{24}$ stars, and many experts suspect this figure is also too low. See, for example, Elizabeth Howell, "How Many Stars Are in the Universe?" *Science & Astronomy*, May 18, 2017, https://www.space.com/26078-how-many-stars-are-there. html. Counting numbers of cryptographic keys is a much more accurate process!

7     The term *personal identification number* (PIN) tends to be used for a password that is short and consists of numerical digits. The term dates back to the introduction of automatic teller machines (ATMs) in the late 1960s. For our purposes, passwords and PINs are really examples of the same thing—a string of secret characters.

8     In fact, this process often does involve cryptography, because most computers do not store copies of your password, but instead store a value computed from your password using a special type

크립토그래피

of cryptographic function.

9    When we submit a PIN to an ATM, we are inherently trusting
     that the ATM will not misuse it. However, there have been many
     attacks known as ATM *skimming*, in which criminals modify
     an ATM in order to capture card and PIN data (the latter can be
     captured via the overlaying of a fake keypad).

10   One method of doing this is to use the function *PBKDF2*,
     which is specified in "PKCS #5: Password- Based Cryptography
     Specification Version 2.1," Request for Comments: 8018, Internet
     Engineering Task Force, January 2017, https://tools.ietf.org/html/
     rfc8018.

11   *The Oxford English Dictionary*, Oxford Dictionaries, accessed June
     10, 2019, https://languages.oup.com/oed.

12   An excellent introduction is Deborah J. Bennett, *Randomness*
     (Harvard University Press, 1998).

13   Indeed, one of the most common methods of randomly
     generating keys for use in a cryptographic algorithm is to generate
     them using a (different) cryptographic algorithm.

14   A typical formal requirement for a good cryptographic algorithm
     is that it be impossible to tell the difference between outputs
     of the cryptographic algorithm and those of a random number
     generator.

15   Security products based on home- cooked cryptographic
     algorithms fall into the category that some cryptographers call
     *snake oil*: Bruce Schneier, "Snake Oil," *Crypto- Gram*, February 15,
     1999, https://www.schneier.com/crypto-gram/archives/1999/0215.
     html#snakeoil.

16  This isn't strictly true for applications not in the public domain. It would be perfectly reasonable for a government agency to choose to design a secret algorithm for its own internal use, as long as that agency had access to sufficient cryptographic expertise.

17  For supporting public technologies, there has been a noticeable shift from secret to open cryptographic algorithm design over the last few decades, assisted by the development of open cryptographic standards.

18  There are plenty of examples of secret algorithms in public technologies that have been successfully reverse engineered. The encryption algorithm A5/1 used in the GSM (Global System for Mobile Communications) standard is one such case.

19  Auguste Kerckhoffs, "La cryptographie militaire," *Journal des sciences militaires* 9 (January 1883): 5– 83; and (February 1883): 161– 91. English translation of the principles can be found in Fabien Petitcolas, "Kerckhoffs' Principles from 'La cryptographie militaire,' " Information Hiding Homepage, accessed June 10, 2019, http:// petitcolas .net/kerckhoffs .

20  The encryption algorithms used to protect telecommunications were secret in the GSM standard of the 1990s, but in more recent iterations, such as the 2008 LTE (Long- Term Evolution) standard, these are publicly specified.

21  Merchandise 7X appears to remain a secret, despite claims otherwise over the years: William Poundstone, *Big Secrets* (William Morrow, 1985).

# 3장. 비밀 지키기

1 Everyone needs confidentiality because everyone has something
to hide. There is an oft- repeated mantra that if you have nothing
to hide, then you should not worry about government surveillance
programs. The fallacy of this argument is explored in detail in
Daniel J. Solove, *Nothing to Hide* (Yale University Press, 2011); and
David Lyon, *Surveillance Studies: An Overview* (Polity Press, 2007).

2 Eric Hughes, "A Cypherpunk's Manifesto," March 9, 1993, https://
www.activism.net/cypherpunk/manifesto.html.

3 I use the phrase "should not fully trust" to instill a degree of
caution about trusting devices and networks rather than to induce
paranoia about rampant insecurity. The bottom line is that we
can never be sure that our devices and networks have not been
compromised in some way (such as through installation of malware),
and it is thus prudent to be wary about trusting them completely.

4 This argument is certainly contestable. The metadata relating to
calling patterns can be very useful to investigators who do not
have access to call content. Indeed, the utility of such metadata
was made apparent through one of Edward Snowden's revelations
concerning the NSA's collection of metadata from the US telecom
provider Verizon: Glenn Greenwald, "NSA Collecting Phone
Records of Millions of Verizon Customers Daily," *Guardian*, June
6, 2013, https://www.theguardian.com/world/2013/jun/06/nsa-
phone-records-verizon-court-order.

5 A good introduction to steganography is Peter Wayner,
*Disappearing Cryptography: Information Hiding: Steganography &*

*Watermarking* (MK/Morgan Kaufmann, 2009).

6   For some real examples of steganography being used as a tool for attacking computers, see Ben Rossi, "How Cyber Criminals Are Using Hidden Messages in Image Files to Infect Your Computer," *Information Age*, July 27, 2015, http://www.information-age .com/how-cyber-criminals-are-using-hidden-messages-image-files-infect-your-computer-123459881.

7   Although this type of application is often discussed, and advice for how to deploy it can easily be found on the internet (for example, Krintoxi, "Using Steganography and Cryptography to Bypass Censorship in Third World Countries," *Cybrary*, September 5, 2015, https://www.cybrary.it/0p3n/steganography-and-cryptography-to-bypass-censorship-in-third-world-countries), there is not much evidence that it is widely deployed. The reasons are probably similar to those outlined by critics of post- 9/11 claims that steganography was heavily used by terrorists: Robert J. Bagnall, "Reversing the Steganography Myth in Terrorist Operations: The Asymmetrical Threat of Simple Intelligence Dissemination Techniques Using Common Tools," SANS Institute, 2002, https://www.sans.org/reading-room/whitepapers/stenganography/reversing-steganography-myth-terrorist-operations-asymmetrical-threat-simple-intellig-556. In fact, since Bagnall's 2002 comments, and particularly since Edward Snowden's 2013 revelations, the range of methods of secure communications available to anyone wishing to avoid government surveillance has expanded.

8   The Atbash cipher is an ancient Hebrew means of scrambling letters (indeed, the name *Atbash* derives from the first and last pairs of

크립토그래피

letters of the Hebrew alphabet). Some commentators believe that the biblical book of Jeremiah deploys the Atbash in several places: Paul Y. Hoskisson, "Jeremiah's Game," *Insight* 30, no. 1 (2010): 3–4, https://publications.mi.byu.edu/publications/insights/30/1/S00001-30-1.pdf.

9   For a brief history and specification of Morse code, see *Encyclopaedia Britannica*, s.v. "Morse Code," accessed July 21, 2019, https://www.britannica.com/topic/Morse-Code.

10  For the history of deciphering Egyptian hieroglyphs, see Andrew Robinson, *Cracking the Egyptian Code: The Revolutionary Life of Jean-François Champollion* (Thames and Hudson, 2012).

11  Dan Brown, *The Da Vinci Code* (Doubleday, 2003).

12  Most modern uses of encryption are also accompanied by a separate cryptographic check that enables the receiver to detect whether the ciphertext has been modified in any way. Increasingly, these two processes are being combined through the use of special *authenticated- encryption* algorithms that provide both cryptographic services.

13  My cryptographic colleague Steven Galbraith completely disagrees. He argues that Turing was sufficiently smart that if someone had suggested the idea of asymmetric encryption to him, Turing would have probably responded with: "Yes, of course!"

14  Named after Blaise de Vigenère, this encryption algorithm was invented by Giovan Battista Bellaso in 1553. Widely believed at the time to be "unbreakable," the Vigenère cipher is relatively easily decrypted, once the length of the key is determined—

a process that can be conducted by statistical analysis of the ciphertext. A good explanation of both the algorithm and how to break it can be found in Simon Singh, *The Code Book*(Fourth Estate, 1999).

15 For more details about the history and breaking of Enigma machines, see, for example, Hugh Sebag- Montefiore, *Enigma: The Battle for the Code* (Weidenfeld & Nicolson, 2004).

16 "Data Encryption Standard (DES)," Federal Information Processing Standards, FIPS Publication 46, January 1977. This standard was subsequently revised several times and ultimately withdrawn in 2005. The last revised version, FIPS Publication 46- 3, is archived at https://csrc.nist.gov/csrc/media/publications/fips/46/3/archive/1999-10-25/documents/fips46-3.pdf.

17 Triple DES encryption essentially uses DES to encrypt the data with one key, decrypt it with a second key, and then encrypt the result with a third key (Triple DES decryption is the reverse process). Initially a quick fix for DES, Triple DES is still used by many applications, particularly in the financial sector. Details and recommendations for deployment of Triple DES can be found in Elaine Barker and Nicky Mouha, "Recommendation for the Triple Data Encryption Standard (TDEA) Block Cipher," National Institute of Standards and Technology, NIST Special Publication 800-67, rev. 2, November 2017, https://doi.org/10.6028/NIST.SP.800-67r2.

18 "Specification for the Advanced Encryption Standard (AES)," Federal Information Processing Standards, FIPS Publication 197, November 26, 2001, https://nvlpubs.nist.gov/nistpubs/fips/nist.fips.197.pdf.

**19** A historical overview of the AES process, including relevant documentation, can be found in "AES Development," NIST Computer Security Resource Center, updated October 10, 2018, https://csrc.nist.gov/projects/cryptographic-standards-and-guidelines/archived-crypto-projects/aes-development.

**20** All the AES operations are conducted on a square of bytes—it is no coincidence that the original encryption algorithm from which the AES was developed was called *Square*.

**21** The AES design process lasted almost four years, with fifteen candidate designs eventually whittled down to one, following an intense evaluation process that included three dedicated conferences. The precise details behind the design of AES are documented in Joan Daemen and Vincent Rijmen, *The Design of Rijndael* (Springer, 2002).

**22** The block ciphers indirectly referred to here include *BEAR, Blowfish, Cobra, Crab, FROG, Grand Cru, LION, LOKI, Red Pike, Serpent, SHARK, Skipjack, Twofish,* and Threefish.

**23** NIST provides a list of some recommended modes of operation, including those for confidentiality only (CBC, CFB, ECB, OFB), authentication only (CMAC), authenticated encryption (CCM, GCM), disk encryption (XTS), and protection of cryptographic keys (KW, KWP): "Block Cipher Techniques—Current Modes," NIST Computer Security Resource Center, updated May 17, 2019, https://csrc.nist.gov/Projects/Block-Cipher-Techniques/BCM/Current-Modes.

**24** It's not quite the chicken-or-the-egg dilemma, because using encryption is not the only conceivable means by which a secret key can be distributed to someone. It's just the most obvious means, and one that is often used in practice.

25 The security of Wi- Fi networks has a somewhat checkered history. The main security standards are covered in the IEEE 802.11 series. These standards effectively restrict access to authorized devices and enable communications on a Wi-Fi network to be encrypted. Other related standards, such as WPS (Wi-Fi Protected Setup), are designed to make it easier to initialize keys on a Wi-Fi network.

## 4장. 낯선 사람과의 비밀 메시지

1 "Total Number of Websites," Internet Live Stats, accessed June 10, 2019, http://www.internetlivestats.com/total-number-of-websites.

2 The trusted-center scenario for key distribution can work very well in environments that are centralized and have obvious trust points. For example, the network authentication system Kerberos works this way: "Kerberos: The Network Authentication Protocol," MIT Kerberos, updated January 9, 2019, https://web.mit.edu/kerberos.

3 There are many good online videos of the subsequent process for using padlocks to exchange a secret—for example: Chris Bishop, "Key Exchange," YouTube, June 9, 2009, https://www.youtube.com/watch?v=U62S8SchxX4.

4 A function suitable for asymmetric encryption is sometimes called a *trapdoor one- way function*. "One- way" refers to the fact it must

be easy to compute but hard to reverse, while "trapdoor" indicates there must be a way for the genuine recipient to reverse the process (knowledge of the private decryption key being the trapdoor).

5   *Computational complexity theory* is concerned with classifying computational problems according to their difficulty. A good textbook focusing on the relationship between computational complexity and cryptography is John Talbot and Dominic Welsh, *Complexity and Cryptography: An Introduction* (Cambridge University Press, 2006).

6   The history of the study of primes and why they are so significant both to mathematics and to other fields of study is discussed in Marcus du Sautoy, *The Music of the Primes: Why an Unsolved Problem in Mathematics Matters* (HarperPerennial, 2004).

7   Ron Rivest, Adi Shamir, and Len Adleman, "A Method for Obtaining Digital Signatures and Public- Key Cryptosystems," *Communications of the ACM* 21, no. 2 (1978): 120– 26.

8   A list of the world's fastest supercomputers is periodically updated at "TOP500 Lists," TOP500.org, accessed July 21, 2019, https://www.top500.org/lists/top500.

9   23,189 is the 2,587th prime. If you are unconvinced and don't want to check this, I recommend you visit Andrew Booker, "The Nth Prime Page," accessed June 10, 2019, https://primes.utm.edu/nthprime.

10  The NIST recommendations for data that needs protection up until the year 2030 suggest using a product of two primes that is more than 3,000 bits long (see "Recommendation for Key Management," National Institute of Standards and Technology, NIST Special Publication

800- 57, Part 1, rev. 4, 2016). Such a number is more than 900 decimal digits long, and RSA uses primes of roughly equal size, making each of the two primes more than 450 decimal digits long.

11   The mathematical knowledge required to appreciate how RSA works is a basic understanding of modular arithmetic and the Fermat- Euler theorem, both of which should be familiar to anyone who has studied an introduction to number theory. Many introductory cryptography textbooks also explain the minimum mathematics required, including Keith M. Martin, *Everyday Cryptography*, 2nd ed. (Oxford University Press, 2017).

12   This remark is a combination of fact and slightly facetious speculation. The fact relates to the time required to factor a number of this size on conventional computers. It is believed that this factoring would take approximately the same time as a search for a 128-bit key, which is something I later argue would need about 50 million billion years. The speculation is, of course, that *Homo sapiens* may not stick around for that length of time. It is believed that *Homo sapiens* has existed for about 300,000 years, so projecting this far into the future is guesswork. A range of possible futures for our species is discussed in Jolene Creighton, "How Long Will [It] Take Humans to Evolve? What Will We Evolve Into?" *Futurism*, December 12, 2013, https://futurism.com/how-long-will-take-humans-to-evolve-what-will-we-evolve-into.

13   A table that sorts block ciphers into categories relating to their frequency of use (common, less common, and other) can be found at the bottom of Wikipedia, s.v. "Block Cipher," accessed June 10, 2019, https://en.wikipedia.org/wiki/Block_cipher.

**14** The threat presented by quantum computers, which I discuss later, has spurred a major international effort to find new asymmetric encryption algorithms based on new hard problems: "Post- quantum Cryptography," NIST Computer Security Resource Center, updated June 3, 2019, https://csrc.nist.gov/Projects/Post-Quantum-Cryptography. However, even this process involves only a handful of fundamentally different problems around which candidate algorithms are based.

**15** The history of the development of asymmetric (public- key) encryption is fascinating. The earliest discovery is now attributed to researchers at GCHQ, who were seeking a solution to the problem of distributing secret keys around a network. The conceptual idea behind asymmetric encryption was set out by James Ellis in a 1969 document, although not instantiated until Clifford Cocks proposed a real scheme in 1973. Only in 1997, however, did these discoveries come to public light. In the meantime, a similar process occurred in the public space, with Whitfield Diffie and Martin Hellman conceptualizing the idea in 1976 and with a number of researchers later proposing instantiations, including the RSA algorithm formulated by Rivest, Shamir, and Adleman in 1977. For more information, see James Ellis, "The History of Non- secret Encryption," *Cryptologia* 23, no. 3 (1999): 267– 73; Whitfield Diffie and Martin Hellman, "New Directions in Cryptography," *IEEE Transactions on Information Theory* 22, no. 6 (1976): 644– 54; and Steven Levy, *Crypto: Secrecy and Privacy in the New Cold War* (Penguin, 2000).

**16** While factoring and finding discrete logarithms over modular numbers are broadly believed to be equally difficult, the advantage of basing an asymmetric encryption algorithm on elliptic curves is that finding discrete logarithms over elliptic curves is believed to be a magnitude more difficult, which allows the keys used for elliptic- curve- based encryption to be shorter than those for RSA. The mathematics behind elliptic curves is straightforward for those with a numerical background, but it is otherwise not for the fainthearted. Most mathematical introductions to cryptography explain all you need to know; for example, see Douglas R. Stinson and Maura B. Paterson, *Cryptography: Theory and Practice*, 4th ed. (CRC Press, 2018).

17   A well-documented example of this problem concerns an attack in which 300,000 Iranian citizens believed they were communicating, by computer, with Google Gmail servers, when in fact they had been presented with alternative public keys that connected them to an attack site, which was then used to monitor their communications. This attack happened because a company called DigiNotar, which issued certified public keys, was itself hacked in order to create the public keys that fooled the Iranian Gmail users. See, for example, Gregg Keizer, "Hackers Spied on 300,000 Iranians Using Fake Google Certificate," *Computerworld*, September 6, 2011, https://www.computerworld. com/article/2510951/cybercrime-hacking/hackers-spied-on-300-000-iranians-using-fake-google-certificate.html.

18   Laurie Lee's iconic novel *Cider with Rosie* (Hogarth Press, 1959) is based on his childhood in the 1920s, describing life in a small English village before the arrival of transformational technology

such as the motor car. It represents an apparently lost rural idyll, free from the pressures of time and connectivity to the outside world.

19   Examples of important internet standards that all use hybrid encryption include *Transport Layer Security (TLS)* for secure web connections, *Internet Protocol Security (IPSec)* for establishing virtual private networks to enable activities such as working from home, *Secure Shell (SSH)* for secure file transfer, and *Secure Multipurpose Internet Mail Extensions (S/MIME)* for secure email.

20   The research and advisory company Gartner is associated with a simple methodology known as the *Gartner Hype Cycle* for tracking expectations concerning new technologies (see "Gartner Hype Cycle," Gartner, accessed June 10, 2019, https://www.gartner.com/en/research/methodologies/gartner-hype-cycle). This cycle is characterized by an early peak of exaggerated and often poorly informed interest, then a rapid decline as the realities of implementation kick in, followed by a gentle rise as the true niches for the technology become understood. Asymmetric encryption has probably now journeyed to the "plateau of productivity," where its advantages and disadvantages are understood well enough that it is deployed appropriately.

## 5장. 디지털 카나리아

1   Studies in cognitive psychology indicate that most people prefer to avoid losses rather than to acquire gains of an equivalent

amount. This *loss aversion* is one of a number of cognitive biases brought to popular attention in Daniel Kahneman, *Thinking Fast and Slow* (Penguin, 2012).

2    Note that data integrity is only about detecting errors, not correcting them. Separate mathematical techniques known as *error-correcting codes* enable a degree of automatic correction of errors. These are not normally regarded as security techniques, and they are used in applications where errors are expected but we don't want to be made aware of their existence, such as when we're listening to digital music.

3    Until the mid- 1980s, miners in the UK and other countries deployed caged canaries to detect the presence of toxic gases— a practice ultimately replaced by digital detectors: Kat Eschner, "The Story of the Real Canary in the Coal Mine," *Smithsonian*, December 30, 2016, https://www.smithsonianmag.com/smart-news/story-real-canary-coal-mine-180961570.

4    The term *fake news* is often associated with Donald Trump, who used the term to describe negative press coverage during his run for the presidency. However, the intentional spreading of information (accurate or otherwise) is an ancient craft. What is relevant to our discussion is that digital media make it easier and faster to distribute such information.

5    There is evidence that people have more trouble identifying fake news when it is spread via digital media: Simeon Yates, "'Fake News'—Why People Believe It and What Can Be Done to Counter It," *Conversation*, December 13, 2016, https://theconversation.com/fake-news-why-people-believe-it-and-what-can-be-done-to-

counter-it-70013.

6 "Integrity," Lexico, accessed June 12, 2019, https://www.lexico. com/en/definition/integrity.

7 Notably, these trust links fade quickly. If you trust your friend Charlie, who in turn trusts his friend Diane, then to what extent do you trust Diane? Maybe you will trust her for some specific things, but you are unlikely to trust many of Diane's other friends; the links quickly become somewhat tenuous. This fading of trust as links become more and more distant has potential ramifications in cyberspace, where, for example, enthusiastic users of social media can rapidly assemble legions of alleged "friends."

8 *MD5* is a cryptographic hash function invented by Ronald Rivest (the "R" of RSA) in 1991. The value it outputs is 128 bits long. MD5 is fully specified in "The MD5 Message-Digest Algorithm," Request for Comments: 1321, Internet Engineering Task Force, April 1992, https://tools.ietf.org/html/rfc1321. Note that serious weaknesses have subsequently been discovered in MD5; see "Updated Security Considerations for the MD5 Message- Digest and the HMAC- MD5 Algorithms," Request for Comments: 6151, Internet Engineering Task Force, March 2011, https://tools.ietf.org/html/rfc6151.

9 The use of seals for this purpose is as old as civilization itself, with ancient stone seals used to make impressions in clay being a significant archaeological artifact for historians: Marta Ameri et al., *Seals and Sealing in the Ancient World* (Cambridge University Press, 2018).

10 First developed in 1970, a modern ISBN consists of thirteen digits, including identifiers for the country of origin and publisher of the

book. You can submit an ISBN to obtain full details of the book at ISBN Search, accessed June 10, 2019, https://isbnsearch.org.

11    The majority of these examples use an algorithm named after Hans Peter Luhn, who patented it in 1960. The Luhn algorithm for computing a check digit is similar to, but different from, that used for the ISBN: Wikipedia, s.v. "Luhn Algorithm," accessed June 10, 2019, https://en.wikipedia.org/wiki/Luhn_algorithm.

12    Confusingly, the term *hash function* is used in the field of computer science for several different purposes. I will restrict my use of the term to what are sometimes known as *cryptographic hash functions.*

13    I previously mentioned the hash function MD5, which is often used for integrity checking of downloaded files. Other examples of practically deployed hash functions include *SHA-1*, the *SHA-2 family*, and the *SHA-3 family*, the latter of which was selected in 2015 as the winner of an international competition held by the US National Institute of Standards and Technology: "Hash Functions," NIST Computer Security Resource Center, updated May 3, 2019, https://csrc.nist.gov/Projects/Hash-Functions.

14    The problem is not the basic idea, but the way that many hash functions are designed. To put it crudely, it is common for a hash function to input some of the data, compress it, input a bit more, compress it, and so on. Therefore, appending the key to the end of the data means that the key will not be mixed in with the data as well as it could be.

15    "HMAC: Keyed-Hashing for Message Authentication," Request for Comments: 2104, Internet Engineering Task Force, February 1997,

https://tools.ietf.org/html/rfc2104.

16   "The AES- CMAC Algorithm," Request for Comments: 4493, Internet Engineering Task Force, June 2006, https://tools.ietf.org/html/rfc4493.

17   There are many different reasons why authenticated encryption modes, which combine encryption and MAC computation, offer advantages over encrypting and adding a MAC separately. Some of these relate to efficiency, but the most compelling apply to security. In essence, certain things can go wrong with their integration when the two operations are conducted separately, and these problems can be avoided if an approved authenticated encryption mode is used. Examples of authenticated encryption modes include *CCM* ("Recommendation for Block Cipher Modes of Operation: The CCM Mode for Authentication and Confidentiality," NIST Special Publication 800-38C, July 20, 2007) and *GCM* ("Recommendation for Block Cipher Modes of Operation: Galois/Counter Mode [GCM] and GMAC," NIST Special Publication 800-38D, November 2007).

18   This argument assumes no auxiliary evidence, such as a secure network log entry demonstrably proving that the MAC was sent over a network whose origin was the sender's internet address.

19   Digital signatures would also be insecure. If you wanted to digitally sign a very long document, then it would need to be broken up into independent chunks of data, each signed separately. An attacker could intercept this string of separate chunks of data and their accompanying signatures and swap chunks around, along with their signatures. The result would appear to be a valid set of data chunks and signatures. In reality,

주

however, the combined message would be incorrectly ordered.

20  In many ways, the longevity and ubiquity of handwritten signatures are surprising, and testament to their convenience. Even as we move toward increased use of digital documents, the handwritten signature seems to prevail through the widespread acceptance of digital scans of handwritten signatures. The digital scan of a handwritten signature is just a small image file that is easily extracted from a document; it is, in this regard, an even weaker mechanism than a handwritten signature.

21  Reporters Without Borders produces the *World Press Freedom Index*, which bases its results on analyses of media independence, selfcensorship, legislation, transparency, and quality of media infrastructure. North Korea, which regards listening to or viewing media content that originates outside of the country as a criminal offense, is consistently close to the bottom of the table: "North Korea," Reporters Without Borders, accessed June 10, 2019, https://rsf.org/en/north-korea.

22  This idea was brought to popular attention in Eli Pariser, *The Filter Bubble* (Penguin, 2012).

23  In my experience, the quality of information on Wikipedia concerning cryptography is pretty good. This reliability is probably indicative of both a strong interest in cryptography across the internet community, and perhaps a high correlation between people interested in cryptography and people with the will (and/or capability) to edit Wikipedia pages.

24  Money being moved elsewhere is, of course, precisely what happens when confidence is lost in a bank, such as during the

2007 collapse of the UK bank Northern Rock: Dominic O'Connell, "The Collapse of Northern Rock: Ten Years On," BBC, September 12, 2017, https://www.bbc.co.uk/news/business-41229513.

25  A plethora of information about Bitcoin is available. An excellent background on the need for (and use of) *Bitcoin is Dominic Frisby, Bitcoin: The Future of Money?* (Unbound, 2015). A readable introduction to the cryptography used in Bitcoin is Andreas M. Antonopoulos, *Mastering Bitcoin: Unlocking Digital Cryptocurrencies* (O'Reilly, 2014).

26  There have been many examples of attempts to facilitate certain aspects of digital cash through the centralized banking system. These include 1990s digital- wallet technologies such as Mondex and Proton, and more recently the likes of Apple Pay. While these all offer some of the convenience of cash, they remain linked to traditional bank accounts.

27  Banks pioneered the commercial use of cryptography in the 1970s. The motivation and success of the Data Encryption Standard (DES) was due largely to the need for digital security in the financial sector.

28  One of the many clever features of Bitcoin is that it has a parameter that can be adjusted to control the frequency of block creation.

29  Somewhat against the decentralization spirit behind Bitcoin, the profitability of bitcoin mining has led to the development of enormous processing centers dedicated solely to mining bitcoin. These are sometimes referred to as *bitcoin farms*: Julia Magas, "Top Five Biggest Crypto Mining Areas: Which Farms Are Pushing

Forward the New Gold Rush?" Cointelegraph, June 23, 2018, https://cointelegraph.com/news/top-five-biggest-crypto-mining-areas-which-farms-are-pushing-forward-the-new-gold-rush.

30   This is often referred to as a *fork* in the blockchain.

31   For a full list of current cryptocurrencies, see "Cryptocurrency List," CoinLore, accessed June 10, 2019, https://www.coinlore.com/all_coins.

# 6장. 거기 누구세요?

1   See, for example, Michael Cavna, " 'Nobody Knows You're a Dog': As Iconic Internet Cartoon Turns 20, Creator Peter Steiner Knows the Joke Rings as Relevant as Ever," *Washington Post*, July 31, 2013.

2   Facebook reported to the US Securities and Exchange Commission that it made $20.21 from each of its 1.4 billion users in 2017: Julia Glum, "This Is Exactly How Much Your Personal Information Is Worth to Facebook," *Money*, March 21, 2018, http://money.com/money/5207924/how-much-facebook-makes-off-you.

3   For a discussion about common threats to passports and the security techniques used to counter them, see "Passport Security Features: 2019 Report Anatomy of a Secure Travel Document," Gemalto, updated May 20, 2019, https://www.gemalto.com/govt/travel/passport-security-design.

4   This is why we use a variety of security mechanisms with our mobile phones. The mobile phone company uses security

mechanisms on the SIM card to identify the account holder. The phone owner typically uses a PIN or password to control who can use the phone.

5   While it is technically possible to install software on a phone that could conduct bank fraud, more common attacks on mobile banking involve criminals stealing phone numbers or linking different mobile phone accounts to a target's bank account. See, for example, Miles Brignall, "Mobile Banking in the Spotlight as Fraudsters Pull £6,000 Sting," *Guardian*, April 2, 2016, https://www.theguardian.com/money/2016/apr/02/mobile-banking-fraud-o2-nationwide; and Anna Tims, "'Sim Swap' Gives Fraudsters Access-All-Areas via Your Mobile Phone," *Guardian*, September 26, 2015, https://www.theguardian.com/money/2015/sep/26/sim-swap-fraud-mobile-phone-vodafone-customer.

6   Alan Turing introduced the famous Turing test, which is designed to distinguish the behavior of a computer from that of a human: Alan M. Turing, "Computing Machinery and Intelligence," *Mind* 59, no. 236 (October 1950): 433–60.

7   This type of malware is often referred to as a *keylogger*. A good introduction to the topic is Nikolay Grebennikov, "Keyloggers: How They Work and How to Detect Them," SecureList, March 29, 2007, https://securelist.com/keyloggers-how-they-work-and-how-to-detect-them-part-1/36138.

8   Captchas are fairly unpopular because they waste time and are easy to get wrong, resulting in further delays. A discussion of some alternative approaches can be found in Matt Burgess, "Captcha Is Dying. This Is How It's Being Reinvented for the AI

Age," *Wired*, October 26, 2017, https://www.wired.co.uk/article/captcha-automation-broken-history-fix.

9    A good introduction to biometrics is John R. Vacca, *Biometric Technologies and Verification Systems* (Butterworth- Heinemann, 2007).

10    A famous example of biometrics being "stolen" is the case of so-called *gummy fingers*, which are artificial fingers designed to fool fingerprint recognition systems: Tsutomu Matsumoto et al., "Impact of Artificial 'Gummy' Fingers on Fingerprint Systems," *Proceedings of SPIE* 4677 (2002), https://cryptome.org/gummy.htm.

11    Banks could be more thorough— for example, if every personal device had a card reader that could detect the physical card rather than just the embossed card data. Like all security measures, however, this is an issue of striking a balance between security, cost, and usability.

12    Levels of card-not-present fraud around the world are reviewed in "Card-Not- Present Fraud around the World," US Payments Forum, March 2017, https://www.uspaymentsforum.org/wp-content/uploads/2017/03/CNP-Fraud-Around-the-World-WP-FINAL-Mar-2017.pdf. For example, card-not-present fraud accounted for 69 percent of card fraud in the UK in 2014, and 76 percent of card fraud in Canada in 2015.

13    Authentication and authorization are related concepts and often confused. Authentication is primarily about establishing who is out there. Authorization concerns what someone is permitted to do. When you log on to your social media account, you are authenticating. The social media platform then uses the process

of authorization to determine which data you are allowed to view. Although authorization often follows authentication, it does not necessarily require it. A supermarket assistant authorizes the sale of alcohol by determining the age of a shopper—either by looking at the person or by demanding ageverifying evidence—without requiring knowledge of who they are. Cryptography provides tools for authentication. While cryptography can be used to support it, authorization is commonly managed by other means (for example, through rules governing access to entries in a database).

14  This technique is no longer reliable, given the powerful digital editing software that is freely available.

15  Elizabeth Stobert, "The Agony of Passwords," in *CHI '14 Extended Abstracts on Human Factors in Computing Systems* (ACM, 2014), 975– 80.

16  Advice on managing passwords is often contradictory because difficult trade- offs must be made. For example, regular password change reduces the impact of a compromise, but it also complicates life for password users and may push them toward unsafe practices, such as writing passwords down. For general guidance on password management, see, for example, "Password Administration for System Owners," National Cyber Security Centre, November 19, 2018, https://www.ncsc.gov.uk/collection/passwords.

17  Perhaps even worse than an individual breach, the results of such attacks appear to be aggregating in enormous repositories of stolen passwords and accompanying credentials: Mohit Kumar, "Collection of 1.4 Billion Plain-Text Leaked Passwords Found

Circulating Online," *Hacker News*, December 12, 2017, https://thehackernews.com/2017/12/data-breach-password-list.html.

18　In 2019, Facebook acknowledged that a bug in its password management systems had resulted in hundreds of millions of user passwords being stored unencrypted on an internal platform: Lily Hay Newman, "Facebook Stored Millions of Passwords in Plaintext—Change Yours Now," Wired, March 21, 2019, https://www.wired.com/story/facebook-passwords-plaintext-change-yours.

19　There are many sources of advice about how to select strong passwords. One example is the guidelines from the National Institute of Standards and Technology, which are summarized in Mike Garcia, "Easy Ways to Build a Better P@$5w0rd," NIST, *Taking Measure* (blog), October 4, 2017, https://www .nist .gov/ blogs/taking -measure/easy -ways -build -better-p5w0rd .

20　This attitude is not new. A colleague of mine was informed by a systems engineer in the 1980s that "cryptography is nothing more than an expensive way of degrading performance."

21　Examples of key- stretching algorithms include *PBKDF2* and Argon2.

22　For a UK government perspective on the value of password managers, see Emma W., "What Does the NCSC Think of Password Managers?" National Cyber Security Centre, January 24, 2017, https://www.ncsc.gov.uk/blog-post/what-does-ncsc-think-password-managers.

23　The "2016 Data Breach Investigations Report" by Verizon claimed that 63 percent of confirmed data breaches exploited passwords that had either been poorly generated, unchanged from default, or stolen. The latest Verizon report can be downloaded from Verizon at https://www.verizonenterprise.com/verizon-insights-lab/dbir.

24  A range of examples of phishing scams, as well as advice about how to detect phishing attacks and avoid falling for them, can be found at Phishing.org, accessed August 4, 2019, https://www.phishing.org.

25  A substantial body of evidence suggests that mandating regular password changes can be unproductive: Lorrie Craynor, "Time to Rethink Mandatory Password Changes," Federal Trade Commission, March 2, 2016, https://www.ftc.gov/news-events/blogs/techftc/2016/03/time-rethink-mandatory-password-changes.

26  While online- banking authentication tokens remain in widespread use,they are relatively expensive to implement. An alternative solution is to utilize devices capable of cryptographic computation that customers already possess, which is why banks are increasingly supporting the use of apps running on mobile phones for authentication. Another approach is to use *keys* that customers already possess, which is why some banks issue card readers capable of communicating with keys stored on the chip on the customer's bank card.

27  Predictive algorithms can be used to monitor the lag between an individual token and the master clock on which the system is based. When a customer attempts to authenticate, the bank uses the predictive algorithm to estimate the time that's on the token's clock, on the basis of past interactions with that token. The bank could also choose to consider any time within a small time

window to be acceptable.

28 Numerous well- publicized attacks have targeted car key systems. Some of these have been possible because a car manufacturer didn't adopt "perfect passwords" and instead used default passwords common to all cars of a certain type. However, even those using perfect passwords have come unstuck through variants of *relay attacks,* in which an attacker with a special radio device positions themselves in the middle of an attacker-initiated conversation between a car (sitting on a driveway) and a key (hanging in the hallway of a house); see, for example, David Bisson, "Relay Attack against Keyless Vehicle Entry Systems Caught on Film," Tripwire, November 29, 2017, https://www.tripwire.com/state-of-ecurity/security-awareness/relay-attack-keyless-vehicle-entry-systems-caught-film.

29 Not all boomerangs are designed to come back. In this hunting scenario, the boomerang is intended to fly behind the ducks and scare them into flight toward the hunter; hence, the boomerang is not really required to return to the hunter's hand. Never mind—I only want an analogy! Boomerang purists are strongly encouraged to read Philip Jones, *Boomerang: Behind an Australian Icon* (Wakefield Press, 2010).

30 *Melaleuca quinquenervia* is a tree, native to Southeast Asia and Australia, that has been introduced throughout the world both as an ornamental tree and for draining wetlands. It has a strong-scented blossom whose fragrance is not always appreciated.

31 A similar principle lies behind *identification, friend or foe (IFF)* systems, first designed in the 1930s to address the problem of

establishing whether an approaching aircraft was an ally or an enemy. For a historical review, see Lord Bowden, "The Story of IFF (Identification Friend or Foe)," *IEE Proceedings A (Physical Science, Measurement and Instrumentation, Management and Education, Reviews)* 132, no. 6 (October 1985): 435–37.

32  The most recent version of TLS is specified in "The Transport Layer Security (TLS) Protocol Version 1.3," Request for Comments: 8446, Internet Engineering Task Force, August 2018, https://tools. ietf.org/html/rfc8446.

33  The case for anonymity being regarded as a fundamental human right is made in Jillian C. York, "The Right to Anonymity Is a Matter of Privacy," Electronic Frontier Foundation, January 28, 2012, https://www.eff.org/deeplinks/2012/01/right-anonymity-matter-privacy.

34  An introduction to the different ways that human behavior appears to change in cyberspace is Mary Aiken, *The Cyber Effect* (John Murray, 2017).

35  A good resource for explanations about the threats that harassing behaviors present and how to address them is "Get Safe Online— Free Expert Advice," Get Safe Online, accessed June 10, 2019, https://www.getsafeonline.org.

36  The data we leave in our tracks as we conduct activities in cyberspace is sometimes known as our *digital footprint*. One of the best ways of understanding this concept is to appreciate how investigators attempt to reconstruct activities in cyberspace by using digital forensics. A good introduction is John Sammons, *The Basics of Digital Forensics* (Syngress, 2014).

37   Tor is free software that can be downloaded from https://www.tor
     project.org.

38   A fascinating investigation into some of the more sinister activities
     in cyberspace facilitated by anonymity is Jamie Bartlett, *The Dark
     Net* (Windmill, 2015).

39   Many of the original pioneers of the internet regarded cyberspace
     as a new world free from the constraints of established society.
     The ability to remain anonymous in cyberspace was key to
     realizing this vision, as documented in Thomas Rid, *Rise of the
     Machines* (W. W. Norton, 2016).

40   Andrew London, "Elon Musk's Neuralink—Everything You Need
     to Know," TechRadar, October 19, 2017, https://www.techradar.
     com/uk/news/neuralink.

# 7장. 암호 시스템 파괴

1   Even when nuts and bolts are blamed for the failure of a bridge,
    the reason is often that they were inappropriately used. For
    example, the failure of a 2016 bridge in Canada was blamed
    on the overloading of bolts, not on the bolts themselves:
    Emily Ashwell, "Overloaded Bolts Blamed for Bridge Bearing
    Failure," *New Civil Engineer*, September 28, 2016, https://www.
    newcivilengineer.com/world-view/overloaded-bolts-blamed-for-
    bridge-bearing-failure/10012078.article. As I will discuss later,
    inappropriate use of cryptographic algorithms is a potential reason
    for failure of a cryptosystem.

2 Caesar's use of encryption is described in C. Suetonius Tranquillus, "De vita Caesarum," 121. A translation is available from "The Lives of the Twelve Caesars, Complete by Suetonius," Project Gutenberg, accessed June 10, 2019, https://www.gutenberg.org/files/6400/6400-h/6400-h.htm (see Caius Julius Caesar Clause 56 for discussion of encryption).

3 For more information about Mary's ciphers and the Babington Plot to oust Elizabeth I, see "Mary, Queen of Scots (1542– 1587)," National Archives (UK), accessed June 10, 2019, http://www.nationalarchives.gov.uk/spies/ciphers/mary. Mary's use of encryption is also discussed in Simon Singh, *The Code Book* (Fourth Estate, 1999).

4 Further details of Elizabeth I's sophisticated espionage agency can be found in Robert Hutchinson, *Elizabeth's Spy Master: Francis Walsingham and the Secret War That Saved England* (Weidenfeld & Nicolson, 2007).

5 For example, ISO/IEC 18033 is a multipart standard that specifies a range of encryption algorithms: "ISO/IEC 18033 Information Technology—Security Techniques—Encryption Algorithms," International Organization for Standardization.

6 Bruce Schneier has, over the years, "outed" a long list of mis-sold substandard cryptographic products, which he refers to as cryptographic "snake oil," in the archives of his *Crypto- Gram* newsletter: Schneier on Security, accessed August 4, 2019, https://www.schneier.com/crypto-gram.

7 According to Donald Rumsfeld: "Reports that say that something hasn't happened are always interesting to me, because as we

know, there are known knowns; there are things we know we know. We also know there are known unknowns; that is to say we know there are some things we do not know. But there are also unknown unknowns—the ones we don't know we don't know. And if one looks throughout the history of our country and other free countries, it is the latter category that tend to be the difficult ones." Full transcript available from Donald H. Rumsfeld, "DoD News Briefing—Secretary Rumsfeld and Gen. Myers," US Department of Defense, February 12, 2002, http://archive.defense. gov/Transcripts/Transcript.aspx?TranscriptID=2636.

8  While the NSA appeared to shorten the DES key length, it is believed that the agency strengthened the algorithm itself by optimizing it against an attack technique known as *differential cryptanalysis*, which was not discovered by the public research community until the 1980s. See, for example, Peter Bright, "The NSA's Work to Make Crypto Worse and Better," *Ars Technica*, June 9, 2013, https://arstechnica.com/information-technology/2013/09/ the-nsas-work-to-make-crypto-worse-and-better; for more details, see Don Coppersmith, "The Data Encryption Standard (DES) and Its Strength against Attacks," *IBM Journal of Research and Development* 38, no. 3 (1994): 243– 50.

9  This follows from the fact that the playing field is not level. The intelligence community employs many cryptographers and has access to everything the public community publishes. However, the intelligence community only rarely shares its knowledge. The intelligence community thus must know more about cryptography. The question is: Does it know anything significant

that is not known by the public community? And how would we ever find out?

10   The most famous technique for predicting computing power is Moore's law. Intel's Gordon Moore proposed a rule of thumb that the number of components on an integrated circuit would approximately double every two years. While this estimate was believed to be fairly accurate for several decades, it now looks unlikely to be the best gauge of future progress: M. Mitchell Waldrop, "The Chips Are Down for Moore's Law," Nature, February 9, 2016, https://www.nature.com/news/the-chips-are-down-for-moore-s-law-1.19338.

11   Xiaoyun Wang et al., "Collisions for Hash Functions MD4, MD5, HAVAL- 128 and RIPEMD," Cryptology ePrint Archive 2004/199, rev. August 17, 2004, https://eprint.iacr.org/2004/199.pdf.

12   Intriguingly, a machine that can decrypt ciphertext without knowledge of the algorithm that was used features in Dan Brown's novel *Digital Fortress* (St. Martin's Press, 1998).

13   Exhaustive key searches are sometimes known as *brute force* attacks.

14   I based this crude calculation on an analysis similar to that provided in Mohit Arora, "How Secure Is AES against Brute Force Attacks?" *EE Times*, May 7, 2012, https://www.eetimes.com/document.asp?doc_id=1279619.

15   This estimate is from Whitfield Diffie and Martin E. Hellman, "Exhaustive Cryptanalysis of the NBS Data Encryption Standard," *Computer* 10 (1977): 74– 84.

16   The DESCHALL Project was the first winner of a set of challenges

issued by the cybersecurity company RSA Security in 1997, winning a $10,000 prize for successfully conducting an exhaustive search for a DES key. The full story of the project is told in Matt Curtin, Brute Force (Copernicus, 2005).

17  See Sarah Giordano, "Napoleon's Guide to Improperly Using Cryptography," *Cryptography: The History and Mathematics of Codes and Code Breaking* (blog), accessed June 10, 2019, http://derekbruff.org/blogs/fywscrypto.

18  Much has been written about the cryptanalysis of the Enigma machines. One of the most detailed and authoritative sources is Władysław Kozaczuk, *Enigma: How the German Machine Cipher Was Broken, and How It Was Read by the Allies in World War Two* (Praeger, 1984).

19  These techniques include encrypting each plaintext block along with a counter that increments after each encryption, and encrypting each plaintext block along with the previous ciphertext block (which is essentially a random number). For details, see "Block Cipher Techniques—Current Modes," NIST Computer Security Resource Center, updated May 17, 2019, https://csrc.nist.gov/Projects/Block-Cipher-Techniques/BCM/Current-Modes.

20  You can see a copy of this message at "The Babington Plot," Secrets and Spies, National Archives (UK), accessed June 10, 2019, http://www.nationalarchives.gov.uk/spies/ciphers/mary/ma2.htm.

21  Indeed, some phishing attacks work this way by offering you an apparently secure web link to a website address that closely resembles a genuine one (such as your bank's address) but is, in fact, the attacker's website. By using a TLS connection, the attacker is

now able to use cryptography to prevent any other attacker from viewing or modifying the data that you now mistakenly send to the attack website!

22 RC4 is no longer regarded as secure enough for most modern applications of cryptography: John Leyden, "Microsoft, Cisco: RC4 Encryption Considered Harmful, Avoid at All Costs," *Register*, November 14, 2013, https://www.theregister.co.uk/2013/11/14/ms_moves_off_rc4.

23 The details of cryptographic weaknesses in WEP are widely available. See, for example, Keith M. Martin, *Everyday Cryptography*, 2nd ed.(Oxford University Press, 2017), 488–95.

24 The WEP protocol for Wi- Fi security was first upgraded to a protocol called WPA (Wi- Fi Protected Access), then in 2004 to a securer version called WPA2, which became the default security protocol for Wi- Fi. In 2018 it was announced that WPA2 itself was to be upgraded to WPA3, although the rollout of this latest version is expected to take many years to complete, since, in many cases, the protocol will be upgraded only when equipment is replaced.

25 Bruce Schneier, "Why Cryptography Is Harder Than It Looks," *Information Security Bulletin*, 1997, Schneier on Security, https://www.schneier.com/essays/archives/1997/01/why_cryptography_is.html.

26 "Keynote by Mr. Thomas Dullien—CyCon 2018," NATO Cooperative Cyber Defence Centre of Excellence (CCDCOE), YouTube, June 20, 2018, https://www.youtube.com/watch?v=q98foLaAfX8.

27 Paul C. Kocher, "Announce: Timing cryptanalysis of RSA, DH,

DSS," sci.crypt, December 11, 1995, https://groups.google.com/forum/#!msg/sci.crypt/OvUlewbjfa8/a1kP6WjW1lUJ.

28   Paul C. Kocher, "Timing Attacks on Implementations of Diffie-Hellman, RSA, DSS, and Other Systems," in *Proceedings of the 16th Annual International Cryptology Conference on Advances in Cryptology*, Lecture Notes in Computer Science 1109 (Springer, 1996), 104– 13.

29   It turns out that the intelligence community was aware of some of the threats posed by side channels much earlier, as shown by a 1972 article that was declassified in 2007: "TEMPEST: A Signal Problem," *NSA Cryptologic Spectrum* 2, no. 3 (Summer 1972): 26–30, https://www.nsa.gov/news-features/declassified-documents/cryptologic-spectrum/assets/files/tempest.pdf.

30   These sketches could easily come from a James Bond movie. Spanish actor Javier Bardem played the villain in the 2012 Bond movie *Skyfall* (directed by Sam Mendes, Columbia Pictures, 2012).

31   This is just the same as for physical keys. Looking after a front-door key is easier than protecting an entire property. Safeguarding the key might not be as strong a security measure as employing a team of guards and vicious dogs, but it's a pragmatic substitute.

32   Use of default passwords is more common than many people realize: "Risks of Default Passwords on the Internet," Department of Homeland Security, June 24, 2013, https://www.us-cert.gov/ncas/alerts/TA13-175A.

33   The website does not explicitly offer *you* the public key, of course; this happens in the background, and it's your web browser that receives the offered key on your behalf. You can, however,

choose to take a look at this key by selecting appropriate browser settings.

34    You can have a lot of fun, and waste an enormous amount of time, researching views on this topic. Just one example of many forums where the question of the existence of true randomness has been posed is Debate.org, where you can find the following discussion: "Philosophically and Rationally, Does Randomness or Chance Truly Exist?" Debate.org, accessed June 10, 2019, http://www.debate.org/opinions/philosophically-and-rationally-does-randomness-or-chance-truly-exist.

35    Tossing a coin might not be as good a way of generating randomness as some people think. A 2007 study showed that there tends to be a slight bias toward a manually flipped coin landing the same way up as it was before being tossed: Persi Diaconis, Susan Holmes, and Richard Montgomery, "Dynamical Bias in the Coin Toss," *SIAM Review* 49, no. 2 (April 2007): 211–35.

36    An interesting website on the topic of randomness is Random. org, accessed June 10, 2019, https://www.random.org. You can learn more about the challenges involved in generating true randomness from physical sources, as well as generate your own true random numbers using a generator based on atmospheric noise.

37    A well- publicized example in 2008 was the extremely poor pseudorandom number generator used in the Debian operating system for supporting an earlier version of the TLS protocol. This generator could generate only a small fraction of the "random" numbers that were required for the algorithms it supported:

주

"Debian Security Advisory: DSA-1571-1 openssl—Predictable Random Number Generator," Debian, May 13, 2008, https://www. debian.org/security/2008/dsa-1571.

38  Wikipedia, s.v. "Key Derivation Function," accessed June 10, 2019, https://en.wikipedia.org/wiki/Key_derivation_function.

39  Arjen K. Lenstra et al., "Ron Was Wrong, Whit Is Right," Cryptology ePrint Archive, [February 12, 2012], https://eprint.iacr.org/2012/064. pdf.

40  This process is governed by a set of security standards for GSM, and for 3G and 4G security, that specify the cryptography used in mobile systems. See, for example, Jeffrey A. Cichonski, Joshua M. Franklin, and Michael J. Bartock, "Guide to LTE Security," NIST Special Publication 800- 187, December 21, 2017, https://nvlpubs. nist.gov/nistpubs/specialpublications/nist.sp.800-187.pdf.

41  The Diffie- Hellman key agreement protocol is increasingly preferred over more classical hybrid encryption as a means of agreeing on a secret key. The primary reason is that it offers greater security in the event that a long- term private key is exposed (a property sometimes called *perfect forward secrecy*). Details of the Diffie- Hellman protocol can be found in almost any cryptographic textbook. The protocol first appeared in Whitfield Diffie and Martin E. Hellman, "New Directions in Cryptography," *IEEE Transactions on Information Theory* 22, no. 6 (1976): 644–54.

42  For example, a public key based on 256-bit elliptic curves is often represented by about 130 hexadecimal characters.

43  A certificate authority can be any organization that users trust enough to issue certificates. *Let's Encrypt* is an example of a

noncommercial certificate authority established to encourage the widespread use of cryptography, particularly TLS, by issuing free certificates. For more information, see Let's Encrypt, accessed June 10, 2019, https://letsencrypt.org.

44 The aforementioned problems regarding poorly generated RSA keys cannot be solved by certification. Most of these poorly generated RSA keys were certified by CAs that were simply asserting who owned the keys, not vouching for the quality of the keys. The situation might be different when a certificate authority has extended responsibilities that include key generation. In this case, a certificate authority could develop a poor reputation from reported incidents involving bad practice and, as a result, become less trusted.

45 Web browser providers should maintain lists of root certificates that they have agreed to support within their software. The list of those supported by Apple, for example, can be inspected at "Lists of Available Trusted Root Certificates in iOS," Apple, accessed June 10, 2019, https://support.apple.com/en-gb/HT204132.

46 You have almost certainly been in the situation when, during an attempt to access a web page, you received a certificate warning and just ignored it by clicking it away. We take a risk when we do this. While certificate warnings can arise through errors or failures to update certificates, they do also arise in situations where there is a more serious problem, such as when the web site is known to be untrustworthy.

47 A detailed exploration of the intricacies of managing public-key certificates can be found in Johannes A. Buchmann, Evangelos

Karatsiolis, and Alexander Wiesmaier, *Introduction to Public Key Infrastructures* (Springer, 2013).

48   The seemingly endless reports of mass data breaches often concern databases that are insecurely maintained by organizations. The European Union *General Data Protection Regulation (GDPR)*, which came into force in May 2018, is partly about trying to address incidents of this type.

49   For guidance on how to really get rid of data, see, for example, "Secure Sanitisation of Storage Media," National Cyber Security Centre, September 23, 2016, https://www.ncsc.gov.uk/guidance/secure-sanitisation-storage-media.

50   For an introduction to hardware security modules, see Jim Attridge, "An Overview of Hardware Security Modules," SANS Institute Information Security Reading Room, January 14, 2002, https://www.sans.org/reading-room/whitepapers/vpns/overview-hardware-security-modules-757.

51   The original quote is from G. Spafford, "Rants & Raves," *Wired*, November 25, 2002.

52   See, for example, Arun Vishwanath, "Cybersecurity's Weakest Link: Humans," *Conversation*, May 5, 2016, https://theconversation.com/cybersecuritys-weakest-link-humans-57455.

53   Any organization protecting laptops in this way would, hopefully, use a hardware security module and serious security management procedures to protect the master key, so our disastrous scenario should not unfold.

54   A series of papers on the difficulty that users experience with encryption software began with Alma Whitton and J. D. Tygar,

"Why Johnny Can't Encrypt: A Usability Evaluation of PGP 5.0," *in Proceedings of the Eighth USENIX Security Symposium (Security '99), August 23–26, 1999, Washington, D.C., USA* (USENIX Association, 1999), 169–83. It was followed by Steve Sheng et al., "Why Johnny Still Can't Encrypt: Evaluating the Usability of Email Encryption Software," in *Proceedings of the Second Symposium on Usable Privacy and Security* (ACM, 2006); and then Scott Ruoti et al., "Why Johnny Still, Still Can't Encrypt: Evaluating the Usability of a Modern PGP Client," arXiv, January 13, 2016, https://arxiv.org/abs/1510.08555. You can see where this is going without even reading these articles.

55  Note that sending users on a training course does not necessarily solve this problem. A system that is difficult to use may suffer from ongoing problems even after users have attended a formal training program. Unless humans regularly perform a complex task, we are quite likely to forget the skills acquired during training.

56  The argument that bad cryptography is sometimes worse than no cryptography is made, for example, in Erez Metula, "When Crypto Goes Wrong," OWASP Foundation, accessed June 10, 2019, https://www.owasp.org/images/5/57/OWASPIL2011-ErezMetula-WhenCryptoGoesWrong.pdf.

# 8장. 암호학의 딜레마

1  One of the most infamous ransomware attacks was WannaCry, which affected over 200,000 computers worldwide in May 2017.

Defense measures against WannaCry were developed relatively quickly, limiting its damage. For an introduction to ransomware and how to deal with it, see, for example, Josh Fruhlinger, "What Is Ransomware? How These Attacks Work and How to Recover from Them," CSO, December 19, 2018, https://www.csoonline.com/article/3236183/ransomware/what-is-ransomware-how-it-works-and-how-to-remove-it.html.

2   For a list of real cases in which criminal investigators came up against encrypted devices, see Klaus Schmeh, "When Encryption Baffles the Police: A Collection of Cases," ScienceBlogs, accessed June 10, 2019, http://scienceblogs.de/klausis-krypto-kolumne/when-encryption-baffles-the-police-a-collection-of-cases.

3   There is some evidence that cyberattacks have been launched by law enforcement agencies against services using Tor. See, for example, Devin Coldewey, "How Anonymous? Tor Users Compromised in Child Porn Takedown," NBC News, August 5, 2013, https://www.nbcnews.com/technolog/how-anonymous-tor-users-compromised-child-porn-takedown-6C10848680.

4   The use of messaging services by terrorist groups has provoked some of the most contentious controversies over the use of encryption: Gordon Rayner, "WhatsApp Accused of Giving Terrorists 'a Secret Place to Hide' as It Refuses to Hand Over London Attacker's Messages," *Telegraph*, March 27, 2017, https://www.telegraph.co.uk/news/2017/03/26/home-secretary-amber-rudd-whatsapp-gives-terrorists-place-hide.

5   In fact, encrypting and throwing away the key is sometimes proposed as a deliberate means of permanently deleting data on

a disk. There are, however, some strong arguments for why this might not be the best way of disposing of data: Samuel Peery, "Encryption Is NOT Data Sanitization—Avoid Risk Escalation by Mistaking Encryption for Data Sanitation," IAITAM, October 16, 2014, http://itak.iaitam.org/encryption-is-not-data-sanitization-avoid-risk-escalation-by-mistaking-encryption-for-data-sanitation.

6   The case for inspecting incoming encrypted traffic is made in, for example, Paul Nicholson, "Let's Encrypt—but Let's Also Decrypt and Inspect SSL Traffic for Threats," Network World, February 10, 2016, https://www.networkworld.com/article/3032153/security/let-s-encrypt-but-let-s-also-decrypt-and-inspect-ssl-traffic-for-threats. html.

7   This is almost certainly what happened in the case of the Stuxnet infection of the Iranian Natanz uranium enrichment plant in 2010.

8   The Electronic Frontier Foundation provides guidance on tools that can be used to protect online privacy, most of which are based on the use of cryptography: "Surveillance Self-Defense," Electronic Frontier Foundation, accessed June 10, 2019, https://ssd.eff.org.

9   Tom Whitehead, "Internet Is Becoming a 'Dark and Ungoverned Space,' Says Met Chief," Telegraph, November 6, 2014, https://www.telegraph.co.uk/news/uknews/law-and-order/11214596/Internet-is-becoming-a-dark-and-ungoverned-space-says-Met-chief. html.

10  "Director Discusses Encryption, Patriot Act Provisions," FBI News, May 20, 2015, https://www.fbi.gov/news/stories/director-discusses-encryption-patriot-act-provisions.

11 "Cotton Statement on Apple's Refusal to Obey a Judge's Order to Assist the FBI in a Terrorism Investigation," Tom Cotton, Arkansas Senator, February 17, 2016, https://www.cotton.senate.gov/?p=press_release&id=319.

12 "Apple- FBI Case Could Have Serious Global Ramifications for Human Rights: Zeid," UN Human Rights Office of the High Commissioner, March 4, 2016, http://www.ohchr.org/EN/NewsEvents/Pages/DisplayNews.aspx?NewsID=17138.

13 Esther Dyson, "Deluge of Opinions on the Information Highway," *Computerworld*, February 28, 1994, 35.

14 David Perera, "The Crypto Warrior," Politico, December 9, 2015, http://www.politico.com/agenda/story/2015/12/crypto-war-cyber-security-encryption-000334.

15 "Snowden at SXSW: 'The Constitution Was Being Violated on a Massive Scale,'" RT, March 10, 2014, https://www.rt.com/usa/snowden-soghoian-sxsw-interactive-914.

16 Amber Rudd, "Encryption and Counter- terrorism: Getting the Balance Right," *Telegraph*, July 31, 2017, https://www.gov.uk/government/speeches/encryption-and-counter-terrorism-getting-the-balance-right.

17 Omand was speaking about the passing of the UK Investigatory Powers Act 2016, which regulates aspects of interception of communications data. The quote is from Ruby Lott- Lavigna, "Can Governments Really Keep Us Safe from Terrorism without Invading Our Privacy?" *Wired*, October 20, 2016, https://www.wired.co.uk/article/david-omand-national-cyber-security.

18 Encryption ("cryptography for data confidentiality") mechanisms were

classified as a dual- use technology under the 1996 Wassenaar Arrangement on Export Controls for Conventional Arms and Dual-Use Goods and Technologies: "The Wassenaar Arrangement," accessed June 10, 2019, https://www.wassenaar.org.

19  Even before cryptography entered mainstream use, the dilemma presented by the use of encryption existed because that dilemma is hardwired into the basic functionality of encryption. Encryption protects secrets. Mary, Queen of Scots, used encryption, which both protected her personal privacy and threatened the power of the state. Which of these mattered more is a question that depends on your point of view.

20  By *problematic* I am not suggesting that these techniques should not have been pursued, but arguing that there are underlying difficulties with the approach that are very hard to mitigate.

21  I am being deliberately provocative here. Nobody is asking for a cryptosystem to be made insecure. The state is asking for an alternative means of accessing the data protected by the cryptosystem. However, any such means, if deployed by the "wrong people" (such as criminals), would be regarded as a "break" of the cryptosystem.

22  *Normal users* refers to essentially everyone except the state itself. This is a highly simplified scenario, as I hope you already realized.

23  One of the first companies offering such a cryptographic product was Crypto AG, established in Switzerland in 1952 and still trading today: Crypto AG, accessed August 11, 2019, https://www.crypto.ch.

24  There have long been rumors, partially substantiated, that in the

1950s Crypto AG cooperated with the NSA concerning sales of its devices to certain countries: Gordon Corera, "How NSA and GCHQ Spied on the Cold War World," BBC, July 28, 2015, https://www.bbc.com/news/uk-33676028.

25 Some governments almost certainly design their own secret algorithms to protect their data, which is fine if they have the expertise. Today, however, it would be naive for the government of Ruritania to blindly trust the government of Freedonia to supply it with technology that uses a secret Freedonian algorithm. Ruritania would be better served if it purchased commercial equipment that used state-of-the-art published algorithms.

26 See, for example, Bruce Schneier, "Did NSA Put a Secret Backdoor in New Encryption Standard?" *Wired*, November 15, 2007, https://www.wired.com/2007/11/securitymatters-1115.

27 The removal of Dual_EC_DRBG was announced in "NIST Removes Cryptography Algorithm from Random Number Generator Recommendations," National Institute of Standards and Technology, April 21, 2014, https://www.nist.gov/news-events/news/2014/04/nist-removes-cryptography-algorithm-random-number-generator-recommendations. However, this action came nine years after Dual_EC_DRBG was approved as a standard for generating pseudorandom numbers. During this time it was adopted by several well-known security products, the manufacturers of some of which are alleged, controversially, to have cooperated with the NSA: Joseph Menn, "Exclusive: Secret Contract Tied NSA and Security Industry Pioneer," Reuters, December 20, 2013, https://www.reuters.com/article/us-usa-

security-rsa/exclusive-secret-contract-tied-nsa-and-security-industry-pioneer-idUSBRE9BJ1C220131220.

28 Former NSA director Michael Hayden has suggested that some existing cryptosystems contain nobody-but-us (NOBUS) vulnerabilities, which are weaknesses known to the NSA that Hayden believes only the NSA could exploit. This is a very uncomfortable idea, requiring trust not just that the NSA's exploitation of NOBUS vulnerabilities is ethical, but also that these weaknesses are not discoverable and exploitable by other parties: Andrea Peterson, "Why Everyone Is Left Less Secure When the NSA Doesn't Help Fix Security Flaws," *Washington Post*, October 4, 2013, https://www.washingtonpost.com/news/the-switch/wp/2013/10/04/why-everyone-is-left-less-secure-when-the-nsa-doesnt-help-fix-security-flaws.

29 See, for example: "The Historical Background to Media Regulation," University of Leicester Open Educational Resources, accessed June 10, 2019, https://www.le.ac.uk/oerresources/media/ms7501/mod2unit11/page_02.htm.

30 Global Partners Digital maintains a world map that identifies national restrictions and laws concerning the use of cryptography: "World Map of Encryption Laws and Policies," Global Partners Digital, accessed June 10, 2019, https://www.gp-digital.org/world-map-of-encryption.

31 For a wider discussion of the politics surrounding cryptography in the latter decades of the twentieth century, including the issues of export controls, see Steven Levy, *Crypto: Secrecy and Privacy in the New Cold War* (Penguin, 2002).

32    You can view the famous RSA munitions T-shirt (and even download original graphics to print your own) at "Munitions T-Shirt," Cypherspace, accessed June 10, 2019, http://www.cypherspace. org/adam/uk-shirt.html.

33    A good overview of some of the attitudes prevalent around this time toward cryptography and its ability to change society is Thomas Rid, *Rise of the Machines* (W. W. Norton, 2016). Another interesting perspective on this period is Arvind Narayanan, "What Happened to the Crypto Dream? Part 1," *IEEE Security & Privacy* 11, no. 2 (March– April 2013): 75– 76.

34    Timothy C. May, "The Crypto Anarchist Manifesto," November 22, 1992, https://www.activism.net/cypherpunk/crypto-anarchy.html.

35    In 1991, Phil Zimmermann wrote the encryption software *Pretty Good Privacy (PGP)* and made it freely available. PGP was controversial in two ways: it used encryption strong enough to be subject to export controls in the US, and it deployed RSA, which was subject to commercial licensing restrictions. PGP soon made its way around the world and achieved broad acclaim. Zimmermann was the target of a US criminal investigation for the export control violation, which was eventually dropped.

36    In 1995, cryptographer Daniel Bernstein brought the first of a series of cases against the US government, challenging the export restrictions on cryptography. A similar case, *Junger v. Daley*, was launched in 1996.

37    An influential paper written by eleven cryptographic experts that critiques the idea of key escrow from a number of different angles is Hal Abelson et al., "The Risks of Key Recovery, Key Escrow, and

Trusted Third-Party Encryption," *World Wide Web Journal* 2, no. 3 (1997): 241–57.

38  This slogan is generally associated with the crypto-anarchists of the 1990s (adapted from a similar slogan deployed by the US gun lobby) and can be found in a document prepared for the Cypherpunks mailing list: Timothy C. May, "The Cyphernomicon," September 10, 1994, https://nakamotoinstitute.org/static/docs/cyphernomicon.txt.

39  The UK Regulation of Investigatory Powers Act 2000 Part III (RIPA 3) gives the state the power to compel, under warrant, the disclosure of encryption keys or decryption of encrypted data. There have been convictions in the UK under RIPA 3. Forgetting or losing a key is not strictly a defense, but it's possible to imagine situations where this could be a plausible defense argument.

40  Just try searching for this phrase on the internet. You'll be amazed by the number of articles taking (versions of) this phrase as their title.

41  Some of the information from the thousands of documents leaked by Snowden found its way into press articles in, for example, the *Guardian*, the *Washington Post*, the *New York Times*, *Le Monde*, and *Der Spiegel*. There are many resources concerning the Snowden revelations. The story behind the leaks is covered in Glenn Greenwald, *No Place to Hide* (Penguin, 2015); and *Citizenfour* (directed by Laura Poitras, HBO Films, 2014); and dramatized in *Snowden* (directed by Oliver Stone, Endgame Entertainment, 2016).

42  There are several repositories on the internet claiming to hold many of these documents, including "Snowden Archive," Canadian

Journalists for Free Expression, accessed June 10, 2019, https://www.cjfe.org/snowden.

43  In May 2019 a weakness was reported in the WhatsApp messaging service that gave attackers access to smartphone data. Worryingly, the trigger required no user participation; the attack could be launched by a simple call to the phone: Lily Hay Newman, "How Hackers Broke WhatsApp with Just a Phone Call," *Wired*, May 14, 2019, https://www.wired.com/story/whatsapp-hack-phone-call-voip-buffer-overflow.

44  Ed Pilkington, "'Edward Snowden Did This Country a Great Service. Let Him Come Home,'" *Guardian*, September 14, 2016, https://www.theguardian.com/us-news/2016/sep/14/edward-snowden-pardon-bernie-sanders-daniel-ellsberg.

45  The problems created by the complexity of cyberspace are exacerbated by the increased functionality of devices. Phil Zimmermann has proposed that "the natural flow of technology tends to move in the direction of making surveillance easier, and the ability of computers to track us doubles every eighteen months": Om Malik, "Zimmermann's Law: PGP Inventor and Silent Circle Co- founder Phil Zimmermann on the Surveillance Society," GigaOm, August 11, 2013, https://gigaom.com/2013/08/11/zimmermanns-law-pgp-inventor-and-silent-circle-co-founder-phil-zimmermann-on-the-surveillance-society.

46  Danny Yadron, Spencer Ackerman, and Sam Thielman, "Inside the FBI's Encryption Battle with Apple," *Guardian*, February 18, 2016, https://www.theguardian.com/technology/2016/feb/17/inside-the-fbis-encryption-battle-with-apple.

47    Danny Yadron, "Apple CEO Tim Cook: FBI Asked Us to Make Software 'Equivalent of Cancer,'" *Guardian*, February 25, 2016, https://www.theguardian.com/technology/2016/feb/24/apple-ceo-tim-cook-government-fbi-iphone-encryption.

48    Rachel Roberts, "Prime Minister Claims Laws of Mathematics 'Do Not Apply' in Australia," *Independent*, July 15, 2017, https://www.independent.co.uk/news/malcolm-turnbull-prime-minister-laws-of-mathematics-do-not-apply-australia-encryption-l-a7842946.html.

49    Metrics concerning the size of the Tor network can be found at "Tor Metrics," Tor Project, accessed June 10, 2019, https://metrics.torproject.org/networksize.html.

50    See, for example, Hannah Kuchler, "Tech Companies Step Up Encryption in Wake of Snowden," *Financial Times*, November 4, 2014, https://www.ft.com/content/3c1553a6-6429-11e4-bac8-00144feabdc0.

51    The UK "National Cyber Security Strategy 2016–2021," HM Government, 2016, https://assets.publishing.service.gov.uk/government/uploads/system/uploads/attachment_data/file/567242/national_cyber_security_strategy_2016.pdf, explicitly identifies the importance of widespread use of encryption by noting that "cryptographic capability is fundamental to protecting our most sensitive information and to choosing how we deploy our Armed Forces and national security capabilities."

52    In 2015, a group of leading cryptographers outlined the security risks created by a range of approaches to facilitating law enforcement access to encrypted communications. See Hal Abelson et al., "Keys under Doormats," *Communications of the*

*ACM* 58, no. 10 (2015): 24–26.

53 "Remarks by the President at South by Southwest Interactive," White House, Office of the Press Secretary, March 11, 2016, https:// obamawhitehouse.archives.gov/the-press-office/2016/03/14/ remarks-president-south-southwest-interactive.

54 Some means of gaining legal access to data are probably more acceptable to society than others; hence, a holistic view of the issue is the best way of identifying the most acceptable trade- offs: Andrew Keane Woods, "Encryption Substitutes," Hoover Institution, Aegis Paper Series no. 1705, July 18, 2017, https://www.scribd. com/document/354096059/Encryption-Substitutes#from_embed.

55 I say *traditionally* because mobile and fixed telephone networks are increasingly merging, with the encryption that used to protect only the first leg between mobile phone and base station now extending deeper into the networks than it used to.

56 To be clear, my point is that if we were to redesign the architecture of the internet and renegotiate security within that architecture, we should consider what level of security is needed for specific services. It is evident that, today, end-to-end encryption raises genuine concerns for law enforcement. A true negotiation to find an acceptable way forward requires all sides to come to the table willing to make compromises. The only likely alternative is ongoing conflict.

57 "Treaty between the United States of America and the Union of Soviet Socialist Republics on the Limitation of Strategic Offensive Arms (SALT II)," Bureau of Arms Control, Verification and Compliance, 1979, https://2009-2017.state.gov/t/isn/5195.htm.

58    Daniel Moore and Thomas Rid, "Cryptopolitik and the Darknet,"
      *Survival* 58, no. 1 (2016): 7–38.

# 9장. 암호학의 미래

1    To be strictly correct, the analogy is that you place a copy of
     the letter in each of the new boxes and then give these to your
     enemies, each of whom now has one copy of the letter in a box
     that they can break into, and one copy in a box that they cannot
     break into.

2    This argument is particularly relevant to encryption. For other
     cryptographic services, such as data integrity, the situation might
     not be so serious. For example, if a digital- signature algorithm
     is broken and requires upgrading, it is possible to re- sign data
     using the new signature algorithm. A problem would arise only if
     the digital-signature algorithm used at the time the data was first
     signed wasn't strong enough.

3    Because cryptographic algorithms are often computationally
     intensive, in many applications of cryptography they are
     implemented in hardware, rather than software. This means that
     a change of algorithm often requires replacement hardware. For
     example, when the WEP Wi-Fi security protocol was declared
     obsolete in 2003 because a series of cryptographic weaknesses
     had been discovered, not all Wi-Fi devices could be updated to
     new security protocols. Therefore, some Wi-Fi users were faced
     with the choice of purchasing a new device or continuing to use

broken cryptography.

4 The perception of quantum as being mysterious, counterintuitive, and beyond the comprehension of most of us seems to be nurtured by the expert community. Nobel Prize–winning physicist Niels Bohr is often attributed as being the original source of the quote "Anyone who is not shocked by quantum theory has not understood it." Even popular explanations of quantum concepts tend to be framed from a position of the seemingly unknowable; examples include Jim Al- Khalili, *Quantum: A Guide for the Perplexed* (Weidenfeld & Nicolson, 2012); and Marcus Chown, *Quantum Theory Cannot Hurt You* (Faber & Faber, 2014).

5 Quantum random numbers have been commercially available since the turn of the century and are based on different types of quantum measurement. See, for example, "What Is the Q in QRNG?" ID Quantique, October 2017, https://www.idquantique.com/random-number-generation/overview; and "NIST's New Quantum Method Generates *Really* Random Numbers," National Institute of Standards and Technology, April 11, 2018, https://www.nist.gov/news-events/news/2018/04/nists-new-quantum-method-generates-really-random-numbers.

6 A relatively accessible insight into the development of quantum computers is John Gribbin, *Computing with Quantum Cats: From Colossus to Qubits* (Black Swan, 2015).

7 In the unlikely event that you have never hurled an angry bird at a pig, this is a reference to the core synopsis of Rovio Entertainment Corporation's phenomenally successful series of *Angry Birds* games.

크립토그래피

8    Predictions about the future development timelines for quantum computing vary, as do views on what their eventual impact will be. The consensus appears to be that we will have powerful quantum computers . . . someday!

9    An algorithm published by mathematician Peter Shor in 1994, now known as *Shor's algorithm*, demonstrated that a quantum computer could solve both the factorization and discrete logarithm problems. The original paper is Peter W. Shor, "Algorithms for Quantum Computation: Discrete Logarithms and Factoring," in *Proceedings, 35th Annual Symposium on Foundations of Computer Science* (IEEE Computer Society Press, 1994), 124– 34. Shor's algorithm has subsequently been used to factor relatively small numbers on fledgling quantum computers.

10   In 2016, the US National Institute of Standards and Technology launched a program to design and evaluate postquantum asymmetric encryption algorithms that are believed to be secure against a quantum computer. This process is anticipated to take at least six years: "Post- quantum Cryptography Standardization," NIST Computer Security Resource Center, updated June 10, 2019, https://csrc .nist .gov/Projects/Post -Quantum-Cryptography/Post -Quantum -Cryptography -Standardization .

11   In 1996, computer scientist Lov Grover proposed an algorithm, now referred to as *Grover's algorithm*, that shows how a quantum computer can speed up an exhaustive search for a key by a square root factor. This means that an exhaustive search of, say, $2^{128}$ keys on a quantum computer will take "only" the time required for an exhaustive search of $2^{64}$ keys on a conventional

computer. Hence, symmetric- key lengths need to double in order to maintain equivalent security levels against a quantum computer. However, it is worth noting that this algorithm requires vast amounts of quantum memory. The original paper is Lov K. Grover, "A Fast Quantum Mechanical Algorithm for Database Search," in *Proceedings of the Twenty- Eighth Annual ACM Symposium on the Theory of Computing* (ACM, 1996), 212–19.

12 An accessible explanation of quantum key distribution can be found in Simon Singh, *The Code Book* (Fourth Estate, 1999).

13 A review of some of the practical challenges facing the deployment of quantum key distribution can be found in Eleni Diamanti et al., "Practical Challenges in Quantum Key Distribution," *npj Quantum Information* 2, art. 16025 (2016).

14 The one- time pad is an extremely simple encryption algorithm whose modern form is sometimes called the *Vernam cipher*. It involves encrypting every plaintext bit into a ciphertext bit by adding a randomly generated key bit. In 1949, the one- time pad was shown by Claude Shannon to be the only "perfect" encryption algorithm, in the sense that an attacker cannot learn anything (new) about an unknown plaintext by observing a ciphertext. Unfortunately, the stringent requirement for truly random keys that are as long as the plaintext and must be freshly generated for every single encryption makes the one- time pad impractical to use in most situations.

15 Internet-enabled versions of all these objects were available as commercial products in 2017: Matt Reynolds, "Six Internet of Things Devices That Really Shouldn't Exist," *Wired*, May 12, 2017,

https://www.wired.co.uk/article/strangest-internet-of-things-devices.

16  Reliable projections for the extent of the future IoT environment are hard to compile, but organizations such as Gartner and GSMA Intelligence consistently predict numbers on the order of 25 billion global connected IoT devices by 2025. The precise figures don't matter; there are going to be loads of them!

17  Many internet-connected devices are sold with poor security protection or even none. A major future challenge is to persuade suppliers, retailers, and regulators to ensure that IoT technology is sufficiently secure. See, for example, "Secure by Design: Improving the Cyber Security of Consumer Internet of Things Report," Department for Digital, Culture, Media & Sport, UK Government, March 2018, https://www.gov.uk/government/publications/secure-by-design.

18  In August 2018, the National Institute of Standards and Technology launched an AES-style competition to develop new cryptographic algorithms suitable for deployment in constrained environments where conventional algorithms, such as the AES, are not suitable: "Lightweight Cryptography," NIST Computer Security Resource Center, updated June 11, 2019, https://csrc.nist.gov/Projects/Lightweight-Cryptography.

19  David Talbot, "Encrypted Heartbeats Keep Hackers from Medical Implants," MIT Technology Review, September 16, 2013, https://www.technologyreview.com/s/519266/encrypted-heartbeats-keep-hackers-from-medical-implants.

20  The most obvious risks are that the data is observed, corrupted,

or lost. However, a more likely consequence is that the data is exploited. Indeed, for many (free) cloud storage services it is possible that the exploitation of users' data lies at the heart of the commercial proposition.

21  For an overview and additional references to cryptography designed for cloud storage environments, see, for example, James Alderman, Jason Crampton, and Keith M. Martin, "Cryptographic Tools for Cloud Environments," in *Guide to Security Assurance for Cloud Computing*, ed. Shao Ying Zhu, Richard Hill, and Marcello Trovati (Springer, 2016), 15–30.

22  The first *fully homomorphic encryption (FHE)* scheme was proposed by Craig Gentry in "A Fully Homomorphic Encryption Scheme" (PhD diss., Stanford University, 2009), https://crypto .stanford.edu/craig/craig-thesis.pdf. Unfortunately, this scheme is completely impractical, being slow and computationally heavy to use. David Archer of the research and development firm Galois acknowledged in 2017 that, although his mission was to make FHE "practical and usable," while speeds were improving, "we're still not near real-time processing": Bob Brown, "How to Make Fully Homomorphic Encryption 'Practical and Usable,' " *Network World*, May 15, 2017, https://www.networkworld. com/article/3196121/security/how-to-make-fully-homomorphic-encryption-practical-and-usable.html.

23  Peter Rejcek, "Can Futurists Predict the Year of the Singularity?" Singularity Hub, May 31, 2017, https://singularityhub.com/2017 /03/31/can-futurists-predict-the-year-of-the-singularity/#sm.00001v 8dyh0rpmee8xcj52fjo9w33.

24 For good introductions to artificial intelligence and how developments might affect human society, see Max Tegmark, *Life 3.0: Being Human in the Age of Artificial Intelligence* (Penguin, 2018); and Hanna Fry, *Hello World* (Doubleday, 2018).

25 These figures come from "Data Never Sleeps 6.0," Domo, accessed June 10, 2019, https://www.domo.com/learn/data-never-sleeps-6.

26 The phenomenon of massive- scale data collection and processing is sometimes referred to as big data. For good introductions to the possible implications of *big data*, see Viktor Mayer-Schonberger and Kenneth Cukier, *Big Data: A Revolution That Will Transform How We Live, Work and Think* (John Murray, 2013); and Bruce Schneier, *Data and Goliath: The Hidden Battles to Collect Your Data and Control Your World* (W. W. Norton, 2015).

27 An interesting report on the potential impact of developments in artificial intelligence on cybersecurity is Miles Brundage et al., "The Malicious Use of Artificial Intelligence: Forecasting, Prevention, and Mitigation," February 2018, https://maliciousaireport.com.

28 My observations concerning the intimate relationship between cryptography and trust are inspired by a talk given by Professor Liqun Chen at the First London Crypto Day, Royal Holloway, University of London, June 5, 2017.

29 Lexico, s.v. "Trust," accessed June 12, 2019, https://www.lexico.com/en/definition/trust.

30 Although the Snowden revelations concerned ways in which governments were attempting to manage cryptography, these revelations inevitably led some people to mistrust cryptography itself.

31    An excellent read on the wider construction of trust in society, with a perspective on constructing trust in cyberspace, is Bruce Schneier, *Liars and Outliers: Enabling the Trust That Society Needs to Thrive* (Wiley, 2012).

32    For details of past and future Real World Crypto symposia, see "Real World Crypto Symposium," International Association for Cryptologic Research, accessed June 12, 2019, https://rwc.iacr.org.